PRÉCIS ÉLÉMENTAIRE

DE

PHYSIOLOGIE.

DE L'IMPRIMERIE DE PLASSAN, RUE DE VAUGIRARD, N° 15,

DERRIÈRE L'ODÉON.

PRÉCIS ÉLÉMENTAIRE

DE

PHYSIOLOGIE,

PAR F. MAGENDIE,

MEMBRE DE L'INSTITUT DE FRANCE,

Titulaire de l'Académie Royale de Médecine, Médecin du bureau central d'admission aux Hôpitaux et Hospices civils de Paris, des Sociétés Philomatique et médicale d'émulation, des Sociétés de Médecine de Stockholm, Copenhague, Wilna, Philadelphie, Dublin, Édimbourg, de l'Académie des Sciences de Turin, etc.

DEUXIÈME ÉDITION,

CORRIGÉE ET AUGMENTÉE.

TOME PREMIER.

A PARIS,

CHEZ MÉQUIGNON-MARVIS, LIBRAIRE ÉDITEUR,

RUE DU JARDINET, N° 13,

QUARTIER DE L'ÉCOLE DE MÉDECINE.

1825.

PRÉFACE.

Les sciences naturelles ont eu, comme l'histoire, leurs temps fabuleux. L'astronomie a commencé par l'astrologie ; la chimie n'était naguère que l'alchimie ; la physique n'a été long-temps qu'une vaine réunion de systèmes absurdes ; la physiologie, qu'un long et fastidieux roman ; la médecine, qu'un amas de préjugés enfantés par l'ignorance et la crainte de la mort, etc. , etc. Singulière condition de l'esprit humain, qui semble avoir besoin de s'exercer long-temps sur des erreurs avant d'oser aborder la vérité !

Tel fut l'état des sciences naturelles jusqu'au 17ᵉ siècle. Alors parut Galilée, et les savants purent apprendre que pour connaître la nature, il ne s'agissait pas de L'IMAGINER ou de CROIRE ce qu'en avaient dit d'anciens auteurs, mais qu'il fallait L'OBSERVER, et par-dessus tout l'interroger au moyen des expériences.

Cette philosophie féconde fut celle de Descartes et de Newton ; elle ne cessa de les inspirer dans leurs immortels travaux.

Ce fut aussi celle des hommes de génie qui, dans le siècle dernier, ramenèrent la chimie et la physique à l'expérience ; elle anime aujourd'hui les physiciens et les chimistes de tous les pays, les éclaire dans leurs importants travaux, et forme entre eux un nouveau lien social à jamais indissoluble.

Honneurs soient donc rendus à Galilée ! en découvrant la philosophie expérimentale, en détournant l'esprit humain de la fausse direction où ses forces s'épuisaient depuis tant de siècles, il a réellement amené la grande rénovation désirée par Bacon, et jeté les fondements des sciences physiques ; de ces sciences qui relèvent la dignité de l'homme, accroissent sans cesse sa puissance,

assurent la richesse et le bonheur des nations, placent notre civilisation au-dessus
de toutes celles des temps passés, et prépa-
rent un avenir plus heureux encore.

Je voudrais pouvoir dire que la physiologie, cette branche si importante de nos
connaissances, a pris le même essor et subi
la même métamorphose que les sciences
physiques. Malheureusement il n'en est pas
ainsi; la physiologie est encore dans beaucoup d'esprits et dans presque tous les
ouvrages, ce qu'elle était au siècle de Galilée, un jeu d'imagination; elle a ses croyan-
ces diverses, ses sectes opposées; on y in-
voque l'autorité d'anciens auteurs, que l'on
présente comme infaillibles; enfin on dirait
un cadre théologique bizarrement rempli
par des expressions scientifiques.

A diverses reprises cependant il s'est
présenté des hommes qui ont appliqué avec
succès la méthode expérimentale à l'étude
de la vie; toutes les grandes découvertes
physiologiques modernes ont été les résul-

tats de semblables efforts. La science s'est
enrichie de ces faits partiels ; mais sa forme
générale , sa méthode d'investigation , est
restée la même, et à côté des phénomènes
de la CIRCULATION, de la RESPIRATION , de la
CONTRACTILITÉ MUSCULAIRE, etc. , on voit encore, placées sur la même ligne et au même
degré d'importance, de simples métaphores,
telles que LA SENSIBILITÉ ORGANIQUE , quelques
êtres imaginaires, comme le FLUIDE NERVEUX,
certains mots inintelligibles , tels que la
FORCE ou le PRINCIPE VITAL.

Mon but principal, en écrivant la 1re édition de cet ouvrage, a été de contribuer
à changer l'état de la physiologie, de la
ramener entièrement à l'expérience, en un
mot de faire éprouver à cette belle science
l'heureuse rénovation des sciences physiques.

Je ne me suis point abusé sur les grandes
difficultés que j'avais à vaincre, je les con-
naissais ; elles tiennent à la nature de l'hom-

me, et sont aussi des phénomènes physiologiques.

De nombreux préjugés sur l'isolement où la physiologie doit, dit-on, se tenir des sciences exactes; une répugnance extrême pour les expériences faites sur les animaux; la prétendue impossibilité d'en appliquer les résultats à l'homme; l'ignorance à peu près totale de la manière de procéder pour trouver la vérité; l'attachement aux anciennes idées, toujours protégées par l'insouciance et la paresse; l'espèce de passion tenace que les hommes mettent à conserver leurs erreurs, indépendamment même de leur intérêt, etc., voilà une partie des obstacles qu'il fallait surmonter. Ils étaient grands sans doute, mais certain d'être dans la bonne voie, et comptant sur l'influence douce, mais constante, de la vérité, je n'ai point douté et je ne doute point encore du succès pour un temps qui, je l'espère, n'est pas éloigné.

Déjà les systèmes sur les fonctions organiques ne sont plus accueillis avec la même faveur; et pour mettre au jour une œuvre de PHYSIOLOGIE ROMANTIQUE, on est obligé de faire, ou de dire qu'on a fait, des expériences.

Le préjugé si nuisible et si absurde, que les lois physiques n'ont aucune influence sur les corps vivants, n'a plus la même force; les bons esprits commencent à entrevoir qu'il pourrait bien y avoir dans l'animal vivant divers ordres de phénomènes, et que des actes simplement physiques n'excluent pas des actions purement vitales. Espérons que désormais les physiologistes ne feront plus vanité d'ignorer les premiers éléments de la physique et de la chimie, et d'en donner de déplorables preuves dans leurs ouvrages.

Il n'est plus douteux maintenant que les recherches sur les animaux ne s'appliquent, avec une précision admirable, aux phénomènes de la vie de l'homme; la vive clarté que les expériences récentes relatives aux fonctions nerveuses viennent de jeter sur la pathologie, lève toute incertitude à cet égard.

Mais ce qui prouve, bien mieux que je ne saurais dire, combien l'utilité des expériences physiologiques se fait sentir, c'est le grand nombre.de personnes qui se livrent en ce moment aux recherches de ce genre. C'est la rapidité avec laquelle les découvertes les plus importantes, et tout-à-fait inattendues, se succèdent depuis quelque temps, et font de la science de la vie une science toute nouvelle.

Encore quelques années, et la physiologie, liée intimement aux sciences physiques, ne pourra plus faire un pas sans leur secours; elle acquerra la rigueur de leur méthode, la précision de leur langage, et la certitude de leurs résultats; en s'élevant ainsi, elle se trouvera hors de la portée de cette foule ignorante qui sans cesse blâmant sans jamais apprendre, est toujours présente et en force quand il faut s'opposer aux progrès de la science. La médecine, qui n'est que la PHYSIOLOGIE DE L'HOMME MALADE, ne tardera pas à suivre la même direction, à atteindre la même hauteur ; nous verrons ainsi disparaître tous ces ignobles systèmes qui la défigurent depuis si long-temps (1).

---

(1) Je fais ici mes remercîments à ceux de mes confrères et de mes élèves qui ont bien voulu m'aider à mettre cette édition au niveau de l'état actuel de la science ; mais j'en dois plus particulièrement à M. le docteur Desmoulins, pour le soin qu'il a pris de rédiger les tableaux zoologiques que j'ai joints au 1er volume.

PRÉCIS ÉLÉMENTAIRE

DE

PHYSIOLOGIE.

La *physiologie générale* est cette science natu- Division de la physiologie. relle qui a pour objet la connaissance des phéno- mènes propres aux corps vivants. Elle se divise en *physiologie végétale*, qui s'occupe des végé- taux ; en *physiologie animale* ou *comparée*, qui traite des animaux, et en *physiologie humaine*, dont l'objet spécial est l'homme. C'est de cette dernière que nous nous proposons de traiter dans cet ouvrage.

NOTIONS PRÉLIMINAIRES.

DES CORPS ET DE LEUR DIVISION.

On nomme *corps* tout ce qui peut agir sur nos sens. Des corps.

Les corps se divisent en pondérables et en im- Division des corps. pondérables. Les premiers sont ceux qui peuvent agir sur plusieurs de nos sens, et dont l'existence Corps pondérables. est bien démontrée ; tels sont les solides, les li- quides et les gaz.

Corps im-
pondérables.

Les seconds sont ceux qui n'agissent en général que sur un seul de nos sens, dont l'existence
n'est point démontrée, et qui peut-être ne sont
que des forces ou qu'une modification d'autres
corps ; ce sont le calorique, la lumière, les fluides
électrique et magnétique.

Les corps pondérables sont doués de propriétés *communes* ou générales, et de propriétés particulières ou *secondaires*.

Propriétés
générales des
corps.

Les propriétés *générales* des corps sont : l'é-
tendue, la divisibilité, l'impénétrabilité, la mobilité, l'inertie et la pesanteur. Quelques physiciens réduisent les propriétés générales des corps
à l'étendue et à l'impénétrabilité.

Propriétés
secondaires
des corps.

Les propriétés *secondaires* sont partagées entre
les différents corps : telles sont la dureté, la po-
rosité, l'élasticité, la fluidité , etc. ; elles constituent, par leur réunion avec les propriétés générales, l'*état* d'un corps. C'est en acquérant ou en
perdant de ces propriétés secondaires, que les
corps changent d'état : par exemple, l'eau peut
se présenter sous la forme de glace, de liquide
ou de vapeur, quoiqu'elle soit toujours le même
corps. Pour s'offrir successivement sous ces trois
états, l'eau n'a besoin que d'acquérir ou de perdre
quelques-unes de ses propriétés secondaires, bien
qu'elle conserve toujours ses propriétés générales.

État
des corps.

Corps
simples.

Les corps sont simples ou composés. Les corps

simples se rencontrent rarement dans la nature ; ils sont presque toujours le produit de l'art, et même on ne les nomme *simples* que parce que l'art n'est point parvenu à les décomposer. Aujourd'hui, les corps regardés comme simples sont les suivants :

L'oxigène, le chlore, l'iode, le fluore, le soufre, l'hydrogène, le bore, le carbone, le phosphore, l'azote, le silicium, le silenium, le zirconium, l'aluminium, l'yttrium, le glucinium, le cadmium, le thorinium, le lithium, le magnesium, le calcium, le strontium, le barium, le sodium, le potassium, le manganèse, le zinc, le fer, l'étain, l'arsenic, le molybdène, le chrôme, le tungstène, le columbium, l'antimoine, l'urane, le cerium, le cobalt, le titane, le bismuth, le cuivre, le tellure, le nickel, le plomb, le mercure, l'osmium, l'argent, le rhodium, le palladium, l'or, le platine et l'iridium.

Les corps composés se rencontrent partout ; ils forment la masse du globe et celle de tous les êtres qui se voient à sa surface. Certains corps ont une composition constante, c'est-à-dire, qui ne change point, à moins de circonstances éventuelles ; il est au contraire des corps dont la composition change à chaque instant.

Cette différence des corps est extrêmement important ; elle les partage naturellement en deux

Corps organisés.

classes : les corps dont la composition est constante se nomment *corps bruts, inertes, inorganiques;* les corps dont les éléments varient continuellement sont appelés *corps vivants, organisés.*

Une habitude scholastique a depuis long-temps consacré l'usage d'établir, dans les ouvrages élémentaires, les différences principales qui existent entre les corps bruts et les corps vivants. Nous nous conformerons à cet usage, tout en faisant remarquer qu'on pourrait s'y soustraire sans grand inconvénient.

Les corps bruts et les corps organisés diffèrent entre eux sous le rapport, 1° de la forme, 2° de la composition , et 3° des lois qui président à leurs changements d'état. Le tableau suivant en présente les différences les plus tranchées.

Différences des corps bruts et des corps vivants.

Forme.

Corps bruts.	Forme anguleuse. Volume indéterminé.		Corps vivants.	Forme arrondie. Volume déterminé.

Composition.

Différences des corps bruts et des corps organisés.

Corps bruts.	Quelquefois simples. Rarement formés de plus de trois éléments. Constants. Chaque partie pouvant exister indépendamment des autres. Pouvant être décomposés et recomposés.	Corps vivants.	Jamais simples. Au moins quatre élémens. Souvent huit ou dix. Variables. Chaque partie plus ou moins dépendante du tout. Pouvant être décomposés, mais point recomposés.

Lois qui les régissent.

| Corps bruts. { | Soumis entièrement à l'at-traction et à l'affinité chimique. | Corps vivants. { | Soumis à l'attraction et à l'affinité chimique, mais présentant plusieurs phénomènes qui ne peuvent être rapportés ni à l'une ni à l'autre de ces forces. |

Parmi ces divers caractères différentiels, il en est qui souffrent de nombreuses exceptions, et d'autres qui peut-être disparaîtront dans peu : par exemple, nous avons dit que les corps vivants peuvent bien être décomposés, mais que l'on ne peut les reconstruire; cependant la chimie est parvenue à reproduire quelques-uns des éléments qui ne se rencontrent que dans des corps organisés : il est possible qu'elle aille plus loin.

Les corps vivants se divisent en deux classes : l'une comprend les végétaux, l'autre les animaux.

Différences des végétaux et des animaux.

VÉGÉTAUX.	ANIMAUX.
Sont fixés au sol.	Se meuvent à la surface du sol.
Ont le carbone pour base principale de leur composition.	Ont l'azote pour base de leur composition.
Composés de quatre ou cinq éléments.	Souvent composés de huit ou dix éléments.
Trouvent et prennent autour d'eux leurs aliments tout préparés.	Ont besoin d'agir sur leurs aliments pour les rendre propres à les nourrir.

Les animaux sont extrêmement nombreux et très-diversifiés. Les grandes différences qu'ils offrent établissent les classes ou leur classification. (*Voyez* le tableau n° I.)

Cette manière de disposer les animaux n'est fondée que sur des formes et des caractères pour ainsi dire superficiels. Quand on connaîtra mieux les fonctions et les phénomènes physiologiques , il est probable qu'elle subira de nombreuses et d'importantes modifications.

Des mammifères.

Quoi qu'il en soit, l'homme fait partie de la classe des mammifères, classe qui se compose elle-même d'un assez grand nombre de divisions, comprenant chacune des animaux distincts. (*Voyez* le tableau n° II.)

L'homme, zoologiquement parlant, est donc un mammifère; il en présente tous les caractères, mais il se distingue des animaux de cette classe par des propriétés tranchées, et surtout par la nature de son intelligence et la supériorité de ses instincts.

Des différentes espèces d'hommes.

Cependant, sous ces rapports même, il y a de grandes différences entre les hommes. Ces différences portent soit sur les diverses variétés de l'espèce humaine, soit sur les facultés des individus d'une même variété. Il y a des races d'hommes qui semblent différer peu des animaux. (*Voyez* le tableau n° III.)

Jusqu'ici la physiologie s'est pour ainsi dire occupée spécialement de la variété dont nous faisons partie. Il serait à désirer qu'elle traitât en général de l'homme, abstraction faite de la variété à laquelle il appartient, ce qui supposerait la connaissance de la physiologie de chaque espèce en particulier; la science y gagnerait. Mais il est encore difficile de tenter cette entreprise.

STRUCTURE DU CORPS DE L'HOMME.

Si nous voulons parvenir à connaître les phénomènes que présente l'homme vivant, nous devons d'abord prendre quelques notions sur la manière dont son corps est construit, et acquérir quelques données sur les diverses substances qui le composent.

Or, l'examen le plus superficiel apprend que le corps de tout animal mammifère, et sous ce rapport l'homme n'en diffère point, est composé de *fluides* et de parties *solides*. La proportion des fluides l'emporte de beaucoup sur celle des solides. Si un animal qui pèse 120 livres est exposé à des causes qui en séparent les fluides, son poids peut être réduit par la simple dessiccation à 10 livres. Au commencement de son existence l'animal n'est formé que de liquide.

Dans l'animal vivant et déjà développé, les fluides sont, pour la plus grande partie, combinés ou simplement imbibés dans les parties solides dont ils déterminent le volume, la forme, et en général les propriétés physiques. Une autre partie des fluides est contenue soit dans des canaux où ils se meuvent, soit dans des cavités plus ou moins spacieuses.

On n'a eu jusqu'à présent que des connaissances très-imparfaites sur le mode de réunion des fluides et des solides, mais nous devons espérer beaucoup sous ce rapport des progrès rapides de la chimie organique.

SOLIDES DU CORPS HUMAIN.

Solides du corps de l'homme. Les parties solides du corps affectent une foule de formes différentes; ce sont ces solides qui forment les organes, les tissus, les parenchymes; leur analyse mécanique apprend qu'ils peuvent se réduire en petites fibres, lamelles, et en petits grains. En les regardant au microscope ils apparaissent comme des assemblages divers de petites molécules dont les dimensions ont été estimées approximativement un 300me de millimètre. Ces molécules ont beaucoup de ressemblance avec celles que présentent plusieurs fluides (1).

---

(1) Les anciens croyaient que tous les solides organiques peuvent être ramenés en dernière analyse à une fibre simple; ils la supposaient formée de terre, d'huile et de fer. Haller, qui admettait cette idée des anciens, convient que cette fibre n'est visible que pour les yeux de l'esprit : c'est comme

Si la marche de l'esprit dans les études physiologiques eût été guidée par la raison, on aurait dû
d'abord fixer d'une manière précise les propriétés
physiques et chimiques des divers tissus et des fluides qui composent notre corps ; une fois cette connaissance acquise, il aurait été plus facile de distinguer et d'étudier les propriétés que la vie ajoute
ou enlève à nos éléments. Telle n'a point été la
marche suivie ; la physique et la chimie sont de-
meurées à peu près étrangères aux physiologistes,
et plusieurs préjugés nuisibles se sont introduits
parmi les bases de la science.

Cependant rendons grâce à Bichat d'avoir fait
une tentative importante en ce genre. Fécond-
ant l'heureuse idée de notre vénérable Pinel,
sur la distinction des éléments solides de l'économie animale en système, il a fondé l'anatomie

Nécessité de la chimie et de la physique pour étudier la physiologie.

---

s'il avait dit qu'elle n'existe point, et c'est ce dont personne
ne doute aujourd'hui.

Invisibilis est ea fibra : solà mentis acie distinguimus.
Élém. physiol., tom. I.

Les anciens admettaient encore des fibres secondaires qu'ils
supposaient formées par des modifications particulières de la
fibre simple. De là, la fibre *nerveuse*, *musculeuse*, *paren-
chymateuse* et *osseuse*.

M. le professeur Chaussier a proposé de reconnaître quatre espèces de fibres, qu'il nomme *laminaire*, *nervale*,
musculaire et *albuginée*.

générale, et cherché à reconnaître les propriétés physiques et chimiques des organes et de leurs éléments. Malheureusement à l'époque où il écrivait il n'a pu recueillir que des renseignements très-superficiels et insuffisants. Sous ce point de vue, la science a besoin d'une rénovation complète. Aussi le tableau suivant, qui offre la classification des divers tissus de l'économie animale, ne peut-il, malgré les améliorations qu'il a subies depuis Bichat, être regardé que comme approximatif et provisoire.

Anatomie générale.

TABLEAU DES TISSUS DU CORPS DE L'HOMME.

1.	cellulaire.	
2.	vasculaire.	artériel. veineux. lymphatique.
3.	nerveux.	cérébral. des ganglions.
4.	osseux.	
5.	fibreux.	fibreux. fibro-cartilagineux. dermoïde.
6.	musculaire.	volontaire. involontaire.
7.	érectile.	
8.	muqueux.	
9.	séreux.	
10.	corné ou épidermique.	pileux. épidermoïde.
11.	parenchymateux.	glandulaire.

(Systèmes)

Organes et appareils.

Ces systèmes, en s'associant entre eux et avec les fluides, composent les *organes* ou les *instru-*

ments de la vie. Quand plusieurs organes tendent, par leur action, vers un but commun, on nomme leur ensemble *appareil*. Le nombre des appareils, leur disposition, établissent les différences des animaux.

Propriétés physiques des organes.

L'examen des propriétés physiques des organes montre qu'ils possèdent la plupart de celles qui se voient dans les corps inorganiques : les différents degrés de dureté depuis celle des silex jusqu'à la mollesse prononcée, l'élasticité, la transparence, la réfringence, des couleurs et des formes extrêmement variées, etc., toutes ces propriétés jouent un rôle important durant la vie; celle-ci même repose sur leur intégrité.

Propriétés physiques des organes.

Envisagé sous le même rapport, le corps de l'homme offre plusieurs arrangements qui ne laissent point douter de la nécessité des connaissances physiques pour se livrer à l'étude de la vie. On y voit une véritable lunette assez compliquée dans sa construction ; un instrument de musique ; un appareil acoustique ; une machine hydraulique des plus ingénieusement disposée pour mouvoir circulairement un fluide ; une mécanique admirable par la multiplicité des pièces qui la composent, sa solidité et les mouvements qu'elle peut permettre, etc.

Parmi les propriétés physiques des tissus organiques, il en est qui méritent une attention spéciale parce qu'elles sont communes à tous les tissus, qu'elles sont continuellement en jeu durant la vie, et qu'elles président à plusieurs fonctions importantes. Il est d'autant plus nécessaire de les signaler à l'étude des commençants, qu'elles sont révoquées en doute par la plupart des physiologistes actuels.

Imbibition, propriété commune à tous les tissus vivants. L'un des plus remarquables est la propriété de s'imbiber qui existe dans tous les tissus de l'économie. Que l'on mette un liquide quelconque en contact avec un organe, une membrane, un tissu, dans un temps plus ou moins court, le liquide aura passé dans les aréoles de l'organe ou du tissu, comme il aurait pénétré les cellules d'une éponge. Il y aura des variations pour la durée de l'imbibition qui dépendront de la nature du liquide, de sa température, de l'espèce de tissu qui doit s'imbiber, mais dans tous les cas l'imbibition aura lieu. Sous ce rapport, il y a des tissus qui sont de véritables éponges et qui absorbent avec une grande promptitude, comme les membranes séreuses et les petits vaisseaux; d'autres qui résistent quelque temps avant de se laisser pénétrer, par exemple, l'épiderme. L'imbibition est la même, soit qu'un liquide étranger pénètre dans le corps, soit qu'un liquide du corps en soit expulsé.

Perméabilité aux gaz. Une autre propriété à laquelle les physiologistes ont donné peu ou point d'attention, appartient aux membranes. Les lamelles qui les composent sont tellement disposées que les gaz les traversent pour ainsi dire sans obstacle. Si vous prenez une vessie et que vous la remplissiez de gaz hydrogène pur, et qu'ensuite vous la laissiez en contact avec l'atmosphère, au bout de très-peu de temps l'hydrogène aura perdu sa pureté, et sera mêlé d'air atmosphérique qui aura pénétré dans la vessie. Ce phénomène est d'autant plus rapide, que la membrane est plus mince et moins dense. Il préside à l'un des actes les plus importants de la vie, la respiration; il persiste après la mort.

Nous devons à M. Chevreul la connaissance d'un fait fort important : plusieurs de nos tissus doivent leurs propriétés physiques à l'eau qu'ils retiennent, cest-à-dire à l'eau dont ils sont imbibés. Si cette eau leur est enlevée, ils changent, et deviennent impropres aux usages qu'ils remplissent durant la vie. Ils récupèrent aussitôt leurs propriétés dès qu'ils sont mis en contact avec de l'eau et qu'ils s'en pénètrent. Ils peuvent ainsi perdre et reprendre un grand nombre de fois leurs propriétés physiques.

Influence de l'eau sur les propriétés physiques des organes.

De quelle manière nos tissus se comportent-ils relativement au magnétisme, à l'électricité et à la chaleur? Sont-ils bons ou mauvais conducteurs de ces principes, et à quels degrés? Comment se fait la distribution de ces corps dans nos divers paren-chymes? Ce sont autant de questions à résoudre, et qui méritent l'attention des physiologistes ins-truits.

Propriétés chimiques des organes.

Si nous envisageons notre corps sous le point de vue de sa composition chimique, nous remarquerons qu'il est formé de composés semblables à ceux de la nature inorganique, et de composés qui ne se rencontrent que dans les corps organisés.

Les premiers sont l'eau, l'acide carbonique, le chlorure de sodium, de calcium, de potassium, etc. Ces composés ne diffèrent pas sensiblement de ceux qui se présentent hors de l'organisation. Mais la plus grande masse de nos organes est formée de composés qui sont propres à la vie, et jusqu'ici ne semblent se former que sous son influence. Tels sont les *principes immédiats animaux,* dont le nombre est aujourd'hui assez considérable, et s'accroîtra sans doute encore à mesuré que la chimie organique se perfectionnera.

Sous le même rapport, le corps de l'homme est encore très-remarquable ; ses organes digestifs présentent un véritable appareil de chimie où rien n'a été négligé pour la perfection de l'opération qu'ils exécutent. Ses poumons offrent un admirable appa-reil de combustion, où, par un artifice très-simple, l'air agit sur le sang sans que les deux corps soient en contact immédiat ; ses reins sont le siége d'une continuelle composition et décomposition des humeurs. Comment les auteurs qui systématiquement restent ignorants des connaissances de la chimie, osent-ils se permettre de parler de ces divers phénomènes !

Éléments qui entrent dans la composition du corps des animaux.

Seize corps simples ou éléments ont seuls la singulière propriété de pouvoir entrer dans la composition des animaux. Les autres éléments, dans certaines circonstances, peuvent bien traverser l'organisation animale, mais ils ne s'y arrêtent point, ou y deviennent bientôt nuisibles.

Corps simples qui forment les organes.

Éléments solides.

Phosphore, soufre, carbone, fer, manganèse, silicium, magnesium, calcium, aluminium, potassium, sodium, iode, chlore, oxigène, hydrogène, azote.

Éléments incoërcibles.

Le calorique, la lumière, les fluides électrique et magnétique.

Éléments incoërcibles.

Ces divers éléments, combinés entre eux trois

à trois, quatre à quatre, etc., suivant des lois encore ignorées, forment ce qu'on nomme les *principes immédiats des animaux*.

Principes immédiats du corps de l'homme.

Les matériaux ou principes immédiats sont distingués en azotés et non azotés.

Les principes azotés sont : l'albumine, la fibrine, la gélatine, le mucus, le caséum, l'urée, l'acide urique, l'osmazôme, le principe colorant rouge du sang, le principe colorant jaune.

Les principes non azotés sont : l'oleine, la stéarine, la matière grasse du cerveau et des nerfs, l'acide acétique, l'acide benzoïque, l'acide lactique, l'acide oxalique, l'acide rosacique, le sucre de lait, le sucre des diabètes, le picromel, les principes colorants de la bile, et des autres liquides ou solides qui deviennent colorés accidentellement.

Les principes immédiats organiques sont en général formés de trois ou quatre éléments, l'oxigène, l'azote, l'hydrogène, le carbone. Les trois premiers étant gazeux à l'état libre, tendent continuellement à abandonner la forme solide, et cette tendance est encore augmentée par la température propre au corps vivant, et par l'affinité qui sollicite l'hydrogène et l'oxigène à s'unir pour former de l'eau, l'oxigène et le carbone pour former de l'acide carbonique, et l'azote et l'hydrogène pour produire de l'ammoniaque. D'un autre côté, le carbone et l'hydrogène ne trouvant pas dans l'organisation assez d'oxigène pour se convertir en acide carbonique, ces corps ont une tendance évidente à absorber l'oxigène de l'atmosphère, et cette disposition s'accroît encore par l'élévation de température du corps, et par le contact de l'eau qui diminue la cohésion des composés et favorise ainsi leurs nouvelles combinaisons. De ces diverses causes résulte ce fait, connu depuis long-temps, que le corps des animaux exposé à l'atmosphère a une grande disposition à se décomposer, par l'effort continuel de ses éléments à reprendre l'état qui leur est départi par les lois générales de la nature.

DES FLUIDES OU HUMEURS.

Les *fluides* du corps des animaux, et particulièrement ceux du corps de l'homme, sont en proportions très-considérables, relativement aux solides : dans l'homme adulte ils sont :: 9 : 1. M. le professeur Chaussier mit dans un four un cadavre pesant cent vingt livres, lequel, après plusieurs jours de dessiccation, se trouva réduit à douze livres. Des cadavres trouvés ensevelis depuis long-temps dans les sables brûlants des déserts de l'A-

Des fluides du corps de l'homme.

rabie présentèrent une diminution de poids extraordinaire.

Des fluides du corps de l'homme. Les *fluides* animaux sont tantôt contenus dans des vaisseaux, où ils se meuvent avec une plus ou moins grande rapidité, tantôt dans des aréoles ou vacuoles, où ils semblent être en dépôt ; d'autres fois ils sont placés dans de grandes cavités, où ils font un plus ou moins long séjour.

Les fluides du corps de l'homme, objet principal de notre étude, sont :

1°. Le sang.

2°. La lymphe.

Fluides exhalés. 3°. Les fluides *perspiratoires*, qui comprennent les humeurs de la transpiration cutanée ; la transpiration des membranes muqueuses, séreuses, synoviales, du tissu cellulaire, des cellules graisseuses, des membranes médullaires, de l'intérieur de la thyroïde, du thymus, de l'œil, de l'oreille, du canal vertébral, etc.

Fluides folliculaires. 4°. Les fluides *folliculaires* : l'humeur graisseuse de la peau, le cérumen, la chassie, le mucus des glandes et des follicules muqueux, celui des amygdales, des glandes du cardia et des environs de l'anus, celui de la prostate, etc.

Fluides des glandes. 5°. Les fluides *glandulaires* : les larmes, la salive, le fluide pancréatique, la bile, l'urine, le fluide des glandes de Cowper, le sperme, le lait, le liquide contenu dans les capsules surrénales,

celui des testicules et des mamelles des nouveau-
nés.

6°. Le chyme et le chyle.

De tout temps, on a mis une grande importance à classer méthodiquement les fluides ; et selon
que telle ou telle doctrine florissait dans les éco-
les, on créa des classifications particulières, fondées sur ces doctrines. Ainsi, les anciens, qui
donnaient une grande importance aux quatre éléments, disaient qu'il y avait quatre humeurs principales, le sang, la lymphe ou pituite, la bile jaune, la bile noire ou l'atrabile ; ces quatre humeurs
correspondaient aux quatre éléments, aux quatre
saisons de l'année, aux quatre parties du jour, aux
quatre tempéraments.

A différentes époques, on a substitué d'autres
divisions à cette classification des anciens. Ainsi
on a établi trois classes de liquides : 1° le chyme
et le chyle ; 2° le sang ; 3° les humeurs émanées
du sang. Quelques auteurs se sont contentés de
former deux classes : 1° liqueurs premières, ali-
mentaires ou inutiles ; 2° liqueurs secondaires ou
utiles. Par la suite on distingua : 1° des humeurs
récrémentitielles, c'est-à-dire des humeurs destinées, après leur formation, à servir à l'alimenta-
tion des corps ; 2° *excrémentitielles*, ou humeurs
qui doivent être chassées de l'économie ; 3° des
humeurs qui ont à la fois les deux caractères par-

Fluides
de la
digestion.

Diverses
classifica-
tions des
fluides.

ticipant des deux classes, et que pour cette raison on nomma *excrémento-récrémentitielles*. Les chimistes s'efforcent aujourd'hui à classer les humeurs d'après la considération de leur nature intime : ainsi ils ont établi des humeurs albumineuses, fibrineuses, savonneuses, aqueuses, alcalines, acides, etc.

La classification proposée par M. le professeur Chaussier n'a point égard à la nature des fluides, ni aux usages qu'ils remplissent, etc.; mais elle est fondée sur le mode de leur formation, seul caractère invariable qu'ils offrent. C'est cette classification que nous avons suivie tout à l'heure dans l'énumération des fluides (1).

Propriétés physiques des fluides.

Les propriétés physiques des fluides jouent un grand rôle dans la vie; nous devons y donner une attention spéciale, et nous ne manquerons pas de le faire dans l'exposé particulier de chaque fonction. Celles que nous signalerons ici comme devant être plus particulièrement remarquées, sont la *viscosité*, la *transparence*, la *couleur*, etc.

Certains fluides offrent au microscope un spectacle bien étonnant : ce sont des myriades de

______

(1) Voyez la *Table synoptique des fluides.*

globules dont la forme est régulière, et la grandeur sensiblement constante. Ces globules se rencontrent particulièrement dans le sang, la lymphe, le chyle et le lait. Un autre fluide, le sperme, présente un phénomène encore plus remarquable : si on en place une goutte au foyer d'un microscope on y voit un grand nombre de petits animaux qui s'y meuvent avec agilité ; mais l'existence de ces êtres singuliers est loin d'être aussi constante que celle des globules dont nous venons de parler. Ils ne se rencontrent que durant un certain temps de la vie et en général pendant l'état de santé.

Globules.

Animalcules.

Propriétés chimiques des fluides.

Il est du plus haut intérêt pour le physiologiste de connaître les qualités chimiques des fluides : plusieurs des actes les plus utiles de la vie dépendent immédiatement de ces propriétés ; malheureusement cette partie de la science est encore peu avancée. Cependant la chimie nous a déjà fourni un assez bon nombre de renseignements précieux sur cette question capitale.

Propriétés chimiques des fluides.

Nous savons que la composition des fluides ne diffère pas essentiellement de celle des solides ; on y trouve les mêmes principes immédiats et les mêmes éléments. En chassant par l'évaporation une partie de l'eau que contiennent plusieurs fluides on obtient une matière demi-solide qui a la plus grande analogie avec les solides véritables; ceci n'a rien qui doive surprendre quand on saura que l'un des phénomènes propres aux corps vivants est la continuelle transformation des fluides en solides, et des solides en fluides.

La plupart des fluides exhalent de l'acide carbonique et absorbent l'oxigène de l'air; en général les éléments des fluides ont une plus grande tendance à la décomposition, que les solides, aussi est-ce parmi les principes immédiats des fluides que se rencontrent ceux qui contiennent le plus d'azote, tels que le caséum, l'urée, et qui se décomposent le plus rapidement.

PROPRIÉTÉS VITALES.

Propriétés vitales.

Outre les propriétés physiques et chimiques que présentent les solides et les fluides de l'économie, un grand nombre de phénomènes dont on n'observe aucune trace dans les corps inertes, s'y laissent aisément remarquer et forment les caractères essentiels de la vie. Il eût été sage d'étudier isolément chacun de ces phénomènes, et d'acquérir ainsi une notion complète des attributs des corps vivants. Cette marche n'a pas été suivie : on a établi des propriétés vitales, et on n'a rien moins qu'affirmé qu'au moyen de ces pro-

priétés les corps vivants étaient en lutte perpétuel-
le avec les lois générales de la nature ; ce qui est
une des plus fortes absurdités qu'ait enfanté l'esprit humain.

Comment les anciens qui ont imaginé cette lutte
du *microcosme* ou petit monde contre le *macro-
cosme* ou grand monde, pouvaient-ils en avoir la
moindre notion, eux qui ignoraient à la fois. et les
lois de la nature inorganique, et celles de la nature vivante? Aujourd'hui que les sciences physiques existent, et qu'elles nous enseignent plusieurs
lois naturelles très-importantes, nous voyons
au contraire que ces lois exercent évidemment leur
influence sur les animaux. A la vérité les organes
vivants présentent des phénomènes qui ne peuvent point s'expliquer par les lois physiques ;
mais il ne s'ensuit pas qu'il y ait lutte entre les
unes et les autres ; qu'est-ce qu'il y a d'opposé
entre la sensibilité et la pesanteur ou l'affinité
chimique ? Ces choses sont différentes, voilà
tout.

Les propriétés vitales, généralement admises,
ont reçu des noms différents ; ainsi on les a appelées :

1°. *Sensibilité organique*, végétative, nutritive,
moléculaire.

2°. *Contractilité organique* insensible, nutritive, fibrillaire, ton, tonicité.

3°. *Sensibilité cérébrale*, animale, percevante, de relation, etc.

4°. *Contractilité organique sensible*, irritabilité, mouvement vermiculaire.

5°. *Contractilité volontaire*, animale, de relation, etc.

De ces propriétés, les unes sont communes à tous les corps vivants, les autres sont particulières à quelques parties des animaux.

Les premières mériteraient seules le nom de propriétés vitales. Mais il est essentiel de remarquer que la sensibilité organique et la contractilité organique insensible ne tombent point sous les sens : ce sont des suppositions, des manières de concevoir, des phénomènes qui sont hors de la portée de nos sens ; elles n'existent point dans la réalité, et cependant il semble que personne ne doute en ce moment de leur existence. On parle des *altérations* qu'elles éprouvent, de la nécessité de les ramener à leur *type ordinaire ;* on a même été jusqu'à classer les médicaments d'après leur mode d'action sur ces propriétés, et beaucoup de médecins traitent leurs malades d'après ces idées fantastiques, qui seront bientôt, j'espère, bannies de la physiologie et de la médecine.

Les autres propriétés sont particulières à quelques animaux, et même seulement à quelques-unes de leurs parties : telle est la contractilité organique sensible, qui se voit au cœur, au canal intestinal, à la vessie, etc., mais qui ne s'observe point dans d'autres parties de l'économie.

La sensibilité cérébrale ou animale, comme disait Bichat, ainsi que la contractilité volontaire, n'ont été comptées au nombre des propriétés vitales que par un abus de mots; il est évident que ce sont des fonctions ou des résultats de l'action de plusieurs organes, qui ont, en agissant, un but commun.

Nous ne disons rien de la *force de résistance vitale*, de *situation fixe*, de l'*affinité vitale*, de la *caloricité*, parce que ces diverses propriétés, quoique proposées par des hommes d'un grand mérite, n'ont point obtenu l'assentiment général, et que nous ne voyons pas la nécessité de les admettre.

On n'a point appliqué aux fluides la doctrine des propriétés vitales, et cependant on est d'accord maintenant pour les considérer comme vivants. Mais on a été beaucoup plus sage pour les fluides que pour les solides; car on n'a établi qu'ils étaient doués de la vie que sur les phénomènes sensibles qu'ils présentent. Ainsi, la fluidité qu'ils conservent tant qu'ils font partie du corps de l'animal; la manière dont quelques-uns s'organisent aussitôt qu'on les extrait des vaisseaux; la faculté de produire de la chaleur, etc. : tels sont les principaux phénomènes qui, suivant les physiologistes modernes, dénotent que les fluides sont vivants. Il faut ajouter que tous les fluides animaux n'offrent point ces caractères. Le sang, le chyle, la lymphe, et quelques autres fluides destinés à la nutrition, sont les seuls qui les présentent. Les fluides excrémentitiels, tels que la bile, l'urine, l'humeur de la transpiration cutanée, etc., ne présentent rien d'analogue ; aussi tout ce qu'on dit de la vie des fluides ne doit pas s'entendre de ces derniers.

CAUSES DES PHÉNOMÈNES VITAUX.

Causes des phénomènes propres aux corps vivants.

Dès la plus haute antiquité on a entrevu qu'une grande partie des phénomènes particuliers aux corps vivants ne suivent pas la même marche, ne sont pas soumis aux mêmes lois, que les phénomènes propres aux corps bruts.

On a assigné aux phénomènes des corps vivants une cause particulière. Cette cause a reçu différentes dénominations : Hippocrate la désignait par φύσις (nature) ; Aristote, *principe moteur et générateur ;* Kaw Boërhaave, *impetum faciens ;* van Helmont, *archea ;* Stahl, *âme ;* d'autres, *vis insita, vis vitæ,* principe vital, *force vitale,* etc.

Que signifient toutes ces expressions ? On peut prendre à leur égard deux partis bien différents : les réaliser, en faire des êtres auxquels appartient le pouvoir de produire les phénomènes vitaux, voilà le premier; mais en le suivant ne ressemblerions-nous pas à ces sauvages qui, après avoir grossièrement sculpté une pierre, en font un dieu? le second parti consiste à reconnaître que ces mots désignent la cause ou les causes inconnues, et peut-être à jamais incompréhensibles, des actes de la vie; alors il faut en convenir, la science n'a guère gagné quand ils ont été inventés.

De toutes les illusions dans lesquelles sont tombés quelques physiologistes modernes, l'une des plus déplorables est d'avoir cru, en forgeant un mot *principe vital* ou *force vitale*, avoir fait quelque chose d'analogue à la découverte de la pesanteur universelle.

De même, disent-ils, que l'attraction préside aux changements d'état des corps inertes, de même la force vitale régit les modifications des corps organisés; mais ils tombent dans une grave erreur, car la force vitale ne peut être comparée à l'attraction; les lois de cette dernière sont connues, celles de la force vitale sont ignorées. La physiologie en est justement, dans ce moment, au point où en étaient les sciences physiques avant Newton : elle attend qu'un génie du premier ordre vienne découvrir les lois de la force vitale de la même manière que Newton a fait connaître les lois de l'attraction. La gloire de ce grand géomètre ne consiste pas à avoir découvert l'attraction, comme quelques-uns le croient, mais à avoir prouvé par ses mémorables calculs que *l'attraction agit en raison directe de la masse, et inverse du carré de la distance.*

Ce n'est pas au reste par des spéculations de cabinet qu'un pareil but peut être atteint ; une connaissance exacte des sciences physiques , de nombreuses expériences sur les corps vivants sains ou malades, une logique sévère et forte, peuvent seules y faire parvenir.

Remarque générale sur les phénomènes de la vie.

Avant de commencer l'étude des phénomènes de la vie de l'homme, objet spécial de cet ouvrage, nous avons besoin de faire une remarque générale.

Quels que soient le nombre et la diversité des phénomènes que présente l'homme vivant, il est possible de les réduire, en dernière analyse, à deux principaux, qui sont, *la nutrition* et *l'action vitale.* Quelques mots sur chacun de ces phéno-mènes sont indispensables pour l'intelligence de ce qui suit.

Idée générale sur la nutrition.

La vie de l'homme et celle des autres corps or-ganisés est fondée sur ce qu'ils s'assimilent habi-tuellement une certaine quantité de matière qu'on nomme *aliment.* La privation de cette matière pen-dant un temps assez limité entraîne nécessaire-ment la cessation de la vie. D'un autre côté, l'ob-servation journalière apprend que les organes de

l'homme, de même que ceux de tous les êtres vivants, perdent à chaque instant une certaine quantité de la matière qui les compose ; c'est même sur
la nécessité de réparer ces pertes habituelles que
repose le besoin des aliments. De ces deux données et de quelques autres que nous ferons connai-
tre par la suite, on a conclu avec raison que les
corps vivants ne sont point composés de la même
matière à toutes les époques de leur existence ; on
a même été jusqu'à dire que les corps subissent
une rénovation totale. Les anciens ont avancé que
cette rénovation s'opère dans l'espace de sept ans.
Sans admettre cette idée conjecturale, nous dirons
qu'il est extrêmement probable que toutes les parties du corps de l'homme éprouvent un mouvement intestin, qui a pour double effet d'expulser
les molécules qui ne doivent plus servir à compo-
ser les organes, et de les remplacer par des molécules nouvelles. Ce mouvement intime constitue
la nutrition. Il ne tombe pas sous les sens ; mais
ces effets étant palpables, ce serait tomber dans
un pyrrhonisme exagéré, que de le révoquer en
doute. Ce mouvement n'est susceptible d'aucune
explication ; il ne peut point être rapporté, dans
l'état actuel de la physiologie, aux mouvements
moléculaires que régit l'affinité chimique. Dire
qu'il dépend de la sensibilité organique et de la
contractilité organique insensible, ou simplement

de la force vitale, c'est exprimer le fait en termes différents sans rien éclaircir. Quoi qu'il en soit, c'est en vertu du mouvement nutritif ou de la nutrition, que les organes du corps de l'homme conservent leurs propriétés physiques, ou en changent. Nos différents organes présentant des propriétés physiques différentes, le mouvement nutritif doit varier dans chacun d'eux.

Action vitale.

Indépendamment des propriétés physiques que présentent toutes les parties du corps, il en est un grand nombre qui offrent, soit d'une manière continue, soit à des époques plus ou moins rapprochées, un phénomène que je nomme *action vitale*. Par exemple, le foie forme continuellement un liquide qu'on nomme *bile*, en vertu d'une force qui lui est particulière : il en est de même du rein relativement à l'urine. Les muscles volontaires, quand ils se trouvent dans de certaines conditions, se durcissent, changent de forme, en un mot, se contractent. Voilà encore un exemple d'une action vitale. Ces actions vitales jouent un rôle très-important dans la vie de l'homme et des animaux, et c'est sur elles que doit se fixer plus particulièrement l'attention du physiologiste.

L'action vitale est dans une dépendance évidente de la nutrition, et réciproquement la nutrition est influencée par l'action vitale. Ainsi un organe qui cesse de se nourrir perd en même temps la faculté d'agir; ainsi, les organes dont l'action est le plus souvent répétée, ont une nutrition plus active : au contraire, ceux qui agissent peu ont un mouvement nutritif évidemment ralenti.

Le mécanisme de l'action vitale est ignoré : il se passe, dans l'organe qui agit, un mouvement moléculaire insensible qui n'est pas plus susceptible d'explication que le mouvement nutritif.

Aucune action vitale, quelque simple qu'elle soit. ne fait exception à cet égard.

Tous les phénomènes de la vie peuvent donc se rattacher, en dernière analyse, à la nutrition et à l'action vitale ; mais les mouvements cachés qui constituent ces deux phénomènes ne tombant pas sous nos sens, ce n'est pas sur eux que doit porter notre attention ; nous devons nous borner à étudier leurs résultats, c'est-à-dire les propriétés physiques des organes, les effets sensibles des actions vitales, et rechercher comment les uns et les autres concourent à la vie générale.

C'est, en effet, là l'objet de la physiologie.

Pour parvenir à ce but, on partage les phénomènes de la vie en différentes classes ou fonctions.

Les auteurs ont beaucoup varié pour la classification des fonctions. Sans nous arrêter ici à énumérer les différentes classifications adoptées aux diverses époques de la science, ce que d'ailleurs

Action vitale.

Des fonctions, et de leur classification.

ne comporte pas la nature de cet ouvrage, nous dirons qu'on peut distinguer les fonctions en celles qui ont pour but de mettre l'individu en rapport avec les objets environnants, en celles qui ont pour objet la nutrition, et en celles qui ont pour objet la reproduction de l'espèce.

Nous nommerons les premières, *fonctions de relations;* les secondes, *fonctions nutritives*, et les troisièmes, *fonctions génératrices.*

 La marche à suivre pour l'étude d'une fonction en particulier n'est pas indifférente. Voici celle que nous croyons devoir adopter :

1°. Idée générale de la fonction.

2°. Circonstances qui mettent en jeu l'action des organes, et que nous appelons *excitantes de la fonction.*

3°. Description anatomique sommaire des organes qui concourent à la fonction, ou de l'appareil.

4°. Étude de chaque action d'organe en particulier.

5°. Résumé général montrant l'utilité de la fonction.

6°. Rapports de la fonction avec celles qui ont été précédemment examinées.

7°. Modifications que présente la fonction, suivant l'âge, le sexe, le tempérament, les climats, les saisons, l'habitude.

DES FONCTIONS DE RELATION.

Les fonctions de relation se composent des *sen-* *sations*, de l'*intelligence*, de la *voix* et des *mouve-* *ments*.

Des fonctions de relation.

DES SENSATIONS.

Les sensations sont des fonctions destinées à re- cevoir des impressions de la part des objets exté- rieurs, et à les transmettre à l'intelligence. Ces fonctions sont au nombre de cinq : la *vision*, l'*au-* *dition*, l'*odorat*, le *goût* et le *toucher*.

Des sensations.

DE LA VISION.

La vision est une fonction qui nous fait recon- naître la grandeur, la figure, la couleur, la distan- ce des corps, etc.

De la vision.

Les organes qui composent l'appareil de la vi- sion entrent en action sous l'influence d'un excitant particulier qu'on nomme *lumière*.

Lumière.

Nous apercevons les corps, nous prenons con- naissance de plusieurs de leurs propriétés, quoique souvent ils soient fort éloignés de nous; il faut donc qu'il y ait entre eux et notre œil un agent intermédiaire : cet intermédiaire, nous le nom- mons *lumière*.

La lumière est un fluide excessivement subtil.

Lumière.

qui émane des corps nommés *lumineux*, tels que le soleil, les étoiles fixes, les corps en ignition, ceux qui sont phosphorescents, etc.

La lumière est composée de molécules qui se meuvent avec une prodigieuse rapidité, puisque chacune d'elles parcourt environ quatre-vingt mille lieues par seconde.

Des rayons lumineux.

On nomme *rayon de lumière* une série de molécules qui se succèdent sans interruption, en ligne droite. Les molécules qui composent chaque rayon sont séparées par des intervalles considérables, relativement à leurs masses ; ce qui permet à un très-grand nombre de rayons de se croiser en un même point, sans que les molécules puissent se choquer en se rencontrant.

La lumière qui part du corps lumineux forme des cônes divergents, qui, s'ils ne rencontraient point d'obstacles, se prolongeraient indéfiniment.

Intensité de la lumière.

Les physiciens ont conclu de là que l'intensité de la lumière qui se trouve dans un lieu quelconque, est en raison inverse du carré de la distance du corps lumineux d'où elle part. Les cônes que forme la lumière en sortant des corps lumineux sont en général nommés *faisceaux de lumière*, et on désigne par le nom de *milieux* les corps dans lesquels la lumière se meut.

Réflexion de la lumière.

Quand la lumière rencontre dans sa marche certains corps qu'on nomme *opaques*, elle est repoussée, et sa direction se trouve modifiée suivant la disposition de ces corps.

On appelle *réflexion* le changement que subit la marche de la lumière dans ce cas. L'étude de la réflexion constitue cette partie de la physique qui a été nommée *catoptrique*.

Certains corps se laissent traverser par la lumière, par exemple, le verre : on les appelle *transparents* ou *diaphanes*. En les traversant, la lumière y subit un certain changement qui se nomme *réfraction*. Comme le mécanisme de la vision repose entièrement sur les principes de la réfraction, il est important que nous nous arrêtions quelques instants à leur examen.

Le point par lequel un rayon de lumière entre dans un milieu s'appelle point d'*immersion*, et celui par lequel il en sort, point d'*émergence*. Si le rayon rencontre perpendiculairement la surface d'un milieu, il continue sa route dans le milieu, en conservant sa direction première ; mais si l'incidence est oblique à la surface du milieu, le rayon se détourne de sa route, en sorte qu'il paraît rompu au point d'immersion.

L'angle d'incidence est celui que fait le rayon incident avec une ligne perpendiculaire, menée par le point d'immersion sur la surface du milieu, et *l'angle de réfraction* est celui que fait le rayon rompu avec la même perpendiculaire.

3.

Le rayon de lumière passe-t-il d'un milieu plus rare dans un milieu plus dense, il se rapproche de la perpendiculaire au point de contact ; il s'en écarte, au contraire, quand il passe d'un milieu plus dense dans un milieu plus rare. Le même phénomène a, lieu, mais en sens opposé, lorsque le rayon rentre dans le premier milieu ; de façon que si les deux surfaces du milieu que le rayon traverse de part en part, sont parallèles entre elles, le rayon, en repassant dans le milieu environnant, prendra une direction qui sera elle-même parallèle à celle du rayon incident.

Les corps réfractent la lumière en raison de leur densité (1) et de leur combustibilité. Ainsi de deux corps d'égale densité, mais dont l'un sera composé d'éléments plus combustibles que l'autre, la force réfringente du premier sera plus considérable que celle du second.

Tous les corps diaphanes, en même temps qu'ils réfractent la lumière, la réfléchissent. C'est en raison de cette propriété que ces corps remplissent jusqu'à un certain point l'office de miroirs. Quand ils n'ont qu'une faible densité, comme l'air,

---

(1) La densité est le rapport de la masse au volume ; en sorte que si tous les corps étaient sous le même volume, leurs densités pourraient être mesurées par leur poids.

ils ne sont visibles qu'autant que leur masse est Lumière.
considérable.

La forme du corps réfringent n'influe pas sur sa Lois de la réfraction.
force réfringente, mais elle modifie la disposition
des rayons réfractés les uns par rapport aux autres
En effet, les perpendiculaires à la surface du corps,
se rapprochant ou s'éloignant suivant la forme de
ce corps, les rayons réfractés doivent en même
temps se rapprocher ou s'éloigner.

Quand, par l'effet d'un corps réfringent, des
rayons tendent à se rapprocher, le point où ils se
réunissent se nomme *foyer du corps réfringent.*
Les corps de forme lenticulaire (1) sont ceux qui
présentent principalement ce phénomène.

Un corps réfringent à surfaces parallèles ne change pas la direction des rayons, mais les rapproche
de son axe par une sorte de transport. Un corps
réfringent, convexe des deux côtés (lentille), n'a
pas une force réfringente plus grande qu'un corps
convexe d'un côté et plane de l'autre ; mais le point
où les rayons se réunissent derrière lui est plus
rapproché.

L'étude de la réfraction conduit à reconnaître Composition de la lumière.
un fait extrêmement important, savoir, *qu'un*
rayon de lumière est lui-même composé d'une in-

---

(1) Les corps lenticulaires sont des corps terminés par
deux segments de sphère.

Lumière.
Composition de la lumière.

finité de rayons diversement colorés et diversement réfrangibles, c'est-à-dire qu'à chaque rayon coloré correspond, dans ces mêmes corps et pour une même incidence, une réfraction qui varie avec la couleur des rayons.

Si l'on fait passer un faisceau de rayons lumineux à travers un prisme de verre, ou tout autre corps réfringent dont les surfaces ne sont pas parallèles, on voit le faisceau s'élargir; et si après sa sortie du corps on le reçoit sur un plan, tel qu'une feuille de papier, il y occupe une étendue considérable, et, au lieu d'y produire une image blanche, il paraît sous la forme d'une image oblongue, peinte d'une infinité de couleurs qui se succèdent par des dégradations insensibles, et parmi lesquelles on distingue les sept couleurs suivantes : le rouge, l'orangé, le jaune, le vert, le bleu, l'indigo, et le violet. Chacune de ces couleurs est indécomposable ; leur ensemble forme le *spectre solaire*. Ainsi la lumière n'est pas homogène, puisqu'elle est composée de rayons de couleurs très-différentes. C'est sur ce fait qu'est fondée l'explication de la coloration des corps. Un corps blanc est un corps qui réfléchit la lumière sans la décomposer ; un corps noir est un corps qui ne réfléchit point la lumière et qui l'absorbe en totalité. Les corps colorés décomposent la lumière en la réfléchissant ; ils en absorbent une partie et réflé-

Coloration des corps.

chissent l'autre. Ainsi un corps paraîtra vert lorsque la réunion des couleurs qu'il réfléchira formera du vert, etc.

Les corps transparents paraissent aussi colorés par la lumière qu'ils réfractent, et il arrive souvent que, vus par réfraction, ils paraissent d'une couleur différente de celle sous laquelle on les aperçoit par réflexion.

Si maintenant on voulait savoir pourquoi tel corps réfléchit certaine couleur, tandis que tel autre corps l'absorbe, les physiciens répondront que ce phénomène tient à la nature et à la disposition particulière des molécules des corps (1).

La découverte de l'action des corps réfringents sur la lumière n'a point été un objet de simple curiosité; elle a conduit à construire des instruments ingénieux, au moyen desquels la sphère de la vision de l'homme s'est singulièrement étendue.

Appareil de la vision.

L'appareil de la vision est composé de trois parties distinctes.

La première modifie la lumière.

---

(1) Cette explication ressemble beaucoup à celle des phénomènes de la vie pour les propriétés vitales, c'est-à-dire qu'il se pourrait bien qu'elle n'expliquât rien.

La deuxième reçoit l'impression du fluide.

La troisième transmet cette impression au cerveau.

L'appareil de la vision est d'une texture extrêmement délicate, que la moindre cause peut altérer ; aussi la nature a-t-elle placé au-devant de cet appareil une série d'organes, dont l'usage est de le protéger et de le maintenir dans les conditions nécessaires à l'exercice libre et facile de ses fonctions.

Parties protectrices de l'œil. (Tutamina oculi.) Ces parties protectrices sont les sourcils, les paupières ; et l'appareil sécréteur et excréteur des larmes.

Sourcils. Les sourcils, parties propres à l'homme, sont, comme on sait, formés :

1°. Par des poils d'une couleur variable.

2°. Par la peau.

3°. Par des follicules sébacés, placés à la base de chaque poil.

4°. De muscles destinés à leurs mouvements multipliés, savoir, la portion frontale de l'occipito-frontal, le bord supérieur de l'orbiculaire des paupières (*orbito-palpébral*), le surcilier.

5°. De vaisseaux assez nombreux.

6°. De nerfs.

Usages des sourcils. Les sourcils ont plusieurs usages. La saillie qu'ils forment protége l'œil contre les violences extérieures ; les poils, en raison de leur direction oblique, de la matière huileuse qui les enduit, s'opposent à ce que la sueur coule vers l'œil, et aille irriter la surface de l'organe; ils la dirigent vers la tempe et la racine du nez. La couleur et le nombre des poils des sourcils influent sur leur usage. Ils sont ordinairement en rapport avec le climat. L'habitant des pays chauds les a très-épais et très-noirs; l'habitant des régions froides peut les avoir épais, mais il est très-rare qu'il les ait noirs. Les sourcils garantissent l'œil de l'impression d'une lumière trop vive, surtout lorsque celle-ci vient d'un lieu élevé : nous rendons cet effet plus marqué en fronçant le sourcil.

Les paupières sont au nombre de deux chez l'homme, distinguées en supérieure et en inférieure, en grande et en petite, *palpebra major*, *palpebra minor*. Paupières.

La forme des paupières est accommodée à celle du globe de l'œil, de manière qu'étant rapprochées, elles couvrent complètement la face antérieure de cet organe. Le lieu où elles se rencontrent n'est point au niveau du diamètre transverse de l'œil; il est beaucoup au-dessous : c'est à tort que Haller le nomme *æquator oculi*.

Plus l'ouverture qui sépare les paupières a d'étendue, plus l'œil nous paraît grand : aussi le jugement que nous portons sur le volume de l'œil est-il souvent inexact : il n'exprime le plus

Paupières. souvent que l'étendue de l'ouverture des paupières (1).

Le bord libre des paupières est épais, résistant, garni de poils plus ou moins longs, plus ou moins nombreux, d'une couleur ordinairement semblable à celle des cheveux; ces poils sont placés très-près les uns des autres. Ceux de la paupière supérieure forment une légère courbure, dont la concavité est en haut; ceux de la paupière inférieure en ont une en sens opposé. Nous attachons une idée de beauté à des cils très-nombreux et très-longs, ce qui s'accorde avec l'utilité qui en résulte. Les cils sont toujours enduits d'une humeur onctueuse, qui a sa source dans de petits follicules situés dans l'épaisseur des paupières, autour de la base des cils. Ils ont cela de commun avec la plupart des poils.

Entre la ligne qu'occupent les cils et la face interne, il y a une surface plane, par laquelle les paupières se touchent quand elles sont rapprochées. Je nomme cette surface la *marge* de la paupière.

Structure des paupières. Les paupières sont composées d'un muscle à fibres semi-circulaires (*orbiculaire des paupières*), d'un fibro-cartilage, d'un ligament (*ligament large de la paupière*), d'un grand nombre de follicu-

-----

(1) Bichat.

les sébacés (*glandes* de Meïbomius), d'une portion de membrane muqueuse. Toutes ces parties sont liées entre elles par un tissu cellulaire, en général lâche et fin, et qui ne contient point de graisse.

La peau des paupières est très-fine, demi-transparente; elle se prête très-aisément à leurs mouvements; elle présente des plis transversaux. Le muscle des paupières, par sa contraction, rapproche les paupières, ou, comme on dit, ferme les yeux, en même temps qu'il porte les paupières un peu en dedans.

Peau des paupières.

Le fibro-cartilage des paupières s'appelle le *cartilage tarse;* celui de la paupière supérieure est beaucoup plus grand que celui de la paupière inférieure. Ils ont pour usage de maintenir les paupières tendues et toujours accommodées à la forme de l'œil; en outre ils soutiennent les cils, logent dans leur épaisseur les follicules de Meïbomius, et peuvent garantir l'œil des lésions extérieures. L'usage du cartilage tarse relativement aux mouvements des paupières ne paraît point indispensable, puisqu'on ne le rencontre point chez plusieurs animaux, dont les paupières n'en remplissent pas moins bien leurs fonctions.

Cartilage tarse.

Ce qu'on nomme le *ligament large* n'est autre chose que du tissu cellulaire, qui de la base de l'orbite se rend au bord supérieur du cartilage tar-

Ligament large des paupières.

se : il paraît destiné à limiter le mouvement par lequel les paupières se rapprochent.

Le tissu cellulaire des paupières est extrêmement fin et délicat, et ne contient point de graisse, mais bien une sérosité extrêmement ténue, qui, dans certains cas, prend plus de consistance, et s'accumule dans les aréoles de ce tissu ; et les paupières sont alors gonflées, d'une couleur bleuâtre. On voit cette couleur et ce gonflement des paupières à la suite des excès de tout genre, après les grandes maladies et pendant les convalescences, chez les femmes lorsqu'elles ont leurs règles, etc. La finesse, la laxité du tissu cellulaire des paupières, l'absence de la graisse de ses aréoles, étaient nécessaires pour le libre exercice de leurs mouvements. La surface oculaire des paupières est recouverte par la membrane muqueuse de l'œil.

Indépendamment des parties qui viennent d'être indiquées, la paupière supérieure a un muscle qui lui est propre, et qu'on nomme *élévateur de la paupière supérieure*.

Les paupières couvrent l'œil dans le sommeil, le garantissent du contact des corps étrangers qui voltigent dans l'air ; elles le préservent des chocs par leur occlusion presque instantanée ; par leurs mouvements habituels, et qui reviennent à des intervalles à peu près égaux, elles s'opposent aux effets du contact prolongé de l'air ; ce mouvement, nommé *clignement*, dépend en partie du nerf facial, et en partie du nerf de la cinquième paire. Il cesse quand le nerf facial est coupé; il cesse ou ne se montre que très-rarement, et seulement par l'effet d'une lumière très-vive, si c'est la cinquième paire qui est coupée.

Les paupières ont aussi l'usage de modérer l'effet d'une lumière trop vive : en se rapprochant, elles ne laissent passer que la quantité de ce fluide nécessaire à la vision, mais insuffisante pour blesser l'œil. Au contraire, lorsque la lumière est faible nous écartons largement les paupières, afin d'en laisser pénétrer le plus possible dans l'intérieur de l'œil.

Lorsque les paupières sont rapprochées, les cils forment une espèce de grille, qui ne laisse passer qu'une certaine quantité de lumière à la fois.

Quand les cils sont humides, les petites gouttelettes qui sont à leur surface décomposent la lumière à la manière du prisme, et le point d'où part celle-ci paraît irisé. Les cils, en séparant en faisceaux la lumière qui pénètre dans l'œil, font paraître pendant la nuit les corps en ignition, comme s'ils étaient environnés de rayons lumineux. Cette apparence disparaît dès qu'on renverse les paupières, ou seulement qu'on donne aux cils une autre direction. On conçoit aussi que les cils écartent de l'œil les atomes de poussière qui voltigent dans l'air. La vision est toujours plus ou moins altérée chez les personnes qui sont privées de cils.

Glandes de Meïbomius, et de leurs usages.

On appelle *glandes de Meïbomius* des follicules composés qui sont logés dans l'épaisseur des cartilages tarses. Ils sont fort nombreux ; il y en a de trente à trente-six à la paupière supérieure, et de vingt-quatre à trente à l'inférieure. Dans chaque follicule composé il existe un canal central, autour duquel sont placés les follicules simples, et dans lequel ils versent la matière qu'ils sécrètent. Ce canal central est toujours rempli par cette matière, qui, dans son état ordinaire, se nomme *humeur de Meïbomius*, et *chassie* lorsqu'elle est épaissie et séchée. A l'instant du réveil on en trouve toujours une certaine quantité accumulée au grand angle de l'œil et sur la marge des paupières. On croit cette matière de nature onctueuse ; des recherches particulières me font croire qu'elle est essentiellement albumineuse. Chaque canal central s'ouvre par une ouverture à peine visible sur la face interne de la paupière, très-près de sa jonction avec la marge : ces ouvertures, très-rapprochées les unes des autres, règnent dans toute la longueur du bord de cette marge. L'humeur de Meïbomius sort par ces ouvertures quand on comprime légèrement la paupière. Comme celles-ci éprouvent une pression sensible en se portant au-devant de l'œil, il est probable que cette pression contribue à l'excrétion de l'humeur. L'usage principal de cette humeur me paraît être de favoriser les frottements des paupières sur le globe de l'œil. La paupière supérieure exerçant plus de frottements sur l'œil, devait avoir des follicules plus nombreux et plus considérables : c'est en effet ce qui existe.

Appareil lacrymal.

Ce n'est pas exclusivement aux sourcils et aux paupières qu'est confié le soin de protéger l'œil, et de le maintenir dans les conditions nécessaires à la vision ; il entre dans les *tutamina oculi* un petit appareil sécrétoire, dont le mécanisme est fort curieux et dont l'utilité est fort grande. C'est l'appareil sécréteur des larmes. Il se compose de la glande lacrymale, de ses canaux excréteurs, de la caroncule lacrymale, des conduits lacrymaux, et du canal nasal.

Appareil lacrymal.

Logée dans la petite fossette que présente la voûte de l'orbite, à sa partie antérieure et externe, la glande lacrymale est peu volumineuse ; elle reçoit une branche de la cinquième paire, fait anatomique qui mérite, depuis les derniers travaux sur ce nerf, une attention particulière. Son usage est de sécréter les larmes.

Glande lacrymale.

Cette glande était connue des anciens, mais ils en ignoraient l'utilité; ils la nommaient *innominée supérieure,* par opposition à la caroncule, qu'ils nommaient *innominée inférieure.* Ils attribuaient la formation des larmes, les uns à la caroncule, les autres à une glande qui n'existe point chez l'homme, et qui se voit chez certains animaux (*la glande* de Harderus).

Canaux excréteurs de la glande lacrymale.

Les canaux excréteurs des larmes sont au nombre de six ou sept. Ils naissent des petits grains glanduleux qui, par leur assemblage, forment la glande; ils marchent quelque temps dans les intervalles des lobules qu'elle offre; bientôt ils l'abandonnent, se placent sur la conjonctive, et viennent percer cette membrane très-près du cartilage tarse de la paupière supérieure, vers son extrémité externe. On peut les rendre sensibles, soit en les insufflant, soit en soulevant la paupière supérieure et comprimant la glande, ce qui donne lieu à la sortie des larmes par les orifices de ces canaux, soit en laissant macérer l'œil dans l'eau teinte par du sang, soit enfin en les injectant avec du mercure. Les larmes sont versées par ces conduits à la surface de la conjonctive.

Caroncule lacrymale.

A l'angle interne de l'œil, on voit un corps saillant, dont la couleur rosée indique l'énergie des forces générales, dont la pâleur, au contraire, indique un état de débilité et de maladie : c'est la caroncule lacrymale. Ce corps, peu volumineux, a pour base de sa composition sept ou huit follicules, qui sont rangés suivant une ligne demi-circulaire, dont la convexité est en dedans. Ils ont chacun une ouverture à la superficie de la caroncule lacrymale; ils contiennent un petit poil : ces ouvertures sont tellement disposées qu'elles complètent, avec celles des glandes de Meïbomius, un cercle qui embrasse toute la partie antérieure de l'œil quand les paupières sont écartées.

A l'endroit où les paupières quittent le globe de l'œil pour se porter vers la caroncule, sur la face interne près du bord libre, se voit à chaque paupière une petite ouverture; c'est le point lacrymal, orifice externe des conduits lacrymaux. Les points lacrymaux sont continuellement ouverts; ils sont tous deux dirigés vers l'œil. On les suppose doués d'une faculté contractile qui se manifesterait lorsqu'ils seraient touchés par l'extrémité d'un stylet. Quelque soin que j'aie mis pour apercevoir ces contractions, je n'ai jamais pu y réussir : une circonstance aura pu en imposer à cet égard. Quand on renouvelle infructueusement les tentatives d'introduction du stylet, la membrane muqueuse qui revêt les points lacrymaux se gonfle par l'afflux des liquides, comme elle le ferait dans tout autre lieu, et alors l'ouverture est réellement rétrécie; on sent qu'il faut distinguer ce phénomène d'une contraction.

Par l'intermédiaire des conduits lacrymaux, les

ouvertures dont nous venons de parler conduisent dans un canal qui règne depuis le grand angle de l'œil jusqu'à la partie inférieure des fosses nasales. Les canaux lacrymaux sont très-étroits. Ils laissent à peine passer une soie de cochon; ils ont trois à quatre lignes de longueur; ils sont placés dans l'épaisseur de la paupière, entre le muscle orbiculaire et la conjonctive. Ils s'ouvrent tantôt isolément, tantôt réunis, dans la partie supérieure du canal nasal.

Sac lacrymal et canal nasal.

C'est à tort que les anatomistes distinguent deux parties dans le conduit qui s'étend du grand angle de l'œil au méat inférieur des fosses nasales. Ce canal a partout à peu près les mêmes dimensions, et rien ne justifie le nom de *sac lacrymal* qu'on a donné à sa partie supérieure, pour réserver le nom de *canal nasal* au reste de sa longueur. Toutefois ce canal est formé par la membrane muqueuse des fosses nasales, qui se prolonge dans le conduit osseux, pratiqué le long du bord postérieur de l'apophyse montante de l'os maxillaire, et de la moitié antérieure de l'os unguis. Il a pour usage de verser les larmes dans les fosses nasales.

On doit ranger parmi les organes de l'appareil lacrymal la conjonctive, membrane du genre des muqueuses, qui recouvre la face postérieure des paupières et la face antérieure du globe de l'œil. Cette membrane a plus d'étendue que le chemin qu'elle parcourt, ce qui est très-favorable aux mouvements des paupières et de l'œil. La manière lâche dont elle adhère aux paupières ainsi qu'à la sclérotique est encore bien disposée pour se prêter à ces mouvements. La conjonctive passe-t-elle au-devant de la cornée transparente, ou bien s'arrête-t-elle à la circonférence de cette portion de l'œil pour se continuer avec la membrane qui la revêt? C'est ce qui n'est pas complètement démontré. On pense en général qu'elle recouvre la cornée; mais M. Ribes, anatomiste très-distingué, croit que la cornée est recouverte par une membrane particulière, unie à la conjonctive par sa circonférence sans en être une continuation.

La conjonctive garantit la face intérieure de l'œil; elle sécrète un fluide qui se mêle aux larmes, et paraît avoir les mêmes usages; elle jouit de la faculté absorbante (1), supporte les frottements quand l'œil se meut, et, comme elle est très-polie et toujours humide, ces mouvements sont très-faciles.

C'est à la conjonctive qu'appartient l'extrême sensibilité de l'œil, sensibilité qui se manifeste par la douleur que cause le moindre contact d'un corps

---

(1) On empoisonne facilement un animal en appliquant sur ses conjonctives des substances vénéneuses, de l'acide prussique, par exemple.

irritant même en vapeur. Cette sensibilité est de beaucoup supérieure à celle de toutes les parties de l'œil y compris la rétine. Elle dépend de la branche ophtalmique de la cinquième paire. Quand ce nerf est coupé sur un animal vivant, la conjonctive devient entièrement insensible à toute espèce de contact, même à ceux qui détruisent chimiquement la membrane ; par exemple, quelques atomes d'ammoniaque, mis sur la conjonctive, déterminent immédiatement une rougeur et une inflammation des plus vives avec un écoulement abondant de larmes ; le contact de l'ammoniaque sur un œil dont le nerf ophtalmique est coupé, reste sec et ne change point d'apparence (1).

De la sécrétion des larmes, et de leurs usages.

Sécrétion des larmes et de leurs usages.

Ce n'est point ici le lieu de décrire la sécrétion des larmes, de faire connaître en quoi elle se rapproche des autres sécrétions, en quoi elle en diffère ; il suffit de savoir que la glande lacrymale les forme sous l'influence de la cinquième paire, et

(1) J'ai observé un fait fort remarquable dans ces expériences (*voyez* mon Journal de physiologie, tom. 4, 1824). La section du nerf ophtalmique est constamment suivie chez les animaux d'une violente inflammation avec suppuration abondante de la conjonctive ; mais la surface de l'œil n'en reste pas moins complètement insensible.

qu'elle les verse, au moyen des conduits dont nous avons parlé, sur la conjonctive à la partie externe et supérieure de l'œil. Mais comment se comportent-elles lorsqu'elles sont arrivées dans ce lieu ? C'est ce que nous allons chercher à faire connaître. Nous dirons d'abord qu'elles doivent couler pendant le sommeil autrement que pendant la veille. En effet, dans ce dernier état, les paupières s'éloignent et se rapprochent alternativement l'une de l'autre ; la conjonctive est exposée au contact de l'air, l'œil se meut continuellement; rien de tout cela n'existe dans le sommeil.

Les physiologistes supposent que les larmes coulent dans un canal triangulaire, qui est chargé de les transporter vers le grand angle de l'œil, où elles sont absorbées par les points lacrymaux. Ce canal est formé, disent-ils, 1° par le bord des paupières, *dont les surfaces, arrondies et convexes,* ne se touchent que par un point; 2° par la face antérieure de l'œil, qui le complète en arrière. Ce canal a son extrémité externe plus élevée que l'interne. Cette disposition, jointe à la contraction du muscle orbiculaire, dont le point fixe est à l'apophyse montante de l'os maxillaire, dirige les larmes vers les points lacrymaux.

Cette explication est défectueuse. Les paupières se touchent, non par un bord arrondi, mais par leurs marges, qui sont planes : le canal dont on parle n'existe donc pas. En effet, lorsqu'on examine les paupières par leur face postérieure quand elles sont rapprochées, à peine voit-on la ligne qui indique le point où elles se touchent. D'ailleurs, en admettant l'existence du canal, il ne pourrait servir à l'écoulement des larmes que durant le sommeil ; il resterait toujours à savoir comment elles marchent pendant la veille.

Marche des larmes pendant le sommeil.

Dans le sommeil, et dans tous les cas où les paupières sont rapprochées, les larmes se répandent de proche en proche sur toute la surface de la conjonctive oculaire et palpébrale ; elles doivent se porter en plus grande quantité dans les points où elles éprouvent le moins de résistance. La route qui leur présente le moins d'obstacles, c'est l'endroit où la conjonctive passe de l'œil aux paupières ; par cette route, elles arrivent aisément jusqu'aux points lacrymaux. Les larmes qui sont ainsi répandues sur la conjonctive doivent se mêler avec les fluides sécrétés par cette membrane, et être soumises à l'absorption qu'elle exerce.

Marche des larmes durant la veille.

Dans la veille, les choses ne se passent pas de cette manière. La portion de conjonctive qui est en contact avec l'air laisse évaporer les larmes qui la recouvrent ; elle se sécherait si, par le mouvement de clignement, les larmes n'étaient pas renouvelées : c'est là, je crois, le principal usage du clignement. Les larmes, qui sont ainsi sur la partie de la conjonctive exposée à l'air, y forment une couche uniforme qui donne à l'œil son poli et son brillant ; l'augmentation ou la diminution d'épaisseur de cette couche influe beaucoup sur l'expression des yeux : dans les regards passionnés, par exemple, où les yeux brillent et prennent un éclat particulier elle paraît sensiblement plus épaisse.

Dans l'état ordinaire de la sécrétion des larmes, elles ne tendent en aucune manière à couler sur la face externe de la paupière inférieure. Je ne sais sur quoi est fondé l'usage qu'on attribue ordinairement à l'humeur de Meïbomius, de s'opposer à cet écoulement, à peu près comme une couche d'huile mise au bord d'un vase s'oppose à l'écoulement du fluide aqueux qui en dépasse le niveau. Je doute que cette humeur puisse remplir cet usage, car elle est soluble dans les larmes.

Les larmes qui ne s'évaporent point ou qui ne sont point absorbées par la conjonctive, sont absorbées par les conduits lacrymaux, et transportées dans le méat inférieur par le canal nasal. Comment se fait ce transport, on l'ignore. On a voulu tour à tour en donner l'explication par la théorie du syphon, des tubes capillaires, des propriétés vitales, etc. : ces explications sont incertaines (1).

____

(1) L'explication de l'absorption des larmes par la capil-

L'absorption des larmes par les points lacrymaux n'est bien évidente que lorsque les larmes sont très-abondantes ou qu'elles roulent dans les yeux ; mais alors elle se fait avec une telle promptitude qu'elle oblige presque immédiatement à se moucher : cet effet se remarque au théâtre dans les instants pathétiques.

Appareil de la vision.

L'appareil de la vision se compose de l'œil et du nerf optique.

La position de l'œil à la partie la plus élevée du corps ; la possibilité qu'a l'homme d'apercevoir en même temps des deux yeux un même objet ; la coupe oblique de la base de l'orbite ; la protection que l'œil trouve dans cette cavité contre les chocs extérieurs ; la présence d'une grande abondance de tissu cellulaire graisseux, qui forme un coussin élastique au fond de l'orbite, etc., sont autant de circonstances qu'il ne faut pas négliger, mais que nous ne pouvons qu'indiquer.

L'œil est composé de parties qui servent bien différemment à la vue. On peut les distinguer en parties réfringentes et en parties qui ne jouissent pas de cette propriété.

---

larité des conduits lacrymaux, est celle qui réunit le plus de probabilités en sa faveur.

Les parties réfringentes sont :

A. La cornée transparente, corps réfringent, convexe et concave, qui, par sa forme, sa transparence et son insertion, a beaucoup de ressemblance avec le verre qu'on place au-devant du cadran des montres.

B. L'humeur aqueuse, qui remplit les chambres de l'œil; liquide qui n'est point purement aqueux, comme son nom l'indique, mais qui est essentiellement composé d'eau et d'un peu d'albumine (1).

C. Le cristallin, que l'on compare à tort à une lentille. La comparaison serait exacte si l'on ne s'en rapportait qu'à la forme; mais elle est complètement défectueuse dès l'instant que l'on a égard à la structure. En effet le cristallin est composé de couches concentriques, dont la dureté va croissant depuis la surface jusqu'au centre, et qui probablement ont des puissances réfringentes différentes. En outre, le cristallin est enveloppé d'une membrane qui joue un rôle important dans la vision, comme nous nous en sommes assuré par l'expérience. Une lentille est partout homogène, à sa surface comme dans chacun des points de son

____

(1) D'après M. Berzelius, l'humeur aqueuse est composée d'eau, 98,10; albumine, un peu; muriates et lactates, 1,15; soude, avec une matière soluble seulement dans l'eau, 0,75 : total, 100,0.

Le cristallin n'est point une lentille. épaisseur; elle a aussi partout la même puissance de réfraction. Toutefois il est à remarquer que la courbe de la face antérieure du cristallin est loin d'être semblable à celle de sa face postérieure. Cette dernière appartiendrait à une sphère dont les diamètres seraient bien moins étendus que ceux de la sphère à laquelle appartiendrait la courbe de la face antérieure. On a cru jusqu'ici que le cristallin était composé en grande partie d'albumine; *Composition chimique du cristallin.* d'après une nouvelle analyse de M. Berzelius, il n'en contient pas : il est formé presque entièrement d'eau et d'une matière particulière qui a la plus grande analogie, par ses propriétés chimiques, avec la partie colorante du sang.

D. Derrière le cristallin se trouve l'humeur vitrée, ainsi appelée à cause de sa ressemblance avec du verre fondu (1).

Membrane de l'humeur aqueuse. Chacune des parties que nous venons d'indiquer est enveloppée par une membrane très-mince, transparente comme elle : ainsi, au-devant de la cornée se voit la conjonctive; derrière elle, existe la *membrane de l'humeur aqueuse,* membrane qui tapisse toute la chambre antérieure de l'œil, c'est-

---

(1) D'après M. Berzelius, l'humeur vitrée contient : eau, 98,40 ; albumine, 0,16 ; muriates et lactates, 1,42 ; soude, avec une matière animale soluble seulement dans l'eau, 0,02 : total, 100,0.

à-dire la face antérieure de l'iris et la face postérieure de la cornée. Le cristallin est entouré de la
capsule cristalline, qui adhère par sa circonférence à la membrane qui revêt l'humeur vitrée. Celle-ci, en passant de la circonférence du cristallin
sur les faces antérieure et postérieure de cette partie, laisse entre ces deux lames un intervalle qui a
été nommé *canal goudronné*. Jusqu'ici l'on avait
pensé que ce canal ne communiquait point avec la
chambre de l'œil; mais Jacobson assure qu'il présente un grand nombre de petites ouvertures par
lesquelles l'humeur aqueuse peut, selon lui, entrer
dans ce canal ou en sortir. Nous avons inutilement
cherché à voir ces ouvertures.

L'humeur vitrée est aussi entourée d'une membrane nommée *hyaloïde*. Cette membrane ne se
borne pas à contenir cette humeur; elle s'enfonce
dans sa masse, la partage en diverses portions en
formant des cellules. Les détails que l'anatomie
apprend touchant la disposition de ces cellules,
n'ont jusqu'ici rien ajouté à ce que l'on sait des
usages de l'humeur vitrée.

L'œil n'est pas seulement composé de parties
réfringentes, il est encore composé de membranes
qui ont chacune une destination particulière, et
qui sont :

A. La sclérotique, enveloppe extérieure de l'œil,
membrane d'une nature fibreuse : elle est épaisse

et résistante; elle a évidemment pour usage de protéger les parties intérieures de l'organe; elle sert en outre de point d'insertion aux divers muscles qui meuvent l'œil.

Choroïde. B. La choroïde, membrane vasculaire et nerveuse, formée de deux lames distinctes; elle est imprégnée d'une matière noire, qui joue un rôle important dans la vision.

Iris. C. L'iris, qui se voit derrière la cornée transparente, est diversement coloré selon les individus; il est percé, dans son centre, d'une ouverture qu'on *Pupille.* nomme *pupille*, qui s'agrandit et se resserre suivant certaines circonstances que nous indiquerons. L'iris adhère, antérieurement et à sa circonférence, à la sclérotique par un tissu cellulaire d'une *Ligament* nature particulière, qu'on nomme le *ligament ciliaire.* *ciliaire* ou *irien*. La face postérieure de l'iris est recouverte d'une matière noire assez abondante.

Derrière la circonférence de l'iris on remarque un grand nombre de lignes blanches, disposées en manière de rayons qui tendraient à se réunir au centre de l'iris, si on les prolongeait : ce sont les *Procès* *procès ciliaires*. On n'est d'accord ni sur la struc*ciliaires.* ture ni sur les usages de ces corps : les uns les croient nerveux, les autres musculaires, les autres glandulaires ou vasculaires. Le fait est qu'on ne sait pas encore à quoi s'en tenir sur leur véritable structure. Nous verrons plus bas qu'il en est de même pour leurs usages.

La couleur de l'iris dépend de celle de son tissu, qui est variable, et de celle de la couche noire de sa face postérieure, dont la couleur perce à travers l'iris. Dans les yeux bleus, par exemple, le tissu de l'iris est à peu près blanc; c'est la couche noire postérieure qui paraît à peu près seule, et détermine la couleur des yeux.

Les anatomistes varient sur la nature du tissu de l'iris : les uns le croient entièrement semblable à celui de la choroïde, c'est-à-dire essentiellement composé de vaisseaux et de nerfs; les autres ont cru y voir un grand nombre de fibres musculaires : ceux-ci envisagent cette membrane comme un tissu *sui generis*, ceux-là la confondent avec le tissu érectile. M. Edwards a démontré que l'iris est formé de quatre couches faciles à distinguer, et dont deux sont la continuation des lames de la choroïde; une troisième appartient à la membrane de l'humeur aqueuse, et une quatrième, qui forme le tissu propre de l'iris.

D'après les dernières recherches sur l'anatomie de l'iris, il paraît certain que cette membrane est musculaire, et qu'elle est composée de deux plans de fibres, l'un extérieur, rayonné, qui dilate la pupille, l'autre circulaire, concentrique, qui resserre l'ouverture. Les fibres circulaires externes parais-

Muscles de l'iris. sent être soutenues par une espèce d'anneau que forme chaque fibre rayonnée, et dans lequel elles glissent dans les mouvements de contraction et de resserrement de la pupille. L'iris reçoit les vaisseaux et les nerfs ciliaires, les derniers viennent de deux sources : le ganglion ophtalmique et le nerf nasal de la cinquième paire.

De la rétine. Entre la choroïde et l'hyaloïde existe une membrane essentiellement nerveuse. Cette membrane, connue sous le nom de *rétine*, est à peu près transparente ; elle offre une légère opacité et une teinte légèrement lilacée ; elle est formée par l'épanouissement des filets qui composent le nerf optique. M. Ribes ne l'envisage point de cette manière : il pense qu'elle forme une membrane particulière, dans laquelle viennent se distribuer les rameaux du nerf optique. Il établit ainsi une analogie entre la rétine et les autres membranes. La rétine présente, en dehors et à deux lignes du nerf optique, une tache jaune, et à côté un ou plusieurs plis. Ces choses ne se voient que chez l'homme, chez les singes et quelques reptiles.

L'œil reçoit un grand nombre de vaisseaux (*artères et veines ciliaires*), et beaucoup de nerfs, dont la plupart viennent du ganglion ophthalmique.

Nerf optique.

Ce nerf paraît le principal moyen de communication de l'œil et du cerveau. Il ne naît pas de la couche optique, comme le pensent beaucoup d'anatomistes; mais il tire son origine, 1° de la paire antérieure des tubercules quadrijumeaux; 2° du *corpus geniculatum externum*, éminence qui se voit au-devant et un peu en dehors de ces mêmes tubercules; 3° et enfin de la lame de substance grise, placée entre l'adossement des nerfs optiques et les éminences mamillaires, et que l'on connaît sous le nom de *tuber cinereum*.

Les deux nerfs optiques se rapprochent, et paraissent se confondre sur la face supérieure du corps du sphénoïde. On recherche s'ils se croisaient, s'ils ne faisaient que s'adosser, ou s'ils se confondaient réellement. Le docteur Wollaston a supposé récemment qu'il n'y avait entrecroisement que de leur moitié interne : l'anatomie n'a pas encore éclairé la question. La pathologie fournit des preuves en faveur de chacune de ces opinions : ainsi l'œil droit étant atrophié depuis long-temps, on a vu le nerf optique du même côté atrophié dans toute sa longueur. Dans d'autres cas, où l'œil droit était atrophié, c'était la portion antérieure du nerf du même côté qui offrait une atrophie évidente, et la portion postérieure du nerf gauche présentait la même disposition. Quelques-uns ont pensé que l'entrecroisement des nerfs optiques qui a lieu chez les poissons, pouvait lever tous les doutes ; ce fait fournit tout au plus quelque probabilité, mais l'expérience lève toutes les difficultés. J'ai coupé sur un lapin le nerf optique droit derrière l'entrecroisement, la vue s'est perdue de l'œil gauche. J'ai coupé le nerf gauche, la vue a été totalement abolie. J'ai séparé en deux portions égales l'entrecroisement sur la ligne médiane : l'animal a immédiatement perdu la vue, résultat qui prouve non-seulement l'entrecroisement, mais encore l'entrecroisement total et non partiel (1), comme l'a supposé le savant Wollaston.

Le nerf optique n'est point formé d'une enveloppe fibreuse et d'une pulpe centrale, comme les anciens le croyaient ; il est composé de filets très-fins, placés les uns à côté des autres, et communiquant entre eux à la manière des autres nerfs. Cette disposition est très-évidente dans la portion du nerf qui s'étend depuis la selle turcique jusqu'à l'œil.

Mécanisme de la vision.

Pour faciliter l'exposition de la marche de la lu-

---

(1) J'ai prouvé sur des oiseaux le fait de l'entrecroisement d'une autre manière. J'ai vidé l'œil d'un pigeon, quinze jours après j'ai examiné l'appareil optique, et j'ai trouvé la matière nerveuse disparue et le nerf atrophié en avant de l'entrecroisement du côté de l'œil vide, et du côté opposé derrière l'entrecroisement.

mière dans l'œil, supposons un seul cône lumineux partant d'un point placé dans la prolongation de l'axe antéro-postérieur de l'œil. Nous voyons d'abord qu'il n'y a que la lumière qui arrive à la cornée, qui puisse servir à la vision ; celle qui tombe sur le blanc de l'œil, les cils, les paupières, ne peut y contribuer en rien ; elle est réfléchie diversement par ces parties, suivant leur couleur. La cornée elle-même ne reçoit pas la lumière dans toute son étendue, car elle est ordinairement recouverte en haut et en bas par le bord libre des paupières.

Usages de la cornée.

Comme la cornée est très-polie à sa surface, au moment où la lumière y arrive, il y en a une partie qui est réfléchie et qui contribue à former le brillant de l'œil. C'est cette même lumière qui forme les images que l'on aperçoit derrière la cornée. Dans ce cas, la cornée remplit l'office de miroir convexe (1).

La forme de la cornée indique l'influence qu'elle doit avoir sur la lumière qui entre dans l'œil : à

Usages de la cornée.

---

(1) J'ai trouvé, par l'expérience, que les propriétés physiques de la cornée dépendent de l'intégrité de la cinquième paire. Cette membrane devient opaque et s'ulcère après la section de ce nerf. (*Voyez* article de nutrition, t. II.)

raison de son peu d'épaisseur, elle ne fait que rapprocher un peu les rayons de l'axe du faisceau ; en d'autres termes, *elle accroît l'intensité* de la lumière qui va pénétrer dans la chambre antérieure.

Usages de l'humeur aqueuse.

Usages de l'humeur aqueuse.

En traversant la cornée, les rayons ont passé d'un milieu plus rare dans un milieu plus dense ; par conséquent ils ont dû se rapprocher de la perpendiculaire au point de contact. S'ils repassaient dans l'air en entrant dans la chambre antérieure, ils s'écarteraient autant de la perpendiculaire qu'ils s'en étaient rapprochés : par conséquent ils reprendraient leur première divergence ; mais ils entrent dans l'humeur aqueuse, milieu plus réfringent que l'air ; ils s'écartent moins de la perpendiculaire, et par conséquent divergent moins que s'ils avaient passé de nouveau dans l'air.

De toute la lumière qui est entrée dans la chambre antérieure, celle qui traverse la pupille sert seule à la vision ; toute celle qui tombe sur l'iris est réfléchie, repasse à travers la cornée, et va faire connaître au-dehors la couleur de l'iris.

En traversant la chambre postérieure, la lumière ne subit aucune nouvelle modification, puisqu'elle marche toujours dans le même milieu (*l'humeur aqueuse*).

Usages du cristallin.

Usages du cristallin.

C'est en passant à travers le cristallin que la lumière subit la modification la plus importante. Les physiciens comparent l'action de ce corps à celle d'une lentille qui aurait pour usage de rassembler tous les rayons d'un cône quelconque de lumière sur un certain point de la rétine. Mais comme il s'en faut de beaucoup que le cristallin soit une lentille, nous nous bornons simplement à énoncer cette opinion généralement admise, en faisant remarquer qu'elle a besoin d'être soumise à de nouvelles recherches. Tout ce qu'on peut dire de positif, c'est que le cristallin doit augmenter l'intensité de la lumière qui se dirige au fond de l'œil, avec d'autant plus d'énergie que la convexité de sa face postérieure est plus considérable. Ce qu'on peut encore ajouter, c'est que la lumière qui passe près de la circonférence du cristallin est probablement réfractée d'une autre manière que la lumière qui passe par le centre (1) ; que par conséquent les mouvements de resserrement et d'agrandissement de la pupille doivent avoir sur le mécanisme de la vision une influence qui me paraît mériter l'attention des physiciens.

La lumière qui est venue frapper la face antérieure du cristallin, ne pénètre pas tout entière

---

(1) La structure du cristallin pourrait bien avoir pour effet de corriger l'aberration de sphéricité que présentent les lentilles ordinaires.

dans le corps vitré; elle est en partie réfléchie. D'un côté, cette lumière réfléchie retraverse l'humeur aqueuse et la cornée, et va concourir à former l'éclat de l'œil; de l'autre, elle tombe sur la face postérieure de l'iris, où elle est absorbée par la matière noire qui s'y trouve.

Il est probable qu'il se passe quelque chose de semblable à chacune des couches qui forment le cristallin.

Usage du corps vitré.

Usage
du corps
vitré.

Le *corps vitré* a une force réfringente moindre que le cristallin, par conséquent les rayons de lumière, qui, après avoir traversé le cristallin, pénètrent dans le corps vitré, s'écartent de la perpendiculaire au point de contact.

Son usage relativement à la marche des rayons dans l'œil est donc d'augmenter leur convergence. On pourrait dire que, pour arriver au même résultat, la nature n'avait qu'à rendre le cristallin un peu plus réfringent; mais la présence de l'humeur vitrée dans l'œil a un autre usage bien plus important, c'est de faire que la rétine ait une étendue considérable, et d'agrandir ainsi le champ de la vision

Ce que nous venons de dire d'un cône de lumière partant d'un point placé dans le prolongement de l'axe antéro-postérieur de l'œil, doit être répété pour chaque cône lumineux partant de tous les autres points et se dirigeant vers l'œil, avec cette différence que, dans le premier cas, la lumière tend à se réunir au centre de la rétine, tandis que la lumière des autres cônes tend à se réunir dans des points différents, suivant celui d'où elle est partie. Ainsi les cônes lumineux, partant d'en bas, se réuniront à la partie supérieure de la rétine; ceux qui viennent d'en haut se réuniront à la partie inférieure de cette membrane. Les autres rayons suivent une marche anologue; de sorte qu'il se formera au fond de l'œil une représentation exacte de chacun des corps placés devant l'organe, avec cette différence que les images auront une position inverse des objets qu'elles représentent.

On emploie divers moyens pour s'assurer de ce résultat. On s'est long-temps servi d'yeux construits artificiellement avec du verre qui représentait la cornée transparente et le cristallin, et de l'eau qui représentait les humeurs aqueuse et vitrée. Un autre procédé était généralement employé avant la publication de mon mémoire sur les *images qui se forment au fond de l'œil*. Il consiste à placer au volet d'une chambre obscure l'œil d'un animal (d'un bœuf, d'un mouton, etc.), ayant eu soin d'enlever la partie postérieure de la sclérotique. On voit alors très-distinctement sur la rétine les images des objets, placés de manière à envoyer des rayons vers la pupille.

Moyens de voir les images qui se forment au fond de l'œil.

Je me sers d'un moyen plus facile. Je prends des yeux de lapin, de pigeon, de petit chien, de hibou, de duc, dans lesquels la choroïde et la sclérotique sont à peu près transparentes ; je dépouille exactement leur partie postérieure de la graisse et des muscles qui la recouvrent, et en dirigeant la cornée transparente vers des objets éclairés, je vois assez distinctement les images de ces mêmes objets sur la rétine.

Le procédé que je viens d'indiquer était connu de Malpighi et de Haller. Il en est un qui m'est particulier, et qui consiste à se servir des yeux des animaux albinos, tels que ceux des lapins blancs, des pigeons albinos, des souris blanches (les yeux des hommes albinos auraient probablement les mêmes avantages). Ces yeux présentent les conditions les plus favorables pour la réussite de cette expérience : la sclérotique y est mince, et, à très-peu de chose près, complètement transparente ; la choroïde y est également mince, et dès que l'animal est mort, le sang qui la colorait, venant à disparaître , elle devient incapable de mettre d'obstacle sensible au passage de la lumière.

La facilité et la netteté avec lesquelles on aperçoit les images en suivant ce procédé, m'ont suggéré l'idée de faire quelques expériences qui pussent confirmer ou infirmer la théorie admise touchant le mécanisme de la vision.

Si l'on fait une petite ouverture à la cornée transparente, et que par-là on fasse sortir de l'œil une petite quantité d'humeur aqueuse, l'image n'a plus la même netteté; il en est de même si l'on expulse de l'œil une certaine quantité d'humeur vitrée par une petite incision faite à la sclérotique : ce qui prouve que les proportions des humeurs aqueuse et vitrée sont en rapport avec l'intégrité de la vision.

J'ai cherché à déterminer la loi des dimensions de l'image relativement à la distance de l'objet : j'ai trouvé que la grandeur de l'image est sensiblement proportionnelle aux distances. M. Biot a eu la complaisance de constater avec moi ce résultat, qui est d'ailleurs conforme à celui qu'a donné Lecat dans son *Traité des sensations*. (Cet auteur se servait, pour ses recherches, d'yeux artificiels.)

J'ai pratiqué une petite ouverture à la circonférence de la cornée transparente, près de sa jonction avec la sclérotique, et j'ai fait sortir toute l'humeur aqueuse par cette voie ; l'image (c'était celle de la flamme d'une bougie) m'a paru, toutes choses égales d'ailleurs, occuper une plus grande place sur la rétine ; elle était aussi moins nette et formée d'une lumière moins intense que l'image du même corps, vue dans l'autre œil de l'animal, que j'avais placé dans un rapport semblable avec la bougie, mais auquel j'avais conservé son intégrité, afin d'avoir un terme de comparaison; ce qui est conforme à ce que nous avons dit de l'usage de l'humeur aqueuse dans la vision.

Il en est de même de celui de la cornée; si on l'enlève en totalité par une incision faite circulairement à l'union de cette membrane avec la sclérotique, l'image ne paraît pas changer de dimension, mais la lumière qui la formait perd très-sensiblement de son intensité.

Nous avons dit que la grandeur de l'ouverture de la pupille influait probablement sur le mécanisme de la vision : après avoir enlevé la cornée, il est facile alors d'agrandir la pupille par une incision circulaire faite dans le tissu de l'iris. L'image, en ce cas, paraît aussi s'agrandir.

Comme l'usage du cristallin est d'augmenter l'éclat et la netteté de l'image en diminuant sa grandeur, on doit s'attendre à ce que l'absence de ce corps produise un effet inverse.

Quand on a fait sur un œil l'extraction ou l'abaissement du cristallin par un procédé semblable à l'opération de la cataracte, l'image se forme toujours au fond de l'œil, mais elle s'accroît considérablement; elle devient au moins quadruple de celle qui se produit sur un œil entier mis dans les mêmes rapports avec l'objet ; elle est d'ailleurs Expériences sur les images au fond de l'œil. très-mal terminée, et la lumière qui la produit est très-faible.

Enlève-t-on sur un même œil l'humeur aqueuse, le cristallin, la cornée transparente, et ne laisse-t-on ainsi de tous les milieux de l'œil que la capsule cristalline et l'humeur vitrée, il ne se forme plus d'image sur la rétine ; la lumière y parvient bien, mais elle n'y affecte aucune forme en rapport avec celle du corps d'où elle est partie.

La plupart de ces résultats cadrent très-bien avec la théorie de la vision, telle qu'elle est admise aujourd'hui. Il en est un cependant qui s'en éloigne, c'est la netteté de l'image. Quelle que soit la distance de l'objet, en théorie, il faudrait que l'œil changeât de forme pour que l'image fût nette, ou bien que le cristallin fût porté en avant ou en arrière, suivant les distances (1). Or ici l'expérience est en contradiction avec la théorie, ce qui fait tomber d'elles-mêmes toutes les explications qu'on a proposées à ce sujet.

---

(1) Ces changements dans la forme de l'œil ou dans la position du cristallin, ont été tour à tour attribués à la compression du globe de l'œil par les muscles droits et obliques, à la contraction du cristallin, à celle des procès ciliaires, etc. M. Simonoff, savant astronome russe, soutient aujourd'hui qu'il n'est pas nécessaire que l'œil change de forme, il s'appui sur le calcul. (*Voyez* mon *Journal de physiologie*, tom. IV.)

On aurait tort cependant de croire que les choses se passent exactement sur le vivant comme sur l'œil de l'animal mort. Il y a une différence très-grande, qui tient à ce que, dans l'animal vivant, la pupille s'agrandit ou se resserre suivant l'intensité de la lumière, et peut-être suivant les distances. L'observation apprend que lorsque l'objet est très-éclairé, la pupille se resserre jusqu'au point de n'être plus qu'une ouverture à peine visible, ce qui ne peut manquer de diminuer la grandeur de l'image. Au contraire, quand la lumière qui part de l'objet est peu considérable, la pupille se dilate beaucoup, ce qui doit produire un agrandissement dans l'image.

Mouvements de l'iris.

Contrac-
tions de
l'iris.

La pupille se contracte et se ferme presque entièrement si une lumière très-intense vient frapper l'œil. Si nous passons d'une obscurité profonde où nous avons séjourné quelque temps à une lumière même faible, le même effet a lieu, la pupille se resserre brusquement.

Mouvement
de la pupille.

Quelques-uns prétendent que la pupille varie de dimension, suivant les distances de l'objet. Ce fait n'est point encore suffisamment démontré ; il est beaucoup plus probable que la volonté a une influence sensible sur le resserrement de la pupille. Si je ne me trompe, j'ai observé ce phénomène. En outre, l'attention et l'effort que nous faisons pour bien voir de petits objets, donnent lieu à la contraction de la pupille. Voici comment je m'en assure : je choisis une personne dont la pupille soit très-mobile, et il y a de grandes différences sous ce rapport entre les hommes ; je place une feuille de papier dans une position fixe par rapport à l'œil et à la lumière, et je m'assure de l'état de la pupille ; alors je dis à la personne de chercher, sans faire aucun mouvement de la tête ni des yeux, à lire de très-petits caractères qui sont tracés sur le papier ; aussitôt je vois la pupille se contracter, et son resserrement dure autant que l'effort. Les oiseaux paraissent agrandir ou fermer la pupille à volonté.

Mouvement de la pupille.

Pour que l'iris se meuve et que son ouverture se contracte, il faut que la lumière pénètre dans l'œil ; le fluide lui-même, dirigé sur l'iris, n'y détermine aucun mouvement.

L'irritation de l'iris avec la pointe d'une aiguille à cataracte ne détermine non plus aucun mouvement sensible dans cette membrane, comme je m'en suis assuré par l'expérience.

MM. Fowler et Rinhold ont reconnu que l'excitation galvanique, dirigée sur l'œil de l'homme et des animaux, détermine la contraction de l'iris. M. le docteur Nysten a aussi déterminé le même effet sur des cadavres des suppliciés soumis à l'expérience peu de temps après la mort.

Mouvements de la pupille.

Si l'on coupe le nerf optique sur un animal vivant, la pupille devient immobile et élargie; il en est de même sur les chiens et les chats quand on coupe la cinquième paire. Sur les lapins et les cochons-d'inde, au contraire, la pupille se contracte par l'effet de la section de ce même nerf. La section des nerfs cessant, fait aussi cesser les mouvements de la pupille, et M. H. Mayo s'est assuré que sur les oiseaux la division de la troisième paire produit aussi l'immobilité de la même ouverture. Ainsi les mouvements de l'iris sont soumis à l'influence nerveuse; et si nous nous rappelons la disposition des fibres de cette membrane, nous ne pouvons nous refuser à les regarder comme des mouvements musculaires; ils en diffèrent cependant, comme on a vu, en ce qu'ils ne peuvent être excités par une irritation directe (1).

---

(1) On a observé que, chez les individus affaiblis par les excès vénériens, la pupille est très-large, ainsi que chez les personnes qui ont des vers intestinaux, un engorgement abdominal, une hydrocéphale, etc.; qu'une application de quelques heures de plantes narcotiques sur la conjonctive, et particulièrement de belladone, dilate la pupille; que souvent, dans les affections cérébrales, la pupille est ou très-élargie ou très-contractée. Les mouvements de la pupille sont en général un indice sûr de la sensibilité de la rétine. La considération des mouvements et de l'état de la pupille est donc fort utile en médecine.

. Les nerfs ciliaires de l'homme viennent de deux sources : les uns, plus nombreux, naissent du ganglion; les autres directement du nerf nasal. Il est probable que les premiers président à la dilatation, les seconds à la contraction de l'iris, mais rien n'est encore suffisamment prouvé sur ce point. (*Voyez* mon *Journal de physiologie*, t. IV.)

Usage de la choroïde.

La choroïde sert principalement à la vision, par la matière noire dont elle est imprégnée, et qui absorbe la lumière immédiatement après qu'elle a traversé la rétine. On peut regarder comme une confirmation de cette opinion ce qui arrive aux individus chez lesquels quelques-uns des vaisseaux de cette membrane deviennent variqueux : les vaisseaux dilatés chassent la matière noire qui les revêtait, et toutes les fois que l'image de l'objet tombe sur le point de la rétine correspondant à ces vaisseaux, l'objet paraît taché de rouge.

L'état de la vision chez l'homme et chez les animaux albinos, où la choroïde et l'iris ne sont point colorées en noir, vient encore à l'appui de cette assertion : chez eux, la vision est extrêmement imparfaite; pendant le jour, ils voient à peine de manière à pouvoir se conduire.

Mariote, Lecat, et quelques autres, ont attribué à la choroïde la faculté de sentir la lumière. Cette idée est complètement dénuée de preuves (1)

Usages des procès ciliaires.

Usages
des procès
ciliaires.

On n'a que des données très-vagues sur les usa-ges des procès ciliaires. En général, on les croit contractiles; mais les uns pensent qu'ils sont des-tinés aux mouvements de l'iris, les autres, à por-ter le cristallin en avant. M. Jacobson dit qu'ils ont pour usage de dilater les ouvertures, que, se-lon lui, présente antérieurement le canal goudron-né, de manière à donner entrée dans ce canal à une portion d'humeur aqueuse, ce qui aurait pour résultat le déplacement du cristallin. Quelques personnes croient aussi que les procès ciliaires sont les organes sécréteurs de la matière noire de la face postérieure de l'iris et de la choroïde, ou même d'une partie de l'humeur aqueuse.

M. Edwards, dans un mémoire sur l'anatomie de l'œil, vient d'annoncer qu'ils contribuent prin-cipalement à la sécrétion de l'humeur aqueuse (2). M. Ribes a émis la même opinion; il ajoute *que les procès ciliaires entretiennent la vie et le mou-*

____

(1) Un grand nombre d'animaux, dont la vue est ex-cellente, ont la choroïde revêtue de couleurs vives et na-crées. (*Voyez* un *Mémoire* de M. Desmoulins, *Journal de physiologie*, tom. IV.)

(2) Le célèbre Th. Young, secrétaire de la Société royale

vement dans le cristallin et l'humeur vitrée. Il y
a cependant des animaux qui n'ont pas de procès
ciliaires, et chez lesquels ces humeurs existent
Haller pense qu'ils ont pour usage de maintenir
le cristallin dans la position la plus avantageuse
Selon cet anatomiste, ils adhèrent à la capsule
cristalline tant par leur pointe que par leur côté
postérieur, au moyen de la matière noire dont ils
sont recouverts. Au fait, nous ignorons les usages
et même les propriétés vitales de ces parties.

Action de la rétine.

Si nous parlons ici isolément de l'action de la
rétine dans la vision, c'est pour faciliter l'étude de
cette fonction ; dans la réalité, il n'est pas possible
de séparer l'action de cette partie de celle du nerf
optique, et encore moins de l'action du cerveau
et de la cinquième paire, selon mes dernières expériences sur ce sujet.

L'action de la rétine est une action vitale ; le
mécanisme en est complètement inconnu.

La rétine reçoit l'impression de la lumière
quand celle-ci est dans certaines limites d'intensité. Une lumière trop faible n'est point reconnue

de Londres, a émis une opinion analogue à celle de M.
Edwards, il y a déjà quelques années. Voyez les *Transactions philosophiques.*

par la rétine; une lumière trop forte la blesse, et la met hors d'état d'agir.

Quand une lumière trop vive a frappé tout à coup la rétine, l'impression se nomme *éblouissement;* et dès-lors la rétine est pour quelques instants incapable de reconnaître la présence de la lumière. C'est ce qui arrive quand on cherche à regarder fixement le soleil.

Lorsqu'on est resté long-temps dans l'obscurité, une lumière, même faible, produit l'éblouissement.

Si la lumière qui arrive à l'œil est excessivement faible, et si l'on cherche à voir avec attention les objets, la rétine se fatigue beaucoup, et l'on éprouve bientôt un sentiment douloureux dans l'orbite et même dans la tête.

Une lumière dont l'intensité n'est pas très-forte, mais qui agit pendant un certain temps sur un point déterminé de la rétine, finit par la rendre insensible dans ce point. Lorsque nous regardons pendant quelque temps une tache blanche située sur un fond noir, et qu'ensuite nous transportons notre vue sur un fond blanc, nous croyons y voir une tache noire; c'est parce que la rétine est devenue insensible dans le point qui précédemment a été fatigué par la lumière blanche.

Réciproquement, après que la rétine a été quelque temps sans agir dans un de ses points, tandis

que les autres agissaient, le point qui est resté en Action
de la rétine.
repos devient d'une sensibilité beaucoup plus gran-
de, ce qui fait encore paraître les objets comme
s'ils étaient tachés. On explique de cette manière
pourquoi, après avoir long-temps regardé une tache rouge, les corps blancs nous paraissent tachés
de vert : dans ce cas, la rétine est devenue insensible au rayon rouge, et l'on sait qu'un rayon de
lumière blanche dont on soustrait le rouge produit la sensation du vert.

Il arrive des phénomènes analogues lorsqu'on a
fixé long-temps un corps rouge ou de toute autre
couleur, et qu'on regarde ensuite des corps blancs
ou diversement colorés.

Nous reconnaissons très-bien la direction de la
lumière que reçoit la rétine. Nous croyons instinctivement que la lumière marche en ligne droite,
et que cette ligne est la prolongation de celle suivant laquelle la lumière a pénétré dans la cornée.
Aussi toutes les fois que la lumière, avant d'arriver à l'œil, a été modifiée dans sa marche, la rétine
ne nous transmet plus que des données inexactes.
C'est en grande partie de cette cause que naissent
les illusions de la vue.

La rétine peut recevoir à la fois des impressions
dans chacun des points de son étendue, mais alors
les sensations qui en résultent sont peu exactes.
Elle peut n'être affectée que par l'image d'un ou

1. 6

de deux objets, quoique un plus grand nombre vienne s'y peindre; la vision est alors plus nette.

La partie centrale de la membrane paraît jouir d'une sensibilité plus exquise que le reste de son étendue; aussi est-ce sur cette partie centrale que nous faisons tomber l'image quand nous voulons regarder un objet avec attention.

Est-ce seulement par le simple contact que la lumière agit sur la rétine, ou bien faut-il qu'elle traverse cette membrane? La présence de la choroïde dans l'œil, ou plutôt de la matière noire qui la revêt, doit faire pencher vers la seconde opinion.

On a dit que l'endroit de la rétine qui correspond au centre du nerf optique, est insensible à l'impression de la lumière. Je ne connais aucun fait qui prouve directement cette assertion, car je ne me contente pas de l'expérience de Mariote.

Tout ce qui vient d'être dit est exact comme phénomène de vision; mais en affirmant qu'ils dépendent de la rétine, nous serions loin d'être rigoureux; et plusieurs faits nouveaux, dont la science vient de s'enrichir, nous le démontrent.

D'abord les physiologistes se sont accordés pour regarder la rétine comme la partie la plus sensible du système nerveux; cette sensibilité est tellement exquise, disent-ils, que le contact d'un fluide aussi subtil que l'est la lumière, peut y produire une impression. J'ai reconnu, par l'expérience, que la sensibilité de la rétine est au contraire fort obscure, si elle existe. En enfonçant dans l'œil une aiguille à cataracte, par la face postérieure de l'organe, les déchirures, les piqûres de la rétine ne produisirent que peu ou point d'effet. Le simple contact d'un corps mousse sur la conjonctive, produit une sensation beaucoup plus vive. Ainsi, bien loin que la rétine soit le prototype des organes sensibles, sa sensibilité peut être mise en doute.

Mais elle est au moins l'agent nerveux destiné à recevoir les impressions de la part de la lumière? D'après les idées qui ont régné jusqu'ici, il est difficile de comprendre comment une pareille question peut être posée.

Cependant, d'après mes expériences, on va voir que rien n'est plus naturel. J'ai coupé la cinquième paire sur un animal; aussitôt il a perdu la vue du même côté. J'ai coupé celle du côté opposé, l'animal est devenu immédiatement aveugle. La lumière du jour, ni même une lumière artificielle très-forte concentrée avec une loupe, ne donnent plus aucun indice d'impression.

Influence de la cinquième paire dans la vue.

On ne saurait croire le trouble que ce résultat, constaté un grand nombre de fois, jeta dans mon esprit. Serait-il possible, me disai-je, que la rétine ne fût pas le principal organe de la sensibilité de l'œil, pour la lumière? Serait-ce par hasard le nerf de la cinquième paire? Pour m'en assurer, je coupai le nerf optique à son entrée dans l'œil ; si le nerf de la cinquième paire ou tout autre pouvait sentir la lumière, la section que j'avais faite ne devait pas s'y opposer. Mais il en fut autrement ; la vue fut complétement abolie, ainsi que toute sensibilité, pour la lumière la plus forte, même celle du soleil, concentrée au moyen d'une loupe.

Je voulus soumettre à cette dernière épreuve un animal dont la cinquième paire seule était coupée ; je reconnus aisément qu'en faisant brusquement passer l'œil de l'ombre à la lumière directe du soleil, il y avait impression, car les paupières se fermaient. Toute sensibilité n'est donc pas perdue dans la rétine, par la section de la cinquième paire ; mais il n'en reste qu'une faible partie, et cette membrane ne peut concourir à la vue que sous l'influence d'un autre nerf. Nous verrons plus tard qu'il en est à peu près de même pour deux autres sens.

Action du nerf optique.

Il est probable que le nerf optique transmet au cerveau, dans un instant indivisible, l'impression que la lumière fait sur la rétine ; mais l'on ignore absolument par quel mécanisme.

Le nerf optique, soumis à l'expérience, offre les mêmes propriétés que la rétine avec laquelle il se continue. Il est insensible aux piqûres, sections, lacérations, et son action dans la vue est sous la dépendance de la cinquième paire.

Action du nerf optique.

Quant à son entrecroisement avec celui du côté opposé, nul doute qu'il n'existe ; les faits que j'ai rapportés sont, je pense, démonstratifs.

Cette disposition anatomique doit sans doute avoir une grande influence sur la transmission des impressions reçues par les yeux ; mais c'est encore là un point sur lequel il est difficile de faire des conjectures qui aient un certain degré de probabilité.

Action des deux yeux.

Quoi qu'on en ait pu dire à diverses époques, et quelques efforts qu'ait faits dans ces derniers temps M. Gall pour prouver qu'on ne voit jamais que d'un œil, il paraît démontré non-seulement que les deux yeux concourent en même temps à la vision, mais encore qu'il faut absolument qu'ils agissent ainsi pour certains actes très-importants de cette fonction. Il est des cas cependant où il est avantageux de n'employer qu'un seul œil : par exemple, quand il s'agit de juger sainement de la direction de la lumière ou de la situation des corps par rapport à nous. C'est ainsi que nous fermons un œil pour tirer un coup de fusil. pour disposer une suite de corps de niveau sur une ligne droite, etc.

Action des deux yeux.

Il est encore une circonstance où il est fort a-

Cas où l'on
se sert d'un
seul œil. vantageux de n'employer qu'un œil, c'est lorsque les deux organes sont inégaux, soit en force réfringente, soit en sensibilité. C'est aussi pour la même raison que nous fermons un œil quand nous nous servons d'une lunette.

Mais, ces cas exceptés, il est de la plus grande importance de se servir des deux yeux à la fois. Voici une expérience qui m'est particulière, et qui me semble prouver que les deux yeux voient à la fois un même objet.

Expérience
pour prouver
qu'un même
objet peut
être vu à la
fois des deux
yeux. Recevez dans une chambre obscure l'image du soleil sur un plan ; prenez des verres assez épais et dont chacun présente une des couleurs du prisme, mettez-les devant les yeux : si vous avez la vue bonne et surtout les yeux égaux en force, l'image du soleil vous paraîtra d'un blanc sale, quelle que soit la couleur des verres que vous employez. Si l'un de vos yeux est beaucoup plus fort que l'autre, vous verrez l'image du soleil de la couleur du verre qui est placé devant l'œil le plus fort. Ces résultats ont été constatés en présence de M. Tillaye fils, dans le cabinet de physique de la Faculté de médecine.

Un même objet produit donc réellement deux impressions, et cependant le cerveau n'en perçoit qu'une. Pour cela il faut que les mouvements des deux yeux soient en harmonie. Si à la suite d'une maladie le mouvement régulier des yeux n'existe plus, nous recevons deux impressions d'un même objet, ce qui constitue le strabisme. On peut aussi à volonté recevoir deux impressions d'un même corps; il suffit pour cela de rompre volontairement l'harmonie du mouvement des yeux.

Estimation de la distance des objets.

La vision résulte essentiellement du contact de la lumière sur la rétine, et cependant nous rapportons toujours la cause de la sensation aux corps d'où part la lumière, et qui sont souvent fort éloignés. Il est évident que ce résultat ne peut être que l'effet d'un travail intellectuel.

Nous jugeons bien différemment de la distance des corps suivant le degré de cette distance; nous en jugeons sainement lorsqu'ils sont près de nous; il n'en est pas de même lorsqu'ils sont un peu éloignés : alors nos jugements sont souvent erronés; mais lorsque les objets sont dans un grand éloignement, nous sommes constamment dans l'erreur.

L'action réunie des deux yeux est absolument nécessaire pour juger exactement de la distance, comme le prouve l'expérience suivante.

Suspendez à un fil un anneau, adaptez à l'extrémité d'une longue baguette un crochet qui puisse facilement entrer dans cet anneau; placez-vous à une distance convenable, et cherchez à y introduire ce crochet : en vous servant des deux yeux, vous réussirez facilement à chaque coup ; mais si vous fermez un œil et que vous veuilliez enfiler l'anneau, vous ne réussirez plus ; le crochet ira au-delà ou restera en-deçà, et ce ne sera que par hasard ou en tâtonnant long-temps que vous y parviendrez. Les personnes qui ont les yeux d'une force très-inégale ne réussissent pas dans cette expérience, même lorsqu'elles se servent des deux yeux.

Action des deux yeux pour juger de la distance des objets.

Qu'une personne perde un œil par un accident, il se passera quelquefois un an avant qu'elle puisse juger sainement de la distance des corps placés près d'elle (1). En général, les personnes qui n'ont qu'un œil jugent beaucoup moins bien de la distance. La grandeur de l'objet, l'intensité de la lumière qui en part, la présence des corps intermédiaires, etc., influent beaucoup sur le jugement que nous portons relativement à la distance.

Nos jugements sont beaucoup plus exacts quand les objets sont placés sur le même plan que nous. Lorsque nous regardons du haut d'une tour les objets situés en bas, ils nous paraissent beau-

---

(1) J'ai eu occasion de voir, à cet égard, un cas très-remarquable. La personne qui avait perdu un œil était, pendant plusieurs mois après son accident, obligée de tâtonner pour saisir un corps placé à sa portée.

coup plus petits que s'ils se trouvaient. à la même distance, sur le même plan que nous. Il en est de même lorsque nous regardons des objets placés au-dessus de nous. De là la nécessité de donner un volume considérable aux objets qu'on veut mettre au haut des édifices, et qui sont destinés à être vus de loin. Plus un objet a de petites dimensions, plus il doit être placé près de l'œil pour être vu distinctement. Aussi ce qu'on appelle point de vue distinct, est-il très-variable : on voit distinctement un cheval à dix mètres, et on ne verrait pas de même un oiseau à cette distance. Si je veux examiner le poil ou la plume de ces animaux, l'œil a besoin d'en être très-près. Cependant un même objet peut être vu distinctement à des distances différentes; par exemple, il est indifférent à beaucoup de personnes de placer le livre qu'elles lisent à un pied ou à deux pieds de l'œil ; l'intensité de la lumière qui éclaire un objet influe beaucoup sur la distance à laquelle il peut être vu distinctement.

Estimation de la grandeur des corps.

La manière dont nous arrivons à juger sainement de la grandeur des corps, dépend bien plus de l'intelligence et de l'habitude que de l'action même de l'appareil de la vision.

Nous établissons nos jugements relativement aux dimensions des corps sur la grandeur de l'image qui se forme au fond de l'œil, sur l'intensité de la lumière qui part de l'objet, sur la distance où nous croyons qu'il est placé, et surtout sur l'habitude que nous avons de voir des objets semblables. C'est pourquoi on juge difficilement de la grandeur d'un corps qu'on voit pour la première fois, quand on n'en apprécie pas la distance. Une montagne que nous voyons de loin pour la première fois, nous paraît en général beaucoup plus petite qu'elle ne l'est réellement; c'est que nous la croyons près de nous, tandis qu'elle est encore très-éloignée.

Au-delà d'une distance un peu considérable, nous tombons dans une illusion que le jugement ne peut détruire. Les objets nous paraissent infiniment plus petits qu'ils ne le sont réellement : c'est ce qui arrive pour les corps célestes.

Estimation du mouvement des corps.

Nous jugeons du mouvement d'un corps par celui de son image sur la rétine, par les variations de grandeur de cette image, ou, ce qui revient au même, par le changement de direction de la lumière qui parvient à l'œil.

Pour que nous puissions suivre le mouvement d'un corps, il ne faut pas qu'il soit déplacé trop rapidement, car alors nous ne l'apercevrions pas; c'est ce qui arrive pour les projectiles lancés par la poudre, surtout quand ils passent près de nous. Quand ils se meuvent loin de nous, comme ils envoient beaucoup plus long-temps de la lumière dans l'œil, parce que le champ de la vision est plus grand, il nous est plus facile de les apercevoir. Pour juger sainement du mouvement des corps, il ne faut pas être soi-même en mouvement.

Nous apercevons difficilement le mouvement des corps qui s'éloignent ou qui s'approchent de nous, quand ils sont à une distance considérable. En effet, nous ne jugeons dans ce cas du mouvement du corps que par la variation de la grandeur de l'image. Or, cette variation étant infiniment petite, puisque le corps est très-éloigné, il nous est très-difficile et quelquefois même impossible de l'apprécier.

En général nous reconnaissons très-difficilement, quelquefois même nous ne pouvons reconnaître, le mouvement des corps qui se déplacent avec beaucoup de lenteur, soit que cet effet dépende de la lenteur réelle du mouvement, comme dans le cas de l'aiguille d'une montre, soit qu'il résulte de la lenteur du mouvement de l'image, comme cela a lieu pour les astres et les objets très-éloignés de nous.

Des illusions d'optique.

D'après ce que nous venons de dire sur la ma-Des illusions d'optique.

nière dont nous jugeons de la distance, de la grandeur et du mouvement des corps, il est aisé de voir que souvent la vue nous induit en erreur.

Ces erreurs sont connues en physique et en physiologie sous le nom d'*illusion d'optique*. En général, nous jugeons assez bien des corps placés près de nous, mais nous nous trompons ordinairement à l'égard de ceux qui sont dans le lointain.

Les illusions dans lesquelles nous tombons relativement aux objets voisins, tiennent, soit à la réflexion, soit à la réfraction que subit la lumière avant d'arriver à l'œil, et à cette loi que nous établissons instinctivement, savoir, que la marche de la lumière se fait toujours en ligne droite. C'est à cette cause qu'il faut rapporter ces illusions occasionées par les miroirs : nous voyons les objets derrière les miroirs plans, justement dans le prolongement du rayon qui arrive à l'œil. A cette cause se rapporte de même l'accroissement ou la diminution apparente du volume d'un corps que nous regardons à travers un verre : si celui-ci fait converger les rayons, le corps nous paraîtra plus gros ; s'il les fait diverger, l'objet nous semblera plus petit. L'usage de ces verres produit encore une autre illusion : les objets paraissent entourés des couleurs du spectre solaire, parce que les surfaces du verre n'étant point parallèles, décomposent les rayons de lumière à la manière du prisme.

Les objets éloignés nous causent sans cesse des illusions auxquelles nous ne pouvons nous soustraire, parce qu'elles résultent de certaines lois qui régissent l'économie animale. Un objet nous semble d'autant plus près de nous que son image occupe un espace plus considérable sur la rétine, ou que la lumière qui en part a plus d'intensité. De deux objets de volume différent, également éclairés et placés à égale distance, le plus grand paraîtra le plus près, à moins de circonstances particulières qui puissent faire juger sainement de la distance. De deux objets d'un volume égal et placés à une égale distance de l'œil, mais inégalement éclairés, le plus éclairé paraîtra le plus près; il en serait de même si les objets étaient à des distances inégales, comme on peut s'en convaincre en regardant une file de réverbères : s'il s'en trouve un parmi eux dont la lumière soit plus intense, il paraîtra le premier de la file, tandis que celui qui est réellement le premier paraîtra le dernier s'il est le moins éclairé.

Un même objet, vu sans intermédiaire, nous semble toujours plus près que lorsqu'il se trouve, entre notre œil et lui, des corps qui peuvent influencer le jugement que nous portons sur sa distance.

Quand notre œil est frappé par un objet éclairé, tandis que ceux qui l'entourent sont dans l'obscurité, cet objet paraît beaucoup plus près qu'il ne l'est dans la réalité. C'est l'effet que produit une lumière dans la nuit.

Les objets paraissent d'autant plus petits qu'ils sont plus éloignés. Ainsi les arbres qui composent une longue allée sont pour nous d'autant plus petits et plus rapprochés l'un de l'autre, qu'ils sont à une plus grande distance.

C'est en tenant compte de toutes ces illusions et des lois de l'économie animale sur lesquelles elles sont fondées, que les arts parviennent à en produire à volonté. La peinture, par exemple, ne fait autre chose dans certains cas que de transporter sur la toile les erreurs d'optique dans lesquelles nous tombons habituellement.

La construction des instruments d'optique est aussi fondée sur ces principes : ceux-ci augmentent l'intensité de la lumière qui part des objets ; ceux-là la rendent divergente ou convergente, afin de grossir ou de diminuer pour nous le volume apparent des objets, etc., etc.

Il est un certain nombre d'illusions que nous parvenons à faire cesser par l'exercice du sens de la vue, comme le prouve l'histoire très-curieuse de l'aveugle dont parle Cheselden.

Ce célèbre chirurgien anglais donna la vue, par une opération de chirurgie (1), à un aveugle de naissance fort intelligent : il observa la manière dont le développement de ce sens se fit chez ce jeune homme. « Lorsqu'il vit pour la première fois la lumière, il était si éloigné de pouvoir juger en aucune façon des distances, qu'il croyait que tous les objets touchaient ses yeux (ce fut l'expression dont il se servit), comme les choses qu'il palpait touchaient sa peau. Les objets qui lui étaient le plus agréables étaient ceux dont la forme était unie et la figure régulière, quoiqu'il ne pût encore former aucun jugement sur leur forme, ni dire pourquoi ils lui paraissaient plus agréables que les autres : il n'avait eu pendant le temps de sa cécité que des idées si faibles des couleurs, qu'il pouvait distinguer alors à une forte lumière, qu'elles n'a- vaient pas laissé de traces suffisantes pour qu'il pût les reconnaître. En effet, lorsqu'il les vit, il disait que les couleurs qu'il voyait n'étaient pas les mêmes que celles qu'il avait vues autrefois ; il ne connaissait la forme d'aucun objet, et il ne dis- tinguait aucune chose d'une autre, quelque diffé- rentes qu'elles pussent être de figure ou de gran-

Histoire de l'aveugle de Cheselden.

---

(1) On croit généralement que c'est l'opération de la cata- racte, mais il y a tout lieu de penser que l'opération faite à ce jeune homme est l'incision de la membrane pupillaire.

deur : lorsqu'on lui montrait des objets qu'il connaissait auparavant par le toucher, il les regardait avec attention, et les observait avec soin pour les reconnaître une autre fois ; mais comme il avait trop d'objets à retenir à la fois, il en oubliait le plus grand nombre ; et dans le commencement qu'il apprenait, comme il disait, à voir et à reconnaître les objets, il oubliait mille choses pour une qu'il retenait. Il se passa plus de deux mois avant qu'il pût reconnaître que les tableaux représentaient des corps solides ; jusqu'alors il ne les avait considérés que comme des plans différemment colorés, et des surfaces diversifiées par la variété des couleurs ; mais lorsqu'il commença à concevoir que ces tableaux représentaient des corps solides, il s'attendait à trouver en effet des corps solides en touchant la toile du tableau, et il fut très-étonné lorsqu'en touchant les parties qui, par la lumière et les ombres, lui paraissaient rondes et inégales, il les trouva plates et unies comme le reste ; il demandait quel était donc le sens qui le trompait, si c'était la vue ou si c'était le toucher. On lui montra alors un petit portrait de son père, qui était dans la boîte de la montre de sa mère : il dit qu'il connaissait bien que c'était la ressemblance de son père ; mais il demandait, avec un grand étonnement, comment il était possible qu'un visage aussi large pût tenir dans un si petit lieu ;

que cela lui paraissait aussi impossible que de fai-
re tenir un boisseau dans une pinte. Dans les
commencements, il ne pouvait supporter qu'une
très-faible lumière, et il voyait tous les objets extrêmement gros; mais à mesure qu'il voyait des
choses plus grosses, il jugeait les premières plus
petites : il croyait qu'il n'y avait rien au-delà des
limites de ce qu'il voyait. On lui fit la même opération sur l'autre œil plus d'un an après la première, et elle réussit également. Il vit d'abord de
ce second œil les objets beaucoup plus grands
qu'il ne les voyait de l'autre, mais cependant pas
aussi grands qu'il les avait vus du premier œil; et
lorsqu'il regardait le même objet des deux yeux à
la fois, il disait que cet objet lui paraissait une fois
plus grand qu'avec son premier œil, mais il ne
le voyait pas double, ou du moins on ne put
pas s'assurer qu'il eût vu les objets doubles,
lorsqu'on lui eut procuré l'usage de son second
œil. »

Cette observation n'est pas unique; il en existe
un certain nombre d'autres, et toutes ont donné
des résultats à peu près semblables. On peut, je
crois, en tirer cette conséquence, que les jugements exacts que nous portons sur la distance, la
grandeur, la forme, etc., des objets, sont le résultat de l'exercice, ou, ce qui revient au même, de
l'éducation du sens de la vue : ce qui va être con-

firmé par la considération de la vision dans les différents âges.

Vision dans les différents âges.

Modifica-
tions de la
vision par les
âges.

L'œil est une des premières parties qui se forment dans le fœtus. Dans l'embryon, les yeux se présentent sous l'aspect de deux points noirs. A sept mois, ils sont déjà capables de modifier la lumière, au point de former une image sur la rétine, comme nous nous en sommes assurés par l'expérience. Jusqu'à cette époque, les yeux n'auraient pas pu remplir cet usage, puisqu'alors la pupille est fermée par la membrane pupillaire (1). A sept mois, cette membrane disparaît : on dit communément qu'elle se rompt; il est probable

____

(1) D'après M. Edwards, la membrane pupillaire est formée par la prolongation de la membrane de l'humeur aqueuse, et par celle de la lame externe de la choroïde. D'après le même anatomiste, il n'y a point d'humeur aqueuse dans la chambre antérieure, avant la rupture de la membrane pupillaire, tandis que cette humeur est accumulée dans la chambre postérieure : ce qui prouve, 1° que la membrane de l'humeur aqueuse n'est point l'organe sécréteur de cette humeur; 2° que cet organe existe dans la chambre postérieure ; 3° qu'avant le septième mois, la membrane de l'humeur aqueuse présente tous les caractères des membranes séreuses, et particulièrement celui de former un sac sans ouverture.

qu'elle est absorbée. Cette époque est aussi celle de la viabilité du fœtus. On trouve cependant des yeux de fœtus qui, à six et même cinq mois, ne présentent plus de trace de cette membrane.

Il y a quelques différences entre l'œil de l'enfant et celui de l'adulte : elles sont peu remarquables. Chez le premier, la sclérotique est plus mince et même légèrement transparente ; la choroïde est rougeâtre en dehors, et la teinte noire de la face interne est moins foncée ; la rétine est plus développée proportionnellement ; l'humeur aqueuse est plus abondante, ce qui donne plus de saillie à la cornée ; enfin le cristallin est beaucoup moins consistant que chez l'adulte. Avant la naissance, les paupières sont rapprochées et comme collées. (Chez certains animaux même, elles sont réunies par la conjonctive palpébrale, qui passe de l'une à l'autre, et qui ne se rompt qu'après la naissance.)

A mesure qu'on avance en âge, la quantité des humeurs de l'œil diminue insensiblement jusqu'à l'âge adulte ; passé cet âge, elle diminue d'une manière beaucoup plus marquée. Cette diminution est surtout manifeste dans la vieillesse.

Le cristallin en particulier, non-seulement devient plus dense, mais encore tend à prendre une couleur jaune, d'abord claire et ensuite plus foncée. En même temps que le cristallin éprouve ce

7.

changement, il prend une dureté plus grande, contracte une légère opacité, qui peut aller, avec les progrès de l'âge, jusqu'à une opacité complète.

Vision chez l'enfant. L'œil est donc très-bien conformé chez l'enfant naissant, pour agir sur la lumière; aussi se forme-t-il des images sur la rétine, comme l'expérience le démontre. Cependant, dans le premier mois de sa vie, l'enfant ne donne aucun signe qui indique qu'il jouisse de la vue; ses yeux ne se meuvent que lentement et d'une manière incertaine (1); ce n'est même que vers la septième semaine qu'il commence à exercer la vue. Il n'y a d'abord qu'une lumière éclatante qui puisse le frapper et l'intéresser; il semble se complaire à voir le soleil; bientôt il devient sensible à la simple clarté du jour. Cependant il ne distingue encore aucun objet, les premiers qui le frappent sont les objets rouges; en général les couleurs les plus vives sont celles qu'il affectionne. Au bout de quelques jours, il arrête sa vue sur les corps, dont il paraît distinguer les couleurs; mais il n'a aucune

----

(1) Je me suis assuré récemment qu'un enfant, immédiatement après la naissance, éprouvait une sensation assez vive de la part de la lumière; il manifestait son impression en fermant et contractant les paupières. Mais nous avons montré que *voir* et *sentir la lumière* sont deux choses différentes.

idée ni des distances ni des grandeurs. Il étend la
main pour saisir les objets les plus éloignés ; et
comme le premier de ses besoins est de se nourrir,
il porte à sa bouche tout ce qu'il a saisi, quelles
qu'en soient les dimensions. Ainsi, la vue est très-
imparfaite dans le premier temps de la vie ; mais
par l'exercice et surtout par les jugements que font
naître les erreurs continuelles où tombe l'enfant,
sa vue se perfectionne par une véritable éducation.

On a cru que les enfants voyaient les objets doubles et renversés ; rien ne prouve cette assertion.
On a dit aussi, mais sans plus de fondement, que
les parties réfringentes de leur œil étant plus abon-
dantes, ils devaient voir les objets plus petits qu'ils
ne le sont réellement.

La vue a bientôt acquis toute la perfection dont
elle est susceptible, et elle ne subit en général de
modifications que vers la première vieillesse. C'est
alors que le changement que nous avons indiqué
dans les humeurs de l'œil tend à la rendre moins
distincte ; mais ce qui contribue surtout à l'affai-
blir, c'est la diminution de la sensibilité de la rétine.

Trois causes se réunissent pour altérer la vue
chez le vieillard : 1° la diminution de quantité des
humeurs de l'œil, circonstance qui, diminuant la
force réfringente de l'organe, fait que le vieillard
ne distingue plus nettement les objets voisins, et
qu'il est obligé, pour les apercevoir, ou de les éloi-

gner, parce que de cette manière la lumière qui pénètre dans l'œil est moins divergente, ou d'employer des lunettes à verres convexes, qui diminuent la divergence des rayons ; 2° l'opacité commençante du cristallin, qui trouble la vue, et tend, par son accroissement, à amener la cécité en produisant la maladie connue sous le nom de cataracte ; 3° enfin la diminution de sensibilité de la rétine, ou, plus exactement, du système nerveux, qui s'oppose à la perception des impressions produites sur l'œil, et qui conduit à une cécité complète et incurable.

AUDITION.

L'audition est une fonction destinée à nous faire connaître le mouvement vibratoire des corps.

Du son. Le son est à l'ouïe ce que la lumière est à la vue. Le son est le résultat de l'impression que produit sur l'oreille un mouvement vibratoire imprimé aux molécules d'un corps, par la percussion ou toute autre cause. Ce mot désigne quelquefois le mouvement vibratoire lui-même. Quand les molécules d'un corps ont été ainsi mises en mouvement, elles le communiquent, suivant certaines lois, aux corps élastiques qui les environnent : ceux-ci se comportent de même, et de proche en proche le mouvement vibratoire se propage quelquefois très-loin. Les corps élastiques en général peuvent seuls produire et propager le son; mais ordinairement les corps solides le produisent, tandis que l'air est le plus souvent le véhicule qui le transmet à notre oreille.

On distingue dans le son l'*intensité*, le *ton* et le *timbre*.

L'*intensité* du son dépend de l'étendue des vibrations. *Intensité du son.*

Le *ton* dépend du nombre des vibrations qui se *Du ton.* produisent dans un temps donné ; et, sous ce rapport, le son est distingué en *aigu* et en *grave*. Le son grave naît de vibrations peu nombreuses, le son aigu est formé de vibrations très-multipliées.

Le son le plus grave que l'oreille puisse perce- *Des sons ap-* voir, est, dit-on, formé de trente-deux vibrations par *préciables.* seconde; le son le plus aigu est formé de douze mille vibrations. Entre ces deux limites sont renfermés les sons *comparables* ou *appréciables*, c'est-à-dire *Du bruit.* des sons dont l'oreille compte instinctivement les vibrations. Le bruit diffère du son appréciable, en ce que l'oreille ne distingue pas le nombre des vibrations dont ils sont formés.

Un son comparable, composé du double de vibrations d'un autre son, est dit à l'octave de celui-ci. Entre ces deux sons (*ut*) il en est d'intermédiaires qui sont au nombre de six , et qui constituent l'échelle diatonique, ou la gamme; on les désigne par les noms *ré*, *mi*, *fa*, *sol*, *la*, *si*.

Des sons fondamentaux et harmoniques.

Quand on met en mouvement un corps sonore par un moyen quelconque d'ébranlement, on entend d'abord un son très-distinct, plus ou moins intense, plus ou moins aigu, etc., suivant les cas : c'est le son *fondamental ;* avec un peu d'attention on reconnaît qu'il se produit en même temps d'autres sons. On nomme ceux-ci *harmoniques.* Cette remarque se fait facilement en pinçant la corde d'un instrument.

Du timbre.

Il paraît que le *timbre* du son dépend de la nature du corps sonore, ainsi que du plus ou moins grand nombre d'harmoniques qui se produisent en même temps que le son principal.

Propagation du son.

Le son se propage à travers tous les corps élastiques. La vitesse de sa marche est variable suivant le corps qui sert à le propager. Le son parcourt dans l'air mille quarante-deux pieds par seconde. Sa transmission est encore plus rapide à travers l'eau, la pierre, le bois, etc. (1). En se propageant, le son perd en général de sa force en raison directe du carré de la distance ; c'est au moins ce qui a lieu pour l'air. Il peut aussi, dans quelque cas, et dans certaines limites, acquérir de l'intensité en se propageant ; c'est lorsqu'il marche au travers de corps très-élastiques, comme les métaux, le bois, l'air condensé, etc.

---

(1) Voyez les *Mémoires* d'Arcueil, tome II.

Les sons aigus, graves, intenses, faibles, etc.,
se propagent avec une égale rapidité, et sans se
confondre.

On pense généralement que le son se propage
en ligne droite, en formant des cônes analogues à
ceux que forme la lumière, avec cette différence
essentielle cependant que, pour les cônes sonores,
les molécules n'ont qu'un mouvement d'oscillation, tandis que pour les cônes lumineux elles ont
un mouvement de transport.

Quand une corde est à l'unisson d'une autre
corde, c'est-à-dire quand elle produit le même son,
mise en vibration de la même manière, elle offre
une propriété remarquable : elle vibre et produit
le son qui lui est propre, si ce son est produit dans
son voisinage. Cette propriété des cordes à l'unisson était connue depuis long-temps, mais on ne
savait pas aussi-bien que tous les corps sont susceptibles de vibrer, et d'offrir un phénomène analogue à celui que présentent les cordes.

M. Savart a montré, par une série d'expériences ingénieuses, que toutes les membranes élastiques, sèches ou humides, vibrent et transmettent le son si des vibrations sonores se faisaient
entendre auprès de ces membranes, et sans qu'elles
fussent à l'unisson avec les corps qui produisent
les vibrations. M. Savart a aussi prouvé que les
divers degrés de tension des membranes, leur

épaisseur, leur homogénéité, l'humidité plus ou moins grande, avaient une influence remarquable sur la facilité qu'elles ont à vibrer par communication ; mais que, quel que fût leur état, elles vibraient toujours à l'unisson avec le son produit ; cette loi est d'ailleurs commune à tous les corps.

Ces expériences sont d'autant plus importantes qu'une grande partie des organes de l'ouïe se composent de membranes et de lames élastiques, ainsi que l'on va le voir.

Réflexion du son. Lorsque le son rencontre un corps qui lui fait obstacle, on présume qu'il se réfléchit de la même manière que la lumière, c'est-à-dire en faisant un angle d'incidence égal à l'angle de réflexion. La forme du corps qui réfléchit le son a sur lui la même influence. La lenteur avec laquelle le son se propage, produit certains phénomènes dont l'explication n'est pas encore très-satisfaisante. Tel est le phénomène de l'écho, celui de la chambre mystérieuse, etc.

Appareil de l'audition.

L'appareil auditif est très-compliqué ; nous n'insisterons pas sur les détails anatomiques, il n'en résulterait aucun avantage, car on est encore très-peu instruit sur les usages des diverses parties qui constituent ce sens.

De même que dans l'appareil de la vision, on trouve dans celui de l'ouïe un ensemble d'organes qui paraissent concourir à la fonction par leurs propriétés physiques, et derrière ceux-ci un nerf destiné à recevoir et transmettre les impressions.

L'appareil auditif se compose de l'oreille externe, de l'oreille moyenne, de l'oreille interne, et du nerf acoustique.

Oreille externe.

On comprend sous cette dénomination le *pavillon* et le *conduit auditif externe*.

Le pavillon est plus ou moins grand, suivant les individus. Sa face externe qui, dans une oreille bien conformée, est un peu antérieure, présente cinq éminences, qui sont l'*hélix*, l'*ant-hélix*, le *tragus*, l'*antitragus*, le *lobule*, et trois cavités, savoir, celle de l'*hélix*, la *fosse naviculaire* et la *conque*. Le pavillon est formé d'un fibro-cartilage souple et élastique; la peau qui le recouvre est mince, sèche; elle est adhérente au fibro-cartilage par un tissu cellulaire serré qui contient très-peu de graisse : le lobule seul en contient une assez grande quantité. Au-dessous de la peau se voit un grand nombre de follicules sébacés, qui fournissent une matière blanche et micacée, qui donne à la peau son poli et une partie de sa souplesse. On voit aussi sur les diverses saillies du pavillon quelques fibres musculaires auxquelles on donne le nom de muscles, mais qui ne sont pour ainsi dire que des vestiges (1). Le pavillon reçoit beaucoup de nerfs et de vaisseaux, aussi est-il très-sensible, et devient-il facilement rouge. Il est attaché à la tête par des ligaments du tissu cellulaire et des muscles qu'on a appelés, d'après leur position, antérieur, supérieur et postérieur. Ces muscles sont très-développés chez beaucoup d'animaux; chez l'homme, on peut les considérer aussi comme de simples vestiges.

Conduit auditif.

Conduit auditif externe.

Ce conduit s'étend de la conque à la membrane du tympan; sa longueur, variable suivant l'âge, est de dix à douze lignes chez l'adulte; il est plus étroit dans son milieu qu'à ses extrémités; il présente une légère courbure en haut et en avant. Son orifice externe est ordinairement garni de poils, à l'instar de l'entrée des autres cavités. Il est composé d'une partie osseuse, d'un fibro-cartilage qui se confond avec celui du pavillon, d'une partie fi-

(1) On appelle *vestiges*, en anatomie, des parties sans usage chez les animaux où on les observe, et qui ne font qu'indiquer le plan uniforme que la nature semble avoir suivi dans la construction des animaux vertébrés.

breuse qui le complète en haut. La peau s'y enfonce en s'amincissant, et se termine en recouvrant
la face externe de la membrane du tympan. Au-
dessous de cette peau existent un grand nombre de
follicules sébacés, qui fournissent le cérumen, matière jaune, amère, etc., qui a des usages que nous
indiquerons plus tard.

Oreille moyenne.

L'oreille moyenne comprend la caisse du tympan, les osselets qui sont contenus dans cette caisse, les cellules mastoïdiennes, le conduit guttural, etc.

Caisse du tympan.

La caisse du tympan est une cavité qui sépare
l'oreille externe de l'oreille interne. Sa forme est
celle d'une portion de cylindre un peu irrégulier
Sa paroi interne présente en haut le trou ovale, qui
communique avec le vestibule, et qui est fermé par
une membrane ; immédiatement au-dessous, une
saillie qu'on appelle *promontoire ;* au-dessous de
cette saillie, une petite rainure qui loge un filet de
nerf; plus bas encore une ouverture, nommée *trou
rond,* qui correspond à la rampe externe du limaçon, et qui est aussi fermée par une membrane.
Le côté externe présente la membrane du tympan.
Cette membrane est dirigée obliquement en bas et
en dedans ; elle est tendue, très-mince et transpa-

Oreille
moyenne.

Caisse du
tympan.

rente, recouverte en dehors par un prolongement de la peau, en dedans par la membrane muqueuse, qui revêt la caisse; elle est aussi recouverte de ce côté par le nerf nommé *corde du tympan* : son centre donne attache à l'extrémité du manche du marteau ; sa circonférence est fixée à l'extrémité osseuse du conduit auditif; elle y adhère également dans tous les points, et ne présente d'ailleurs aucune ouverture qui fasse communiquer l'oreille externe avec l'oreille moyenne. Son tissu est sec, fragile, et n'a point d'analogue dans l'économie animale; on n'y reconnaît point de fibres, de vaisseaux, ni de nerfs.

La circonférence de la caisse présente en avant : 1° l'ouverture du conduit guttural, par lequel la caisse communique avec la partie supérieure du pharynx; 2ᵉ l'ouverture par laquelle entre le tendon du muscle interne du marteau. En arrière, on voit : 1° l'ouverture des cellules mastoïdiennes, cavités anfractueuses, pratiquées dans l'épaisseur de l'apophyse mastoïde, qui sont toujours remplies d'air; 2° la pyramide, petite saillie creuse qui loge le muscle de l'étrier; 3° l'ouverture, par laquelle entre dans la caisse la corde du tympan. En bas, la caisse offre une fente, nommée *glénoïdale*, par laquelle entre le tendon du muscle antérieur du marteau, et sort la corde du tympan pour aller s'anastomoser avec le nerf lingual de la cinquième paire.

En haut, la circonférence n'offre que quelques petites ouvertures, par lesquelles passent des vaisseaux sanguins. La caisse du tympan et tous les conduits qui y aboutissent, sont tapissés d'une membrane muqueuse très-mince : cette cavité, qui est toujours remplie d'air, contient en outre quatre osselets (le *marteau*, l'*enclume*, le *lenticulaire* et l'*étrier*), qui forment une chaîne depuis la membrane du tympan jusqu'à la fenêtre ovale, où est fixée la base de l'étrier. De petits muscles sont destinés à mouvoir cette chaîne, à tendre et à relâcher les membranes auxquelles elle aboutit : ainsi, le muscle interne du marteau la tire en avant, courbe la chaîne dans ce sens, et tend les membranes ; le muscle antérieur produit l'effet opposé. On conçoit aussi que le petit muscle, qui est logé dans la pyramide, et qui s'attache au col de l'étrier, peut imprimer une légère tension à la chaîne, en la tirant de son côté.

Oreille interne, ou labyrinthe.

Elle se compose du limaçon, des canaux demi-circulaires et du vestibule.

Le limaçon est une cavité osseuse, contournée en spirale, disposition qui lui a mérité le nom qu'elle porte. Cette cavité est partagée en deux autres qu'on appelle les *rampes* du limaçon, et qu'on distingue en interne et en externe. La cloison qui les sépare est une lame placée de champ, et qui, dans toute sa longueur, est en partie osseuse et en partie membraneuse. La rampe externe communique, par la fenêtre ronde, avec la caisse du tympan ; la rampe interne aboutit dans le vestibule.

Canaux demi-circulaires.

Canaux demi-circulaires. On appelle ainsi trois cavités cylindroïdes, courbées en demi-cercle, dont deux sont disposées horizontalement, tandis que la troisième est verticale. Ces canaux se terminent au vestibule par leurs extrémités. Ils contiennent des corps de couleur grisâtre, qui se terminent à leurs extrémités par des renflements.

Vestibule.

Vestibule. Cavité centrale, point de réunion de toutes les autres. Elle communique avec la caisse par la fenêtre ovale, avec la rampe interne du limaçon, avec les canaux demi-circulaires, et avec le conduit auditif interne par un grand nombre de petites ouvertures.

Toutes les cavités de l'oreille interne sont creusées dans la partie la plus dure du rocher : elles sont tapissées d'une membrane extrêmement mince, et sont remplies par un liquide ténu, limpide, nommé *liquide de Cotunni*, lequel peut refluer par deux pertuis connus sous le nom *d'aquéducs*

du limaçon et *du vestibule ;* de plus elles contiennent le nerf acoustique.

Du nerf acoustique.

Ce nerf naît du quatrième ventricule; il entre
dans le labyrinthe par les trous que présente à son
fond le conduit auditif interne. Arrivé dans le vestibule, il se partage en plusieurs branches, dont
l'une reste dans le vestibule, une autre entre dans
le limaçon, et deux sont destinées pour les canaux
demi - circulaires. La manière dont ces diverses
branches se comportent dans les cavités de l'oreille
interne, a été décrite avec soin par Scarpa; il serait superflu d'insister ici sur ces détails.

En terminant cet exposé succinct, nous ferons
remarquer que l'oreille interne et l'oreille moyenne
sont traversées par plusieurs filets nerveux, dont
la présence, dans cet endroit, n'est probablement
point inutile à l'audition : on sait que le nerf facial
marche long-temps dans un canal creusé dans
l'épaisseur du rocher. Dans ce canal il reçoit un
filet du nerf vidien; il fournit la corde du tympan
qui vient s'appliquer sur cette membrane. Une
autre anastomose se voit encore dans l'oreille, et
que M. Ribes a rappelée, il n'y a pas long-temps,
à l'attention des anatomistes.

Des expériences récentes m'ont appris que l'o-
reille présente des circonstances physiologiques
analogues à celles qu'offre l'œil.

La membrane qui revêt le conduit auditif est d'une extrême sensibilité : elle est déjà très-apparente à l'entrée de ce conduit; au fond, le moindre contact d'un corps étranger excite une vive douleur, et les médecins ont de tout temps remarqué les souffrances horribles qui accompagnent les inflammations de cette partie. D'après cela, il était fort présumable que la sensibilité serait encore plus exquise dans la caisse, et surtout qu'elle serait pour ainsi dire au maximum, si on arrivait jusque dans les cavités du labyrinthe. Il en est tout autrement : de même qu'à l'œil, la grande sensibilité est à la partie extérieure de l'appareil. Cette propriété est déjà fort obtuse dans la caisse, et le nerf acoustique touché, piqué, déchiré même sur les animaux, ne m'a pas donné d'indice apparent de sensibilité; et, sous ce rapport, il est dans une opposition bien remarquable avec le nerf de la cinquième, qui, pour ainsi dire en contact avec l'acoustique à son origine, ne peut être touché même très- légèrement, sans qu'il n'en résulte une douleur des plus aiguës. Sous ce rapport, le nerf de l'ouïe ressemble donc au nerf optique.

Limites de la vive sensibilité de l'oreille.

Mécanisme de l'audition.

Usages du pavillon.

Usages du pavillon de l'oreille.

Il rassemble les rayons sonores et les dirige vers le conduit auditif, d'autant mieux qu'il est plus grand, plus élastique, plus détaché de la tête, et plus dirigé en avant. Boerhaave prétendait avoir prouvé, par le calcul, que tous les rayons sonores qui tombent sur la face externe du pavillon sont, en dernier résultat, dirigés vers le conduit auditif. Cette assertion est évidemment inexacte, au moins pour certains pavillons dont l'anthélix est plus saillant que l'hélix. Comment arriveraient à la conque les rayons qui viendraient tomber sur la face postérieure de l'anthélix ?

Il est beaucoup plus probable que le pavillon est lui-même, à raison de sa grande élasticité, qui peut être modifiée légèrement par les muscles intrinsèques, susceptible d'entrer en vibration sous l'influence des ondulations sonores imprimées à l'air. Et, quant aux inégalités de sa surface, il paraît suivant M. Savart qu'elles auraient pour utilité de présenter toujours une égale surface de pentes dont la direction serait normale à celle du mouvement vibratoire imprimé à l'air. L'expérience apprend en effet que selon qu'une membrane est ou n'est pas parallèle aux surfaces des corps qui vibrent près d'elle, ses oscillations sont plus ou moins prononcées. Le parallélisme est le cas le plus favorable.

Le pavillon n'est pas indispensable à l'audition, car chez l'homme et chez les animaux il peut être enlevé sans que l'ouïe en souffre au-delà de quelques jours.

Le pavillon n'est pas indispensable à l'audition.

8.

Usages du conduit auditif.

Le conduit transmet le son à la manière de tout autre conduit, en partie par l'air qu'il contient, en partie par ses parois, jusqu'à la membrane du tympan. — Les poils qu'il présente, surtout à son entrée, et le cérumen, ont pour usage de s'opposer à l'introduction des corps étrangers, tels que grains de sable, de poussière, insectes, etc.

Usages de la membrane du tympan.

Cette membrane forme la séparation du conduit auditif et de la caisse; elle est tendue, mince et élastique, et partout d'égale épaisseur. A ces divers titres, elle doit entrer en vibration sous l'influence des ondes sonores que lui apporte le conduit, soit par l'air, soit par ses parois.

Mais d'après une expérience très-simple de M. Savart, il paraît que c'est surtout le son transmis par l'air qui la met en vibration.

Ce savant physicien plaça au sommet tronqué d'un cône fait avec une feuille de carton, une petite membrane tendue qui fermait l'ouverture à peu près comme la membrane du tympan ferme le conduit auditif; il produisait ensuite des sons près des parois, à l'extérieur du cône; la membrane vibra peu; mais s'il produisit les mêmes sons à la base du cône, de manière qu'ils fussent transmis à la membrane par l'air intérieur, les vibrations étaient très-prononcées même à une distance de vingt-cinq à trente mètres.

La manière dont les muscles du marteau s'insèrent à cet osselet, et la manière dont il est lui-même fixé à la membrane, indiquent clairement qu'il doit y avoir des degrés dans sa tension. On ne pourrait, sans absurdité, supposer que cette petite membrane se mît à l'unisson des innombrables sons que notre oreille perçoit, mais il est plus que probable que dans certains cas elle est tendue par le muscle interne, et dans d'autres relâchée par le muscle antérieur du marteau.

On n'avait eu jusqu'ici que des conjectures à faire sur cette question curieuse, mais quelques essais de M. Savart semblent avoir dévoilé la vérité.

Quand une membrane mince est très-tendue, elle vibre avec difficulté, c'est-à-dire que les excursions de ses parties vibrantes sont très-petites ; c'est le contraire quand la même membrane est relâchée ; et comme il est prouvé directement, par l'expérience, qu'un membre du tympan en place, vibre par l'effet des ondes sonores qui parviennent à sa surface, il n'est pas douteux non plus, que plus elle est tendue et moins les amplitudes de ses excursions sont grandes. Il y a donc une forte probabilité qu'elle se relâche pour les sons faibles ou agréables, et qu'elle se tend pour les sons trop intenses ou désagréables.

Comme la membrane du tympan est sèche et élastique, elle doit très-bien transmettre le son, d'une part à l'air contenu dans la caisse, de l'autre à la chaîne des osselets (1). La corde du tympan ne peut manquer de participer aux vibrations de la membrane, et de transmettre au cerveau quelques impressions. On sait que le contact d'un corps étranger sur la membrane est excessivement douloureux, et qu'un bruit violent occasione aussi une vive douleur. La membrane du tympan peut être déchirée et même rester perforée sans que l'audition soit sensiblement dérangée.

Usages de la caisse du tympan.

Usages de la caisse du tympan. Son usage principal est de transmettre à l'oreille interne les sons qu'elle a reçus de l'oreille externe. Cette transmission du son par la caisse a lieu, 1° par la chaîne des osselets, qui agit particulièrement sur la membrane de la fenêtre ovale (2); 2°

---

(1) Pour les diverses opinions émises sur les usages de cette membrane, *voyez* HALLER, tom. V, pag. 198, 199 et suivantes.

(2) On sait fort peu de chose sur l'utilité des mouvements qui peuvent être imprimés à la chaîne. Cependant, puisque tous les osselets sont unis entre eux, que le premier et le dernier

par l'air qui la remplit, et qui agit sur toute la portion pierreuse, mais surtout sur la membrane de la fenêtre ronde ; 3° par ses parois.

Il ne paraît guère douteux que la caisse du tambour a encore pour usage d'entretenir, au-devant de la fenêtre ronde, une espèce d'atmosphère particulière dont les propriétés sont à très-peu près constantes , attendu que cette petite masse d'air est maintenue continuellement à la même température par les vaisseaux sanguins environnants ; sans cette précaution , la membrane de la fenêtre ronde se détériorerait bientôt, et c'est ce qui doit arriver quand le tympan est largement perforé.

---

touchent, l'un au tympan, l'autre à la fenêtre ovale, que d'ailleurs le marteau peut se mouvoir, il me semble qu'il était indispensable, pour qu'il n'y eût pas de déchirement, que la chaîne fût composée de plusieurs pièces mobiles les unes sur les autres. Ensuite il me semble encore que quand le marteau est tiré en dedans, ce mouvement se porte jusqu'à l'étrier qui comprime le fluide contenu dans le labyrinthe , et que de là il doit résulter que les amplitudes des oscillations de la membrane de la fenêtre ronde deviennent moindres. Au reste, je crois que la chaîne des osselets est dans l'oreille ce qu'est l'âme dans un violon. (Savart.)

La perte des osselets , l'étrier excepté , n'entraîne pas nécessairement celle de l'ouïe ; cependant j'ai cru remarquer que les individus qui se trouvent dans ce cas, ne conservent pas ce sens au-delà de deux ou trois ans.

Usages de la trompe d'Eustache.

La trompe sert à renouveler l'air de la caisse ; son oblitération est, dit-on, une cause de surdité.

C'est à tort qu'on a dit qu'elle pouvait conduire les sons à l'oreille interne : rien n'appuie cette assertion ; elle donne issue à l'air dans les cas où des sons violents viennent frapper le tympan, et permet le renouvellement de celui qui remplit la caisse et les cellules mastoïdiennes. L'air contenu dans la caisse, étant très-raréfié, est propre à diminuer l'intensité des sons qu'il transmet.

Usages des cellules mastoïdiennes.

Usages des cellules mas-toïdiennes. L'usage des cellules mastoïdiennes n'est pas bien connu ; on soupçonne qu'elles concourent à augmenter l'intensité du son qui arrive dans la caisse. Si elles produisent cet effet, ce doit être plutôt par les vibrations des lames qui séparent les cellules, que par celles de l'air qu'elles contiennent.

Le son peut arriver à la caisse autrement que par le conduit auditif ; les chocs produits sur les os de la tête sont dirigés vers le temporal, et perçus par l'oreille. Tout le monde sait qu'on entend distinctement le bruit du mouvement d'une montre lorsqu'on la met en contact avec les dents.

Usages de l'oreille interne.

Usages de l'oreille interne. On est très-peu instruit des fonctions de l'oreille interne ; on conçoit seulement que les vibrations sonores y sont propagées de plusieurs manières, mais principalement par la membrane de la fenêtre ovale, par celle de la fenêtre ronde, et par la paroi interne de la caisse ; que le liquide de Cotunni doit éprouver des vibrations qui se transmettent au nerf acoustique. On conçoit aussi combien il est important que ce liquide puisse céder à des vibrations trop intenses, qui pourraient endommager ce nerf. Il est possible, en ce cas, qu'il reflue dans les aquéducs du limaçon et du vestibule, qui, sous ce rapport, auraient, comme on voit, beaucoup d'analogie avec la trompe d'Eustache.

La rampe externe du limaçon doit recevoir principalement les vibrations par la membrane de la fenêtre ronde ; le vestibule, par l'extrémité de la chaîne des osselets ; les canaux demi-circulaires, par les parois de la caisse, et peut-être par les cellules mastoïdiennes, qui souvent se prolongent jusqu'au-delà des canaux. Mais on ignore absolument la part que prend à l'audition chacune des parties de l'oreille interne.

La cloison osso-membraneuse qui sépare le limaçon en deux rampes, a donné lieu à une hypothèse que personne n'admet aujourd'hui.

Action du nerf acoustique.

Le nerf acoustique reçoit les impressions, et les transmet au cerveau; celui-ci les perçoit avec plus ou moins de promptitude, de justesse, suivant les

Action
du nerf
acoustique.

individus ; mais cette action est soumise à l'influence de la cinquième paire. Quand ce nerf est coupé ou malade l'ouïe est faible et souvent abolie.

Beaucoup de personnes ont l'ouïe fausse, c'est-à-dire ne distinguent pas exactement les sons.

On n'explique point l'action du nerf acoustique ni celle du cerveau dans l'audition, mais on a fait à cet égard quelques observations.

Les sons, pour être perçus, ont besoin d'être dans de certaines limites d'intensité. Un son trop fort nous blesse, un son trop faible ne produit pas de sensation. Nous pouvons percevoir un grand nombre de sons à la fois. Les sons, et surtout les sons appréciables, combinés et se succédant d'une certaine manière, sont une source de sensations des plus agréables. Un art s'occupe de disposer les sons de manière à produire ce résultat ; cet art est la *musique*. Certaines combinaisons de sons produisent, au contraire, une impression désagréable : les sons très-aigus blessent l'oreille ; les sons très-intenses et très-graves déchirent la membrane du tympan. L'absence du liquide de Cotunni détruit l'audition. Lorsqu'un son a été très-prolongé, nous croyons encore l'entendre, quoiqu'il ait déjà cessé depuis long-temps.

Action des deux appareils.

Action des deux appareils. Nous recevons deux impressions, et cependant nous n'en percevons qu'une. On a dit que nous ne nous servions jamais que d'une oreille à la fois, ce qui est inexact. A la vérité, quand le son arrive directement à une oreille, il est saisi bien plus facilement par celle-là, et bien plus difficilement par l'autre : aussi, dans ces cas, n'employons-nous qu'une oreille ; et lorsque nous écoutons attentivement un son que nous craignons de ne pas entendre, faisons-nous en sorte que les rayons entrent directement dans la conque ; mais quand il s'agit de juger de la direction du son, c'est-à-dire de décider du point d'où il part, nous sommes obligés de nous servir de nos deux oreilles, car ce n'est qu'en comparant l'intensité des deux impressions, que nous parvenons à reconnaître le lieu d'où part le son. Si, par exemple, on se bouche exactement une oreille, et que l'on fasse produire, à quelque distance de soi, un bruit léger dans un lieu obscur, il sera impossible de juger de la direction du son ; on pourra y réussir en se servant des deux oreilles. La vue est d'un grand secours pour ces sortes de jugements, car souvent, dans l'obscurité, même en se servant des deux oreilles, il est impossible de décider du point d'où part le bruit qui nous frappe.

Le son peut aussi nous faire juger de la distance qui nous sépare du corps qui le produit; mais, pour porter des jugements justes à cet égard, il faut que la nature du son nous soit familière, car sans cette condition ils sont toujours erronés. Nous jugeons.

dans ce cas, d'après ce principe, qu'*un son très-intense part d'un corps voisin, tandis qu'un son faible part d'un corps éloigné* : s'il arrive qu'un son intense vienne d'un corps éloigné, si un son faible part d'un corps voisin, nous tombons dans des erreurs d'acoustique. En général, nous sommes facilement trompés sur le point d'où part le son ; la vue, le raisonnement, nous sont d'un grand secours pour asseoir notre jugement.

Les divers degrés de divergence ou de convergence des rayons sonores ne paraissent pas influer sur l'audition, aussi ne modifie-t-on la marche des rayons sonores que pour en faire entrer un plus grand nombre dans l'oreille : c'est à quoi servent les cornets acoustiques dont on fait usage quand on a l'ouïe dure. Il est quelquefois nécessaire de diminuer l'intensité des sons : en ce cas, on place un corps mou et peu élastique dans le conduit auditif.

Modifications de l'audition par l'âge.

Audition à la naissance. Audition chez l'enfant. L'oreille est formée de très-bonne heure chez le fœtus. A la naissance, tout ce qui appartient à l'oreille interne, aux osselets, est à peu près tel qu'il restera par la suite ; mais les autres parties de l'oreille moyenne et de l'oreille externe ne sont point encore en état d'agir, ce qui établit une différence très-grande entre l'œil et l'oreille. Le pavillon est relativement très-petit ; il est mou, par conséquent peu élastique, et tout-à-fait impropre à remplir les fonctions qui lui sont attribuées. Les parois du conduit auditif participent de la structure du pavillon ; la membrane du tympan est très-oblique, et fait en quelque sorte suite à la paroi supérieure du conduit; elle est, en conséquence, mal disposée pour recevoir les rayons sonores. Toute l'oreille externe est recouverte d'une matière blanchâtre, molle, et qui s'oppose encore à ce qu'elle puisse remplir ses fonctions. La caisse du tympan est un peu plus petite, proportionnellement; au lieu d'air, elle contient un mucus épais. Les cellules mastoïdiennes n'existent point. Par les progrès de l'âge, l'appareil auditif acquiert assez promptement la disposition que nous avons indiquée pour l'adulte. Dans la vieillesse, les changements qu'il éprouve, sous les rapports physiques, loin d'être défavorables, comme cela arrive pour l'œil, semblent au contraire le perfectionner : toutes les parties deviennent plus dures, plus élastiques; les cellules mastoïdiennes, s'étendant jusqu'au sommet du rocher, entourent ainsi de tous côtés les cavités de l'oreille interne.

Audition chez le vieillard.

Les bruits les plus forts n'affectent pas sensiblement l'enfant qui vient de naître : après quelque temps, il paraît reconnaître les sons aigus ; aussi est-ce le genre de sons que les nourrices choisissent pour s'attirer son attention. Il se passe fort long-temps avant que l'enfant juge sainement de l'intensité, de la direction du son, et surtout avant qu'il attache un sens aux différents sons articulés. De même qu'il affectionne la lumière vive, de même les sons les plus aigus, les plus intenses, sont ceux qu'il préfère pendant long-temps.

Quoique l'appareil auditif se perfectionne physiquement avec l'âge, il est certain cependant que l'ouïe devient dure avec la première vieillesse, et qu'il est très-peu de vieillards qui ne soient plus ou moins sourds. Cette circonstance paraît tenir, d'une part, à la diminution de l'humeur de Cotunni, et de l'autre à la diminution progressive de la sensibilité du nerf acoustique.

ODORAT.

Des odeurs. La plupart des corps de la nature laissent échapper des particules excessivement ténues, qui se répandent dans l'air, et sont quelquefois portées, par ce véhicule, à une grande distance. Ces particules constituent les odeurs; un sens est destiné à les reconnaître et à les apprécier : ainsi s'établit un rapport important entre les animaux et les corps.

Manière dont se développent les odeurs. Les corps dont toutes les molécules sont fixes sont nommés *inodores*.

Parmi les corps odorants, il est de grandes différences, relatives à la manière dont se développent les odeurs : les uns ne les laissent échapper que lorsqu'ils ont été chauffés ; ceux-ci. que lorsqu'ils ont été frottés ; d'autres ne répandent que des odeurs faibles, d'autres n'en exhalent que de fortes. Telle est la ténuité des particules odorantes, qu'un même corps peut en dégager pendant un temps très-long sans changer sensiblement de poids.

Chaque corps odorant a une odeur particulière. Comme ces corps sont très-nombreux, on a voulu classer les odeurs : toutes les tentatives qu'on a faites à cet égard ont été également infructueuses. On ne peut guère distinguer les odeurs qu'en *faibles* et *fortes*, *agréables* et *désagréables*. On reconnaît encore des odeurs *musquées*, *aromatiques*, *fétides*, *vireuses*, *spermatiques*, *piquantes*, *muriatiques*, etc. Il en est de *fugitives*, de *tenaces*. Dans la plupart des cas, on ne peut désigner une odeur qu'en la comparant à celle d'un corps connu.

Classification des odeurs.

On a attribué aux odeurs des propriétés nourrissantes, médicamenteuses, et même vénéneuses ; mais, dans les cas qui ont donné lieu à ces opinions. n'aurait-on pas confondu l'influence des odeurs avec les effets de l'absorption ? Un homme qui pile du jalap pendant quelque temps, sera purgé comme s'il avait avalé de cette substance. Il ne faut pas rapporter ces effets à l'odeur, mais bien aux particules répandues dans l'air et qui se sont introduites dans la circulation, soit avec la salive, soit avec l'air que nous respirons ; c'est à cette même cause que l'on doit attribuer l'ivresse des personnes exposées pendant quelque temps à la vapeur des liqueurs spiritueuses.

Propagation des odeurs.   L'air est le véhicule ordinaire des odeurs, il les transporte au loin : cependant elles se produisent aussi dans le vide, et il y a des corps qui lancent des particules odorantes avec une certaine force. On n'a point encore étudié cette matière avec soin ; on ne sait pas s'il y a dans la marche des odeurs quelque chose d'analogue à la divergence ou à la convergence, à la réflexion ou à la réfraction des rayons lumineux. Les odeurs s'attachent ou se combinent à plusieurs liquides, ainsi qu'à beaucoup de solides. On se sert de ce moyen, soit pour les fixer, soit pour les conserver longtemps.

Les liquides, les vapeurs, les gaz, plusieurs corps solides réduits en poudre impalpable ou plus grossière, ont aussi la propriété d'agir sur les organes de l'odorat.

Appareil de l'odorat.

Appareil de l'odorat.   On doit se représenter l'appareil olfactif comme une espèce de crible placé sur le chemin que l'air parcourt le plus souvent pour s'introduire dans la poitrine, et destiné à retenir tous les corps étrangers qui seraient mêlés avec l'air, et particulièrement les odeurs.

Cet appareil est extrêmement simple ; il diffère essentiellement de celui de la vue et de l'ouïe, en ce que l'on ne voit pas au-devant du nerf de parties destinées à modifier physiquement l'excitant : le nerf y est en quelque sorte à nu. L'appareil se compose de la membrane pituitaire, qui revêt les cavités nasales, de la membrane qui tapisse les sinus, et du nerf olfactif.

La membrane pituitaire recouvre toute l'étendue des fosses nasales, augmente beaucoup l'épaisseur des cornets, se prolonge au-delà de leurs bords et de leurs extrémités, de manière que l'air ne peut traverser les fosses nasales que par des routes fort étroites et assez longues. Cette membrane est épaisse, adhère fortement aux os et aux cartilages qu'elle recouvre. Sa surface présente une infinité de petites saillies, que les uns ont considérées comme des papilles nerveuses, que les autres ont envisagées comme des cryptes muqueux, mais qui, selon toutes les apparences, sont vasculaires. Ces saillies donnent à la membrane un aspect velouté. La pituitaire est douce au toucher, molle, reçoit un très-grand nombre de vaisseaux et de nerfs.

Les routes que l'air parcourt pour arriver dans l'arrière-bouche méritent quelque attention.

Elles sont au nombre de trois : on les distingue, en anatomie, par les noms de *méats inférieur, moyen,* et *supérieur.* L'inférieur est le plus large et le plus long, le moins oblique, le moins tortueux; le moyen est plus étroit, presque aussi long, mais plus éten- du de haut en bas ; le supérieur est beaucoup plus court, plus oblique et plus étroit encore. Il faut ajouter à ces routes l'intervalle étroit qui sépare, dans toute son étendue, la cloison des fosses na- sales de la paroi externe. Telle est l'étroitesse de tous ces canaux, que le moindre gonflement de la pituitaire rend difficile, et même quelquefois im- possible, le passage de l'air à travers les fosses nasales.

Dans les deux méats supérieurs, communiquent des cavités plus ou moins spacieuses, creusées dans l'épaisseur des os de la tête, et nommées *sinus.* Ces sinus sont le *maxillaire,* le *palatin,* le *sphé- noïdal,* le *frontal,* et ceux qui sont pratiqués dans l'épaisseur de l'ethmoïde, plus connus sous le nom de *cellules ethmoïdales.*

Ces sinus n'ont de communication qu'avec les deux méats supérieurs. Le sinus frontal, le maxil- laire, les cellules antérieures de l'ethmoïde s'ouvrent dans le méat moyen ; le sinus sphénoïdal, le pala- tin, les cellules postérieures de l'ethmoïde, s'ouvrent dans le méat supérieur. Les sinus sont tapissés par une membrane mince, molle, peu adhérente à leurs

parois, qui paraît du genre des muqueuses. Elle
sécrète avec plus ou moins d'abondance une matière nommée *mucus nasal*, qui se répand continuellement sur la pituitaire, et paraît être utile dans
l'olfaction. L'étendue considérable des sinus paraît
coïncider avec une perfection plus grande de l'odorat : c'est au moins là un des résultats les plus po-
sitifs de la physiologie comparée.

Le nerf olfactif naît par trois racines distinctes
de la partie postérieure, inférieure et interne du
lobe antérieur du cerveau. D'abord prismatique,
il marche vers la lame criblée de l'ethmoïde ; là,
il se gonfle tout à coup, puis il se divise en un très-
grand nombre de filets qui se répandent sur la pituitaire, principalement dans la partie supérieure de
cette membrane. Semblable aux nerfs de la vue
et de l'ouïe, le nerf olfactif est insensible aux pressions, piqûres, etc., et même au contact des corps
dont les odeurs sont les plus fortes.

Il est important de remarquer que l'on n'a pas
encore pu suivre les filets du nerf olfactif sur le cor-
net inférieur, sur la face interne du moyen, ni dans
aucun sinus. La puituitaire ne reçoit pas seulement
le nerf de la première paire, elle reçoit encore un
grand nombre de filets, nés de la face interne du
ganglion sphéno-palatin ; ces filets se distribuent
dans les méats et à la partie inférieure de la membrane. Elle recouvre aussi assez long-temps le filet

ethmoïdal du nerf nasal, et en reçoit un assez grand nombre de filaments. N'omettons pas de rappeler que tous ces nerfs sont des branches de la cinquième paire. La membrane qui revêt les sinus reçoit aussi quelques ramuscules nerveux.

Les fosses nasales communiquent au dehors par le moyen des narines, dont la forme, la grandeur et la direction varient beaucoup. Les narines sont intérieurement garnies de poils, et peuvent s'agrandir par l'action musculaire. Les fosses nasales s'ouvrent dans le pharynx par les narines postérieures.

Mécanisme de l'odorat.

Mécanisme de l'odorat. L'appareil olfactif se présente d'une manière bien différente de l'appareil de la vue ou de l'ouïe; dans ces derniers, la sensibilité générale est distincte, par son siége, de la sensibilité spéciale. A l'œil, la conjonctive offre l'une; la rétine, l'autre; à l'oreille le conduit auditif exerce la première, et le nerf acoustique est l'organe de la seconde. *Sensibilité générale et sensibilité spéciale de la pituitaire.* Dans la pituitaire si les deux propriétés existent, elles sont beaucoup plus difficiles à distinguer.

Cependant il semble que les deux phénomènes s'isolent quelquefois; il existe des hommes qui n'ont point d'odorat, et qui ont la pituitaire très-sensible au contact de certains corps jusqu'au point d'en distinguer les propriétés physiques ; par exemple, celles des diverses sortes de tabacs.

L'expérience m'a démontré que la sensibilité générale de la pituitaire cesse par la section de la cinquième paire dans les quatre classes des vertébrés; dès qu'elle a eu lieu, aucun contact, aucune piqûre, aucun corrosif même, ne produisent d'impression visible sur la membrane du nez, et, sous ce rapport, la pituitaire est semblable à la conjonctive. Mais ce qui est plus remarquable, la même insensibilité se manifeste pour les odeurs les plus fortes et les plus pénétrantes, telles que celle d'ammoniaque ou d'acide acétique.

Il semblerait donc que le nerf olfactif est dans le même cas que les nerfs optique et acoustique : il ne peut agir si la cinquième paire n'est point intacte.

Mais voici un fait qui s'éloigne encore davantage des idées généralement répandues touchant les fonctions des nerfs :

J'ai détruit sur un chien les deux nerfs olfactifs; j'ai présenté à l'animal des odeurs fortes, il les a parfaitement senties, et s'est comporté comme s'il eût été dans son état ordinaire. J'ai voulu faire les mêmes essais pour des odeurs faibles, telles que celles des aliments; mais je n'ai pu obtenir de résultats assez prononcés pour affirmer que ce genre d'odeurs agissaient sur le nez de l'animal. Il serait donc possible que le nerf olfactif ne fût pas le nerf de l'odorat, et que la sensibilité olfactive fût confondue avec la sensibilité générale dans le même nerf. (*Voyez* mon *Journal de physiologie*, tome IV.)

L'odorat s'exerce essentiellement dans le moment où l'air traverse les fosses nasales en se dirigeant vers les poumons. Il est très-rare que nous percevions les odeurs dans le moment où l'air s'échappe de ce viscère; cependant cela se rencontre quelquefois, particulièrement dans les maladies organiques du poumon.

Mécanisme de l'odorat. Le mécanisme de l'odorat est extrêmement simple : il faut seulement que les molécules odorantes soient arrêtées sur la pituitaire, particulièrement dans les endroits où elle reçoit les filets du nerf olfactif. Comme c'est précisément dans la partie supérieure des fosses nasales que les routes sont plus étroites, qu'elles sont plus enduites de mucus, il est naturel que ce soit aussi là que les molécules s'arrêtent. On conçoit aussi l'utilité du mucus : ses propriétés physiques paraissent telles, qu'il a une plus grande affinité avec les molécules odorantes qu'avec l'air; il les sépare de ce fluide, et les arrête sur la pituitaire, où elles produisent l'impression des odeurs : aussi est-il très-important pour l'exercice de l'olfaction, que le mucus nasal conserve les mêmes propriétés physiques ; toutes les fois qu'elles sont changées, comme on le remarque dans les différents degrés du coryza, l'odorat ne s'exerce point, ou se fait d'une manière incomplète (1). Mécanisme de l'odorat. D'après ce que nous avons dit sur la distribution des nerfs olfactifs, il est évident que les odeurs qui parviendront à la partie supérieure des cavités nasales, seront plus aisément et plus vivement perçues : c'est pourquoi nous modifions l'inspiration de manière que l'air se dirige vers ce point lorsque nous voulons sentir vivement ou exactement l'odeur d'un corps. C'est pour la même raison que ceux qui prennent du tabac cherchent à porter cette substance vers la voûte des fosses nasales. Il semble que la face interne des cornets est très-bien disposée pour arrêter les odeurs au moment du passage de l'air ; et comme la sensibilité y est très-grande, nous sommes portés à croire que l'olfaction s'y exerce, quoiqu'on ne puisse suivre jusque-là les filets de la première paire.

Les physiologistes n'ont point encore déterminé Usage du nez. les usages du nez dans l'odorat ; il paraît destiné à diriger l'air chargé d'odeurs vers la partie supérieure des fosses nasales. Les personnes dont le nez est difforme, surtout celles qui l'ont écrasé, celles qui

---

(1) Cette explication est, au premier aperçu, satisfaisante ; cependant, en l'examinant de près, on voit qu'elle repose sur plusieurs suppositions gratuites : telle est l'affinité des odeurs pour le mucus nasal, le dépôt des molécules odorantes sur la pituitaire, etc.

ont des narines petites, dirigées en avant, ont ordinairement l'odorat presque nul : la privation du nez, par maladie ou par accident, entraîne presque entièrement la perte de l'odorat. Suivant la remarque intéressante de M. Béclard, on rétablit ce sens chez les individus qui sont dans ce cas, en leur adaptant un nez artificiel.

Usages des sinus. Quel est l'usage des sinus? Celui de fournir en partie le mucus nasal est le seul qui soit généralement admis. Les autres usages qu'on leur a attribués, savoir, de servir de dépôt à l'air chargé d'effluves odorantes, d'augmenter l'étendue de la surface sensible aux odeurs, de recevoir une portion d'air quand nous inspirons, pour mettre en jeu l'odorat, etc., ne sont rien moins que certains. Il est positif du moins qu'ils ne sont pas aptes à recevoir des impressions de la part des odeurs; des lésions maladives l'ont montré pour l'homme, et l'expérience directe sur les animaux donne le même résultat.

Action des vapeurs et des gaz sur la pituitaire. Les vapeurs et les gaz paraissent agir à la manière des odeurs sur la pituitaire. Le mécanisme en doit être cependant un peu différent. Les corps réduits en poudre assez grossière ont aussi une action très-forte sur cette membrane, leur premier contact même est douloureux; mais l'habitude finit par changer la douleur en plaisir, comme on le voit pour le tabac. On se sert, en médecine, de cette propriété de la pituitaire pour exciter instantanément une douleur très-vive.

Il ne faut pas négliger, dans l'histoire de l'odorat, l'usage des poils qui garnissent les narines et l'entrée des fosses nasales ; peut-être sont-ils destinés à s'opposer à ce que les corps étrangers répandus dans l'air parviennent jusque dans les fosses nasales. Ils auraient ainsi beaucoup d'analogie de fonctions avec les cils et les poils qui garnissent le conduit auditif.

Modifications de l'odorat par l'âge.

L'appareil olfactif est peu développé à la naissance ; les cavités nasales, les divers cornets, existent à peine, les sinus n'existent pas, et cependant il paraît que l'olfaction a lieu. Je crois avoir reconnu que les enfants, peu après leur naissance, exercent l'odorat sur les aliments qu'on leur présente. Avec les progrès de l'âge, les cavités nasales se développent, les sinus se forment, et il paraît que, sous ce rapport, l'appareil olfactif se perfectionne jusqu'à la vieillesse. L'odorat se maintient jusqu'aux derniers moments de la vie, à moins de lésions particulières de l'appareil, telles que des modifications dans la sécrétion du mucus, modifications qui surviennent assez souvent.

L'odorat est destiné à nous donner des notions sur la composition des corps, et surtout sur celle des aliments. En général un corps dont l'odeur est désagréable, est un aliment peu utile, souvent même dangereux. Beaucoup d'animaux paraissent avoir l'odorat plus fin que nous. Ce sens est en outre la source d'une foule de sensations agréables, qui ont une influence marquée sur l'état de l'esprit et des organes générateurs.

GOUT.

Des saveurs.

Les saveurs ne sont que l'impression de certains corps sur l'organe du goût. Les corps qui la produisent sont nommés *sapides*.

La sapidité des corps n'est point en rapport avec leur solubilité.

On a cru que le degré de sapidité d'un corps pouvait se juger par celui de sa solubilité ; mais il y a des corps insolubles qui ont une saveur très-prononcée, et l'on voit des substances très-solubles n'avoir qu'une saveur à peine sensible. La sapidité paraît être en rapport avec la nature chimique des corps, et avec le genre des effets qu'ils produisent sur l'économie animale.

Classifications des saveurs.

Les saveurs sont très-variées et très-nombreuses. On a essayé, à diverses reprises, de les classer, sans jamais y réussir complétement ; cependant on s'entend un peu mieux pour les saveurs que pour les odeurs, sans doute parce que les impressions que reçoit le sens du goût, sont moins fugitives que celles qui sont reçues par le sens de l'odorat. Ainsi, on se fait assez bien entendre lorsqu'on dit qu'un corps a une saveur *âcre*, *acide*, *amère*, *acerbe*, *douce*, etc.

Il est une distinction des saveurs sur laquelle tout le monde est d'accord, parce qu'elle est fondée sur l'organisation : c'est celle qui les partage en *agréables* et en *désagréables*. Les animaux l'établissent instinctivement.

Cette distinction est aussi la plus importante, car les corps dont la saveur nous paraît agréable sont aussi ceux qui en général sont utiles à notre nutrition ; tandis que ceux dont la saveur est désagréable sont le plus souvent nuisibles.

Appareil du goût.

La langue est l'organe principal du goût; cependant les lèvres, la face interne des joues, le palais, les dents, le voile du palais, le pharynx, l'œsophage et l'estomac lui-même sont susceptibles de recevoir des impressions par le contact des corps sapides. Les glandes salivaires, dont les excréteurs s'ouvrent dans la bouche, les follicules qui y versent la mucosité qu'ils sécrètent, concourent puissamment à l'exercice du goût. Indépendamment des follicules muqueux que présente la face supérieure de la langue, et qui y forment les *papilles fongueuses*, on y remarque encore de petites saillies dont les unes, très-nombreuses, s'appellent *papilles villeuses*, et dont les autres, en bien moindre nombre, et disposées en deux rangées sur les côtés de la langue, sont appelées *papilles coniques*.

Nerfs du goût.

Tous les nerfs qui se rendent aux parties destinées à recevoir l'impression des corps sapides, doivent être compris dans l'appareil du goût. Ainsi le nerf maxillaire inférieur, plusieurs branches du supérieur, parmi lesquelles il faut remarquer les filets qui naissent du ganglion sphéno-palatin, particulièrement le nerf naso-palatin de Scarpa, le nerf de la neuvième paire, le glosso-pharyngien, paraissent servir à l'exercice du goût.

On ne peut suivre aucun nerf jusqu'aux papilles de la langue.

Le nerf lingual de la cinquième paire est celui que les anatomistes considèrent comme le principal nerf du goût; car ses filets, disent-ils, se prolongent dans les papilles villeuses et coniques de la langue. J'ai fait vainement des tentatives pour les suivre jusque-là; je me suis servi d'instruments très-déliés, de loupes et de microscopes perfectionnés d'après les principes de M. Wollaston, et tous mes efforts ont été infructueux : on les perd entièrement de vue dès l'instant qu'on en arrive à la membrane la plus extérieure de la langue. On ne réussit pas mieux pour les autres nerfs qui se portent à cet organe.

Mécanisme du goût.

Pour que le goût puisse s'exercer, il faut que la membrane muqueuse qui en revêt les organes soit dans une intégrité parfaite ; il faut qu'elle soit enduite de mucosité, et que la salive coule abondamment dans la bouche : quand elle est *sèche*, le goût ne peut s'exercer. Il faut encore que ces liquides ne soient point altérés, car si la mucosité est épaisse, jaunâtre, si la salive est acide, amère, etc., le goût ne s'exercera qu'imparfaitement.

Conditions qui favorisent ou nuisent à l'exercice du goût.

Quelques auteurs ont assuré que les papilles de la langue entraient dans une véritable érection pendant l'exercice du goût : je crois cette assertion entièrement dénuée de fondement.

Il suffit qu'un corps soit en contact avec les organes du goût, pour que nous en puissions apprécier sur-le-champ la saveur ; mais s'il est solide, il faudra, dans beaucoup de cas, qu'il se dissolve dans la salive pour être dégusté : cette condition n'est point nécessaire pour les liquides et les gaz.

Il paraît qu'il y a une certaine action chimique des corps sapides sur l'épiderme de la membrane muqueuse de la bouche ; on le voit évidemment, du moins pour quelques-uns : tels sont le vinaigre, les acides minéraux, les alcalis, un grand nombre de sels, etc. Dans ces divers cas, la couleur de

Action chimique des corps sapides sur les organes du goût.

l'épiderme change, devient tantôt blanche, tantôt jaune, etc. Il se produit, par les mêmes causes, des effets analogues sur le cadavre. C'est probablement à la manière dont se fait cette combinaison, qu'il faut rapporter l'impression plus ou moins prompte des différents corps sapides, et la durée variable de cette impression.

Imbibition des dents. On ne s'est point rendu compte jusqu'ici de la faculté qu'ont les dents d'être fortement influencées par certains corps sapides. Il paraît, d'après des recherches de M. Miel, dentiste distingué de Paris, qu'on doit rapporter cet effet à l'imbibition. Les recherches de M. Miel prouvent que les dents s'imbibent promptement des liquides avec lesquels elles sont en contact.

Les différentes parties de la bouche ou de l'arrière-bouche paraissent avoir un mode particulier de sensibilité pour les corps sapides, car ceux-ci agissent tantôt de préférence sur la langue, tantôt sur les dents et les gencives ; d'autres fois ils ont une action exclusive sur le palais, le pharynx, etc.

Durée des impressions sapides.

Arrière-goût. Il y a des corps qui laissent long-temps leur saveur dans la bouche : ce sont particulièrement les corps aromatiques. Cet *arrière-goût* tantôt se fait sentir dans toute la bouche, tantôt n'en occupe qu'une région. Les corps âcres, par exemple, laissent une impression dans le pharynx ; les acides, sur les lèvres et sur les dents ; la menthe poivrée en laisse une qui existe à la fois dans la bouche et le pharynx.

Il est nécessaire que les corps restent quelque temps dans la bouche pour que leurs saveurs soient appréciées : lorsqu'ils ne font que traverser rapidement cette cavité, l'impression qu'ils y produisent est presque nulle : c'est pourquoi nous avalons vite les corps dont la saveur nous déplaît ; nous nous complaisons, au contraire, à laisser séjourner dans la bouche les corps dont le goût nous est agréable.

Lorsque nous venons à déguster une substance dont la saveur est forte et tenace, un acide végétal, par exemple, nous devenons insensibles à la saveur plus faible d'autres corps. On fait usage de cette observation en médecine pour éviter aux malades la saveur désagréable de certains médicaments.

Nous pouvons percevoir plusieurs saveurs à la fois, distinguer leurs différents degrés d'intensité, comme le font les chimistes, les gourmets, les dégustateurs de boissons. Par ce moyen, nous parvenons quelquefois à des connaissances très-exactes de la nature chimique des corps ; mais le goût n'acquiert cette perfection que par un long exercice, ou, si l'on veut, par une véritable éducation.

Le nerf lingual est-il le nerf essentiel du goût ? Cette question, naguère si obscure, n'offre plus aujourd'hui aucune difficulté ; les expériences physiologiques et la pathologie la résolvent complète-ment.

Si le nerf lingual est coupé sur un animal, la langue continue à se mouvoir, mais elle a perdu la faculté d'être sensible aux saveurs. Dans ce cas, le palais, les gencives, la face interne des joues, conservent leur aptitude à exercer le goût. Mais si le tronc de la cinquième paire est coupé dans le crâne, alors la propriété de reconnaître les saveurs est complètement perdue pour tout espèce de corps, même les plus âcres et les plus caustiques, dans la langue, les lèvres, les joues, les dents, les gencives, le palais, etc. *(Journal de physiol.*, t. IV.)

Cette abolition totale des sens du goût, existe chez les personnes qui ont le tronc de la cinquième paire malade. Tous les corps que je mâche, me di-sait un malade dans ce cas, me paraissent de la terre.

Dans le sens du goût, la sensibilité générale est confondue avec celle qui paraît spéciale, et, ce qui est digne d'intérêt, les deux phénomènes appar-tiennent évidemment au même nerf.

Modifications du goût par l'âge.

Du goût chez le fœtus et l'enfant. Il est difficile de dire si le goût existe chez le fœtus ; il est certain que l'organe principal est très-développé, ainsi que les nerfs qui s'y rendent. A coup sûr, ce sens existe chez l'enfant naissant, comme on peut s'en convaincre en lui mettant sur la langue ou sur les lèvres une substance amère ou salée. Les impressions du goût paraissent très-vives chez les enfants; on sait qu'ils répugnent en général à tous les mets dont la saveur est un peu forte.

Le goût se maintient jusque dans l'âge le plus avancé : il est vrai qu'il devient plus faible, et qu'il faut au vieillard des aliments ou des boissons dont la saveur soit très-forte, mais cela est en harmonie avec les besoins de son organisme, qui réclame des excitants très-actifs, nécessaires pour l'entretien de ses forces près de s'éteindre. *Du goût chez le vieillard.*

Le goût préside au choix des aliments : réuni à l'odorat, il nous fait distinguer les substances qui peuvent nuire, d'avec celles qui nous sont utiles. Ce sens est celui qui nous donne les connaissances les plus certaines sur la composition chimique des corps. *Usages du goût.*

DU TOUCHER.

Le toucher est un sens qui nous fait connaître la plupart des propriétés des corps; et parce qu'on l'a cru moins sujet aux erreurs que les autres sens, que dans certains cas il nous sert à dissiper celles où ceux-ci nous ont conduits, il a été regardé comme le *sens par excellence*, le *premier des sens;* mais on verra qu'il faut beaucoup restreindre les avantages que lui ont attribués les physiologistes, et surtout les métaphysiciens.

Distinction du tact et du toucher. On doit distinguer le *tact* du toucher. Le tact est, à quelques exceptions près, généralement répandu dans nos organes, et particulièrement sur les surfaces cutanée et muqueuse. Il existe chez tous les animaux, tandis que le toucher n'est exercé que par des parties évidemment destinées à cet usage ; il n'existe pas chez tous les animaux, et n'est autre chose que le tact réuni à la contraction musculaire, dirigée par la volonté. Enfin, dans l'exercice du tact, nous pouvons être considérés comme passifs, tandis que nous sommes essentiellement actifs quand nous exerçons le toucher.

Propriétés physiques des corps qui mettent en jeu le toucher.

Propriétés physiques des corps qui mettent en jeu le toucher. Presque toutes les propriétés physiques des corps sont susceptibles de mettre en jeu les organes du toucher : la forme, les dimensions, les divers degrés de consistance, le poids, la température, les mouvements de transport, ceux de vibration, etc , etc. , sont autant de circonstances qui sont appréciées plus ou moins exactement par le toucher.

Appareil du toucher.

Appareil du toucher. Les organes destinés au toucher n'exercent pas uniquement cette fonction : en sorte que, sous ce rapport, le toucher diffère beaucoup des autres sens. Cependant comme, dans le plus grand nombre des cas, c'est la peau qui reçoit les impressions tactiles produites par les corps qui nous environnent, il est nécessaire de dire quelques mots de sa structure.

La peau forme l'enveloppe du corps; elle se confond avec les membranes muqueuses à l'entrée de toutes les cavités; mais il est inexact de dire que ces membranes en sont une continuation.

La peau est formée principalement par le *derme* ou *chorion*, couche fibreuse, d'épaisseur différente, suivant les parties qu'elle recouvre; elle adhère à ces parties tantôt par du tissu cellulaire plus ou moins serré, tantôt par des brides fibreuses. Le chorion est presque toujours séparé des parties sous-jacentes par une couche plus ou moins épaisse, qui sert dans l'exercice du toucher. *De la peau.*

Le côté externe du chorion est recouvert par l'épiderme, matière solide, sécrétée par la peau. L'épiderme ne doit point être considéré comme une membrane; c'est une couche homogène, adhérente par sa face interne au chorion, et percée d'un nombre infini de petits trous, dont les uns laissent passer les poils, et les autres la matière de la transpiration cutanée, en même temps qu'ils servent à l'absorption, dont la peau est le siége. Ces derniers sont nommés *les pores de la peau.* *Du chorion ou derme. De l'épiderme.*

Il faut remarquer, relativement à l'épiderme, *Des pores de la peau.*

qu'il est insensible, qu'il ne jouit d'aucune des propriétés de la vie, qu'il n'est point sujet à la putréfaction, qu'il s'use et se répare continuellement, que son épaisseur augmente ou diminue selon le besoin ; on dit qu'il est inattaquable par les organes digestifs.

Corps muqueux de Malpighi. La connexion de l'épiderme au chorion est intime, et cependant on ne peut douter qu'il n'y ait entre ces deux parties une couche particulière, dans laquelle se passent des phénomènes importants. L'organisation de cette couche est encore peu connue. Malpighi croyait qu'elle est formée par un mucus particulier, dont l'existence a été longtemps admise, et qui portait le nom de *corps muqueux de Malpighi.* D'autres auteurs l'ont considérée, avec plus de raison, comme un réseau vasculaire (1); M. Gall l'assimile à la matière grise qu'on remarque dans plusieurs endroits du cerveau.

Bourgeons vasculaires de la peau. M. Gautier, en examinant avec attention la face externe du derme, y a remarqué de petites saillies rougeâtres, disposées par paires : on les aperçoit très-aisément quand le chorion est mis à nu par l'action d'un vésicatoire. Ces petits corps sont dis-

---

(1) On voit distinctement sur les cadavres, à la face externe du chorion, des vaisseaux très-nombreux, très-fins, et remplis de sang, dans les points où des vésicatoires ont été appliqués quelque temps avant la mort.

posés régulièrement à la face palmaire de la main et à la plantaire du pied. Ils sont sensibles, et se reproduisent quand ils ont été arrachés. Ils paraissent essentiellement vasculaires. Ce sont ces corps que l'on a long-temps nommés, sans les avoir étudiés avec soin, les *papilles de la peau.* L'épiderme est percé, vis-à-vis leur sommet, d'une petite ouverture, par laquelle on voit s'échapper de petites gouttelettes de sueur lorsque la peau est exposée à une température un peu élevée. La peau contient un grand nombre de follicules sébacés ; elle reçoit beaucoup de vaisseaux, et une très-grande quantité de nerfs, particulièrement aux points de cette membrane qui doivent concourir au toucher. On ignore complétement la manière dont les nerfs se terminent dans la peau ; tout ce qui a été dit des papilles nerveuses cutanées est purement hypothétique.

L'exercice du tact et du toucher est favorisé par le peu d'épaisseur du derme, une température un peu élevée de l'atmosphère, une transpiration cutanée abondante, ainsi qu'une certaine épaisseur et une certaine souplesse de l'épiderme. Lorsque les dispositions contraires existent, le tact et le toucher sont toujours plus ou moins imparfaits.

Jusqu'ici les physiologistes avaient considéré tous les nerfs comme pouvant concourir au tact, et même au toucher ; cette idée est loin d'être exacte ; l'expérience montre au contraire qu'un grand nombre de nerfs ne paraissent pas doués de cette propriété, et, dans le même nerf, tous les filets ne la présentent pas ; par exemple, pour la plupart des nerfs qui naissent de la moelle épinière par deux sortes de racines, les unes antérieures, et les autres postérieures, les dernières seules paraissent servir au tact des organes du tronc et des membres.

Mécanisme du tact.

Le mécanisme du tact est extrêmement simple ; il suffit que les corps soient en contact avec la peau, pour que nous acquérions aussitôt des données plus ou moins exactes sur les propriétés tactiles des corps.

Usages du tact.
Le tact nous fait particulièrement juger de la température. Lorsque les corps nous enlèvent du calorique, nous les nommons *froids ;* lorsqu'ils nous en cèdent, nous les disons *chauds ;* et selon la quantité de calorique dont ils nous privent ou qu'ils nous donnent, nous déterminons leurs différents degrés de chaleur ou de refroidissement. Cependant les jugements que nous portons sur la température sont loin d'être rigoureusement en rapport avec la quantité de calorique que les corps nous cèdent ou nous enlèvent ; nous y mêlons à notre insu une comparaison avec la température de l'atmosphère, en sorte qu'un corps plus froid que le nôtre, mais

plus chaud que l'atmosphère, nous paraîtra chaud, quoique réellement il nous enlève du calorique quand nous le touchons. C'est la raison pour laquelle les lieux dont la température est uniforme, comme les caves, les puits, nous paraissent froids en été et chauds en hiver. La capacité des corps pour le calorique influe aussi sur les jugements que nous portons sur la température; témoin la sensation différente que causent le fer et le bois, quoique à la même température.

Un corps assez chaud pour décomposer chimiquement nos organes produit la sensation *de la brûlure.* Un corps dont la température est assez basse pour absorber promptement une grande proportion du calorique d'une partie, produit une sensation analogue : on peut s'en assurer en touchant du mercure congelé.

Les corps qui ont une action chimique sur l'épiderme, ceux qui le dissolvent, comme les alcalis caustiques et les acides concentrés, produisent une impression facile à reconnaître, et qui peut servir à distinguer ces corps.

Tous les points de la peau ne sont pas doués du même degré de sensibilité; de manière qu'un même corps, appliqué successivement sur divers points de la surface du système cutané, produira une série d'impressions différentes.

Les membranes muqueuses jouissent d'un tact

Tact des membranes muqueuses.

très-délicat. Qui ne connaît la grande sensibilité des lèvres, de la langue, de la conjonctive, de la pituitaire, de la muqueuse de la trachée-artère, de l'urètre, du vagin, etc.? Le premier contact des corps qui ne sont pas naturellement destinés à toucher ces membranes, est d'abord douloureux, mais cet effet change bientôt par le pouvoir de l'habitude.

Le tact de ces parties s'exerce même sur les vapeurs; qui ne sait que les vapeurs ammoniacales, celles qui sont acides, affectent la conjonctive, le larynx, etc.? Ce phénomène a une analogie évidente avec l'odorat.

Mécanisme du toucher.

Du toucher.

Chez l'homme, la main est l'organe principal du toucher; toutes les circonstances les plus avantageuses s'y trouvent réunies. L'épiderme y est mince, poli et très-souple, la transpiration cutanée abondante, ainsi que la sécrétion huileuse. Les bourgeons vasculaires y sont plus nombreux que partout ailleurs. Le chorion n'y a pas une épaisseur trop considérable; il reçoit beaucoup de vaisseaux et de nerfs; il est adhérent à l'aponévrose sousjacente par des brides fibreuses, et il est soutenu par du tissu cellulaire graisseux, fort élastique. C'est à l'extrémité ou à la pulpe des doigts que toutes ces dispositions sont à leur plus haut degré de perfection ; les mouvements de la main sont faciles, très-multipliés, tels, enfin, que cette partie peut s'appliquer à tous les corps , quelle que soit l'irrégularité de leur figure.

Tant que la main reste immobile à la surface *De la main.* d'un corps, elle n'agit que comme organe du tact. Pour exercer le toucher, il faut qu'elle se meuve, soit pour parcourir leur surface, pour nous instruire de la forme, des dimensions, etc.; soit pour les comprimer, afin d'acquérir des notions sur leur consistance, leur élasticité, etc.

Quand un corps a des dimensions considérables, *Perfection* nous employons la main tout entière pour le tou- *du toucher* cher; si, au contraire, le corps est très-peu volu- *chez* mineux, nous le touchons avec l'extrémité des *l'homme.* doigts. La faculté qu'a l'homme d'opposer les doigts par leur pulpe, lui donne, sous ce rapport, un grand avantage sur les animaux. Son toucher est telle- ment parfait, qu'on a dit qu'il était la source de son intelligence.

Dès la plus haute antiquité, on a donné au tou- *Le toucher* cher une grande prépondérance sur les autres sens; *n'a réelle-* on l'a envisagé comme étant la cause de la raison *ment aucune* humaine. Cette idée s'est maintenue jusqu'à nos *prérogative* jours; elle a reçu même une extension remarqua- *sur les autres* ble dans les écrits de Condillac, de Buffon et des *sens.* physiologistes modernes. Buffon, en particulier, donnait au toucher une telle importance, qu'il croyait qu'un homme n'avait beaucoup plus d'esprit qu'un autre, que pour avoir fait, dès sa première enfance, un plus prompt et plus grand usage de ses mains. On ferait bien, dit-il, de laisser aux enfants le libre usage des mains dès le moment de leur naissance (1).

Le toucher n'a réellement aucune prérogative sur les autres sens ; et si dans certains cas il aide à l'exercice de la vue ou de l'ouïe, dans d'autres, ces sens lui sont aussi d'un grand secours ; il n'y a aucune raison de croire que les idées qu'il excite dans le cerveau soient d'un ordre plus relevé que celles qui y naissent par l'action des autres sens.

Modifications du tact et du toucher par l'âge.

Le fœtus jouit-il du tact et du toucher? La négative est probable, au moins en prenant ces mots dans leur acception la plus rigoureuse. On dit que le premier contact de l'air sur la peau de l'enfant naissant est la cause d'une douleur très-vive qui lui

Toucher chez le fœtus et l'enfant.

---

(1) Il existe en ce moment, à Paris, un jeune artiste peintre, qui n'a aucune trace de bras, d'avant-bras, ni de main ; ses pieds ont un orteil (le second) de moins qu'à l'ordinaire, et cependant son intelligence n'a rien d'inférieur à celle d'un jeune garçon de son âge ; il annonce même un talent assez distingué. Il dessine et peint avec les pieds.

arrache les cris qu'il pousse : je crois cette idée peu fondée.

Le tact et le toucher se détériorent avec les progrès de l'âge. Dans le vieillard, ils sont sensiblement altérés ; mais à cet âge la peau a subi des changements désavantageux : l'épiderme n'est plus aussi souple, la transpiration de la peau ne se fait plus qu'imparfaitement ; la graisse, qui auparavant soutenait le chorion, ayant disparu, celui-ci se plisse, devient flasque. On conçoit que toutes ces causes doivent nuire à l'exercice du tact et du toucher, surtout lorsqu'on sait que la faculté de sentir, elle-même, a éprouvé chez le vieillard une diminution considérable.

Tact et toucher du vieillard.

Par l'exercice, le toucher peut arriver à un degré de perfection très-élevé, comme on l'observe dans un grand nombre de professions. Un toucher très-exercé est indispensable pour un chirurgien, et même pour un médecin.

Des sensations internes.

Tous les organes jouissent, comme la peau, de la faculté de transmettre au cerveau des impressions quand ils sont touchés par les corps extérieurs, ou simplement quand ils sont médiatement comprimés, froissés, etc. On peut dire qu'ils jouissent généralement du tact.

Des sensations internes, ou sentiments.

Il faut faire cependant une exception pour les

os, les tendons, les aponévroses, les ligaments, etc., qui, dans l'état sain, sont insensibles, et peuvent même être coupés, brûlés, déchirés sans que le cerveau en soit averti.

Un fait pour ainsi dire incroyable, d'après les idées admises, c'est que plusieurs nerfs paraissent être dans le même cas que les tendons, etc. Ils sont insensibles à tous les excitants mécaniques. (*Voyez* le détail de mes expériences à ce sujet dans mon *Journal de physiologie*, tom. IV.)

L'insensibilité de certains organes n'était point connue des anciens ; ils envisageaient toutes les parties blanches comme nerveuses, et leur attibuaient les propriétés que nous savons maintenant n'appartenir qu'à un ordre distinct de nerfs. C'est aux expériences de Haller et de ses disciples que nous sommes redevables de cet utile résultat, qui a exercé une grande influence sur les progrès récents de la chirurgie.

Sans l'intervention d'aucune cause externe, tous les organes peuvent spontanément transmettre un grand nombre d'impressions diverses au cerveau. Elles sont de trois espèces. Les premières naissent quand il est nécessaire que les organes agissent ; on les nomme *besoins*, *désirs instinctifs*. Telles sont la faim, la soif, le besoin d'uriner, celui de respirer, les appétits vénériens, etc.

Les secondes ont lieu pendant l'action des organes ; elles sont souvent obscures, quelquefois très-vives. De ce nombre sont les impressions qui accompagnent les différentes excrétions, comme celles du sperme, de l'urine. Telles sont encore les impressions qui nous avertissent de nos mouvements, des périodes de la digestion : la pensée elle-même se rattache à ce genre d'impression. *L'action des organes.*

La troisième espèce de sensations internes se développe quand les organes ont agi. A cette espèce appartient le sentiment de la fatigue, variable dans les différents appareils de fonctions. *Sentiments qui suivent l'action des organes.*

Il faut ajouter à ces trois espèces d'impressions celles qui se font sentir dans les maladies : celles-ci sont infiniment nombreuses; leur étude approfondie est indispensable au médecin. *Sensations douloureuses.*

Toutes les sensations venant du dedans, naissant indépendamment de l'action des corps extérieurs, ont été désignées collectivement par la dénomination de *sensations internes*, ou *sentiments*.

Leur considération avait été négligée par les métaphysiciens du siècle dernier; mais cette étude a été, de nos jours, l'objet des méditations de plusieurs auteurs distingués, particulièrement de Cabanis et de M. Destutt-Tracy, et leur histoire est une des parties les plus curieuses de l'idéologie.

Du prétendu sixième sens.

Buffon, en parlant de la vivacité des sensations agréables qui sont produites par le rapprochement *Du prétendu sixième sens.*

des sexes, a dit, dans un langage figuré, qu'elles dépendaient d'un sixième sens.

Les magnétiseurs, et surtout ceux d'Allemagne, parlent beaucoup d'un sens qui est présent dans tous les autres, qui veille quand ceux-ci dorment, qui est surtout développé dans les individus somnambules : il donne à ces personnes le pouvoir de prédire les événements. *Ce sens, qui forme l'instinct des animaux, leur fait pressentir les dangers prochains. Il réside dans les os, les viscères, les ganglions et les plexus nerveux.* Répondre à de semblables rêveries, serait à coup sûr perdre son temps.

Organe de M. Jacobson.

M. Jacobson, ayant découvert dans l'os incisif des animaux un organe particulier, a soupçonné qu'il pouvait être la source d'un ordre distinct de sensations, sans en donner d'ailleurs aucune preuve.

Enfin la faculté qu'ont les chauves-souris de se diriger, en volant dans les lieux les plus obscurs, avait fait penser à Spallanzani et à M. Jurine, de Genève, que ces animaux étaient doués d'un sixième sens; mais M. Cuvier a fait voir que cette faculté de se conduire ainsi dans l'obscurité, devait être attribuée au sens du toucher.

Il n'existe donc pas de sixième sens.

DES SENSATIONS EN GÉNÉRAL (1).

Les sensations forment la première partie de la vie de relation; elles établissent nos relations passives avec les corps environnants, et avec nous-mêmes. Cette expression de *passives*, comme on le sentira aisément, n'est vraie qu'en un certain sens; car les sensations, de même que les autres fonctions de l'économie, sont le résultat de l'action des organes, et par conséquent essentiellement actives.

Tout ce qui existe peut agir sur nos sens; nous ne sommes instruits positivement de l'existence des corps que par ce moyen. Tantôt les corps agissent directement sur nos organes, tantôt leur action s'établit par le secours de corps intermédiaires, tels que la lumière, les odeurs, etc.

Causes qui mettent en jeu les organes des sens.

La plupart des corps peuvent agir sur plusieurs de nos sens; d'autres, au contraire, ne peuvent avoir d'influence que sur un seul.

Les appareils de sensations, ou les sens, sont formés d'une partie extérieure qui présente des propriétés physiques en rapport avec celles des

Appareils des sensations.

---

(1) Les considérations générales étant fondées sur la connaissance de faits particuliers, nous les placerons toujours après l'exposition de ceux-ci : cette marche est conforme au mécanisme de la formation des idées.

corps et des nerfs qui reçoivent les impressions et les transmettent au cerveau.

Partie extérieure. La partie extérieure de l'appareil de la vue, de l'ouïe, est très-compliquée; elle est très-simple pour les trois autres sens : mais, dans tous, le rapport entre leurs propriétés physiques et les corps est tel que la moindre altération de ces propriétés jette un trouble marqué dans la fonction.

Des nerfs.

Des nerfs. Les nerfs, qui forment la seconde partie des appareils de sensation, sont des organes essentiels des sens.

Extrémités des nerfs, mal nommées origine et terminaison. Tous les nerfs ont deux extrémités : l'une est confondue avec la substance du cerveau; l'autre est disposée diversement dans les organes. Ces deux extrémités ont été tour à tour nommées *origine* ou *terminaison des nerfs.* Les uns disent que tous les nerfs naissent du cerveau et se terminent aux organes; les autres pensent, au contraire, que les nerfs naissent des organes, et qu'ils forment le cerveau en se réunissant. Ces expressions sont inexactes et donnent une idée fausse; elles ne peuvent être utiles que dans la description des organes; et comme on pourrait aisément les remplacer sans nuire à la clarté, peut-être serait-il à désirer qu'on les abandonnât; car il est évident que les nerfs *ne forment pas plus le cerveau par leur réunion, que le cerveau ne donne naissance aux nerfs.* Par ces termes, on exprime d'une manière métaphorique la disposition des deux extrémités de chaque nerf.

L'extrémité *cérébrale* des nerfs présente des filaments très-fins, très-mous, qui se continuent avec la substance du cerveau, à peu de distance du point où l'on commence à les apercevoir. Ces filaments se réunissent et forment le nerf.

Il existe des différences marquées entre les nerfs : les uns sont arrondis, ceux-là sont aplatis; d'autres sont comme cannelés sur leurs côtés; un grand nombre sont très-longs, plusieurs sont très-courts. On peut dire que, pour la forme, la couleur, etc. , il n'y a pas deux nerfs qui se ressemblent entièrement. En général, ils sont placés de manière à n'être exposés que rarement à des lésions qui viendraient de causes extérieures.

En se portant vers les diverses parties , les nerfs se divisent en branches, rameaux, ramuscules ; ils finissent par offrir des filaments tellement fins dans l'épaisseur des organes, qu'ils ne peuvent plus être aperçus, même à l'aide des instruments d'optique. Les nerfs communiquent entre eux , s'anastomosent, et forment ce qu'on appelle des *plexus.*

A l'exception du nerf optique, dont on peut voir facilement l'extrémité *organique,* et du nerf acoustique, sur lequel on a quelques notions, on ignore absolument la disposition des extrémités des filaments nerveux dans le tissu des organes. On a beaucoup parlé des extrémités ou *papilles nerveuses*, on en parle même encore dans les explications physiologiques ; mais tout ce qu'on a dit sous ce rapport est purement imaginaire. Il est facile de démontrer que les corps qui ont été et qui sont encore nommés *papilles nerveuses*, n'en sont point.

Structure
des nerfs.

Les nerfs sont en général formés par des filaments excessivement déliés, qui probablement se réduiraient en filaments plus fins encore si nos moyens de division étaient plus parfaits. Ces filaments, qui ont été nommés *fibres nerveuses*, communiquent fréquemment entre eux, et affectent dans le corps des nerfs une disposition qui est en petit ce que sont en grand les plexus. On croit généralement que chaque fibre est formée par une enveloppe (*neurilème*), et par une pulpe centrale, semblable, par sa nature, à la substance cérébrale. Je crois hypothétique ce qu'on dit à cet égard. J'ai fait tous mes efforts pour répéter les préparations que les anatomistes conseillent pour voir cette structure, et, quelque soin que j'aie mis, je n'ai jamais pu parvenir à la reconnaître. La seule ténuité des fibres nerveuses me paraît une objection puissante. Comment, quand on peut à peine, à l'aide du microscope, apercevoir la fibre elle-même, et que l'on peut très-raisonnablement la supposer formée par la réunion de fibres plus déliées ;

comment, dis-je, y distinguer une cavité remplie par une pulpe?

Quelle que soit la disposition physique de la substance qui forme le parenchyme des fibres nerveuses, il est certain qu'elle a les mêmes propriétés chimiques que la substance cérébrale, et que chaque nerf reçoit des artérioles nombreuses, relativement à son volume, et qu'il présente des radicules veineuses en nombre proportionné. Composition chimique des nerfs.

La branche postérieure de tous les nerfs qui *naissent* de la moelle de l'épine offre, non loin du point où elle se réunit avec la branche antérieure, un renflement qui est appelé *ganglion*. Ces corps, d'une couleur, d'une consistance et d'une structure tout-à-fait différentes de celles des nerfs, n'ont aucun usage connu. Le nerf de la huitième paire, au moment où il sort du crâne, présente assez souvent un renflement de ce genre. Le nerf de la cinquième paire a lui-même un très-gros ganglion pour sa branche supérieure. Ces divers ganglions méritent aujourd'hui l'attention particulière des physiologistes ; leur étude sur les animaux vivants peut conduire à des découvertes importantes ; en général ces ganglions appartiennent aux nerfs qui sont plus particulièrement destinés à la sensibilité générale. Ganglions.

Du mécanisme ou des explications physiologiques des sensations.

Les explications physiologiques des sensations consistent dans l'application plus ou moins exacte des lois de la physique, de celles de la chimie, etc., aux propriétés physiques que présente la partie des appareils placés au-devant des nerfs, comme on a dû le remarquer dans l'histoire particulière de chaque sensation. Dès l'instant qu'on arrive aux usages des nerfs dans ces fonctions, il n'y a plus aucune explication à donner : il faut s'en tenir rigoureusement à l'observation des phénomènes.

Cette conséquence, bien facile à déduire, ne paraît avoir été sentie que par un petit nombre d'auteurs, et même elle n'est exprimée qu'assez vaguement dans leurs ouvrages. Dans tous les temps, on a cherché à expliquer cette action des nerfs. Les anciens considéraient ces organes comme les conducteurs des esprits animaux. A l'époque où la physiologie était dominée par les idées de mécanique, on envisageait les nerfs comme des cordes vibrantes, sans réfléchir qu'ils n'ont aucune des conditions physiques nécessaires pour vibrer. Quelques hommes de mérite ont imaginé que les nerfs étaient les conducteurs et même les organes sécréteurs d'un fluide subtil, qu'ils ont nommé *nerveux:* d'après eux, c'est au moyen de ce fluide que les sensations sont transmises au cerveau. Dans ce moment, où la direction des esprits est portée vers l'étude des fluides impondérables, cette opinion compte un assez grand nombre de sectateurs. Je connais des savants qui honorent notre siècle par leurs lumières, et qui ne sont pas éloignés de croire que l'électricité joue un grand rôle dans les sensations et les autres fonctions. Prétendre expliquer les sensations en les rapportant à une propriété vitale qu'on appelle *animale, percevante, relative,* etc., c'est avoir recours au mode d'explication le plus vicieux : car ici on change seulement le mot qui exprime la chose, et la difficulté n'est pas même reculée.

Sans qu'il faille rien préjuger, nous rangeons l'action des nerfs parmi les actions vitales, qui, comme on l'a vu au commencement de cet ouvrage, ne sont susceptibles, dans l'état actuel de la science, d'aucune explication.

Mais est-il bien certain que les nerfs soient les agents de la transmission des impressions reçues par les sens? L'observation et l'expérience le démontrent d'une manière péremptoire.

Un homme reçoit une blessure qui intéresse un tronc nerveux, la partie où ce nerf se distribue devient insensible. Si le nerf optique est celui qui a souffert, l'individu devient aveugle ; il devient sourd si c'est le nerf acoustique qui a été lésé.

On produit à volonté ces effets sur les animaux, en coupant, ou simplement en liant ou comprimant les nerfs. Lorsqu'on enlève la ligature, ou lorsqu'on cesse de comprimer ce nerf, la partie reprend la sensibilité qu'elle avait auparavant.

Sur l'homme, comme sur les animaux, la blessure d'un nerf produit des douleurs horribles. Enfin, toutes les maladies qui altèrent, même légèrement, le tissu des nerfs, influent manifestement sur leur fonction d'agent de transmission.

La science a fait récemment, sous le rapport des propriétés physiologiques des nerfs, des progrès remarquables. Au moyen des notions nouvelles plusieurs idées anciennes doivent être réformées.

Il est, par exemple, indispensable de distinguer les nerfs en *sensibles*, et en *peu ou point sensibles*.

Les nerfs sensibles ont pour caractères anatomiques, d'offrir un ganglion peu de temps après leur origine. Ces nerfs se composent : 1° de la branche supérieure de la cinquième paire, qui donne la sensibilité à la peau et aux membranes muqueuses de toute la partie antérieure de la tête; 2° des nerfs qui résultent de la réunion des racines postérieures des nerfs rachidiens, qui donnent la sensibilité à la peau du cou, du tronc, et des membres, et à presque tous les organes de la poitrine et de l'abdomen; 3° de la huitième paire qui préside à la sensibilité du pharynx , de l'œsophage, du larynx et de l'estomac ; 4° du sous-occipital ou dixième paire, qui préside à la sensibilité de la partie postérieure de la tête, et en partie à celle du pavillon.

J'ai prouvé, par l'expérience, que si on coupe ces différents nerfs près de leur origine, les parties où ils vont se répandre perdent toute sensibilité.

Les nerfs que l'on peut regarder comme *insensibles*, bien qu'il ne faille pas prendre cette expression dans un sens absolu, sont : 1° Les nerfs optique, olfactif et acoustique ; mais on a vu que ces trois nerfs ont une sensibilité spéciale qui est, en très-grande partie, soumise à l'influence de la cinquième paire ; cette influence d'un nerf sur l'action d'autres nerfs, est neuve dans la science , et mérite toute l'attention des physiologistes.

Un grand nombre d'autres nerfs paraissent être aussi dépourvus de sensibilité ; tels sont les nerfs des troisième, quatrième, et sixième paires, la portion dure de la septième, mais moins que les précédents ; le nerf hypoglosse, et la branche antérieure de toutes les paires qui naissent de la moelle épinière.

Quand on coupe ces divers nerfs, les parties où ils se distribuent conservent la sensibilité ; chez l'homme malade, quand ces nerfs sont seuls intéressés, plusieurs fonctions sont altérées ; mais la faculté tactile, et en général celle de sentir, ne paraît même pas diminuée. (*Voyez* mon *Journal de physiologie*, tom. III et IV.)

On ignore complètement l'utilité des anastomoses nombreuses qu'ont entre eux les nerfs : les suppositions qu'on a faites pour en expliquer l'usage, ne font que montrer que la physiologie est encore à son berceau.

Sensations en général. Les sensations sont vives ou faibles. La première fois qu'un corps agit sur nos sens, il y produit en général une impression vive. La vivacité de l'impression diminue si l'action des corps sur nos sens se répète ; elle peut même, par ce moyen, devenir presque nulle. C'est ce fait qu'on exprime en disant que *l'habitude émousse le sentiment*. L'intensité de l'existence se mesurant par la vivacité des sensations, l'homme en cherche continuellement de nouvelles, qui sont toujours plus vives : de là son inconstance, son inquiétude et son ennui, s'il reste exposé aux mêmes causes de sensations.

On peut augmenter la vivacité des sensations. Il dépend de nous de rendre nos sensations et plus vives et plus nettes. Afin d'y réussir, nous disposons les appareils sensitifs de la manière la plus avantageuse : nous ne recevons qu'un petit nombre de sensations à la fois, et nous portons sur elles toute notre attention ; ainsi s'établit une différence importante entre *voir* et *regarder*, *ouïr* et *écouter*. La même différence existe entre l'*exercice ordi-*

naire de l'odorat et *l'action de flairer*, entre *goûter* et *déguster, toucher* et *palper.*

La nature nous a aussi donné la faculté de diminuer la vivacité des sensations. Ainsi nous fronçons les sourcils, nous rapprochons les paupières, quand l'impression produite par la lumière est trop vive ; nous respirons par la bouche quand nous voulons nous soustraire à l'action d'une odeur trop forte, etc.

D'ailleurs, les sensations se dirigent, s'éclairent, se modifient, et peuvent même se dénaturer mutuellement. L'odorat semble être le guide et la sentinelle du goût; le goût, à son tour, exerce une puissante influence sur l'odorat. L'odorat peut isoler ses fonctions de celles du goût. Ce qui plaît à l'un ne plaît pas toujours également à l'autre : mais comme les aliments et les boissons ne peuvent guère passer par la bouche sans agir plus ou moins sur le nez, toutes les fois qu'ils sont désagréables au goût, ils le sont bientôt à l'odorat, et ceux que l'odorat avait d'abord le plus fortement repoussés, finissent par vaincre toutes ses répugnances quand le goût les désire vivement (1).

On sait, par des observations nombreuses, que la vivacité des impressions reçues par les sens augmente par la perte d'un de ces organes. Par exem-

______

(1) Cabanis.

ple, l'odorat est plus fin chez les aveugles ou chez les sourds, que chez les personnes qui jouissent de tous leurs sens. Je crois cependant avoir remarqué que l'absence de l'odorat, qui se rencontre assez souvent, ne donne pas aux autres sens plus de finesse.

Nature des sensations; plaisir et douleur.

Les sensations sont *agréables* ou *désagréables*: les premières, surtout lorsqu'elles sont vives, forment le *plaisir;* les secondes constituent la *douleur.* Par la douleur et le plaisir, la nature nous porte à concourir à l'ordre qu'elle a établi parmi les êtres organisés.

Quoiqu'on ne puisse pas, sans faire un sophisme, dire que la douleur n'est qu'une nuance du plaisir, il est cependant certain que les personnes qui ont épuisé toutes les sources de jouissances, et qui sont ainsi devenues insensibles à toutes les causes ordinaires des sensations, recherchent les causes de douleurs et se complaisent dans leurs effets. Ne voit-on pas dans toutes les grandes villes des hommes blasés, dégradés par le libertinage, trouver des sensations agréables où d'autres éprouveraient des douleurs intolérables?

Les idées viennent plus particulièrement des sensations externes.

Il est nécessaire de remarquer que les sensations qui viennent des sens sont en général nettes, distinctes : les idées et toutes les connaissances que nous avons sur la nature en résultent plus particulièrement.

Les sensations qui naissent du dedans, ou les sentiments, ne présentent point ces caractères. En général, elles sont confuses, vagues, souvent même nous n'en avons pas la conscience; elles ne se gravent pas dans l'esprit, elles sont toujours plus ou moins fugitives.

Nos organes agissent-ils librement et selon les lois ordinaires de l'organisation, les sentiments qui en résultent sont agréables, peuvent même nous causer un plaisir très-vif; mais nos fonctions sont-elles troublées, nos organes sont-ils blessés, malades, y a-t-il empêchement à leur action : les sensations internes sont douloureuses, et, selon l'espèce d'empêchement ou de lésion, elles ont un caractère particulier. C'est pourquoi la douleur doit être un objet important dans les études du médecin.

Les nerfs qui se rendent directement au cerveau ou à la moelle épinière, sont-ils les organes de transmission des sensations internes? La chose est probable; cependant les physiologistes de l'époque actuelle semblent accorder une part très-grande dans cet usage, à ce qu'ils nomment le nerf *grand sympathique* (1). Peut-être ont-ils rencontré juste;

____

(1) Pourquoi considérer le grand sympathique comme un nerf? Les ganglions et les filaments qui en partent ou qui s'y rendent n'ont aucune analogie avec les nerfs proprement dits :

mais il est impossible d'admettre cette opinion : elle n'est fondée sur aucun fait, sur aucune expérience positive.

Les causes qui modifient les sensations externes ou internes sont innombrables : l'âge, le sexe, le

Modifications des sensations par l'âge, le sexe, etc.

couleur, forme, consistance, disposition, structure, propriétés de tissu, propriétés chimiques, tout est différent. L'analogie n'est pas plus marquée pour les propriétés vitales : on pique, on coupe un ganglion, on l'arrache même ; l'animal ne paraît point en avoir la conscience. J'ai souvent fait ces essais sur les ganglions du cou chez des chiens et des chevaux : de semblables opérations, faites sur des nerfs cérébraux, produiraient des douleurs affreuses. Qu'on enlève tous les ganglions du cou, et même les premiers ganglions thorachiques, on ne voit pas qu'il en résulte aucun dérangement sensible et immédiat dans les fonctions, dans les parties même où l'on peut suivre les filets qui en naissent. Quelle raison donc de considérer le système des ganglions comme faisant partie du système nerveux ? Ne serait-il pas plus sage, et surtout plus utile aux progrès futurs de la physiologie, de convenir qu'en ce moment les usages du grand sympathique sont entièrement ignorés ?

On est bien confirmé dans cette idée par la lecture des auteurs : chacun a sur ce point son opinion particulière. On voit, par exemple, les ganglions considérés comme des centres nerveux, comme de petits cerveaux, des noyaux de substance grise, destinés à nourrir les nerfs, etc. Si l'on cherche les preuves sur lesquelles ces auteurs établissent leur doctrine, on est tout étonné de n'en trouver aucune, et de voir que leur assertion n'est qu'un jeu de leur esprit.

tempérament, les saisons, le climat, l'habitude, la disposition individuelle, sont autant de circonstances qui, chacune isolément, suffiraient pour apporter des modifications nombreuses dans les sensations : à plus forte raison, quand elles sont réunies, doivent-elles avoir un résultat plus manifeste ; aussi la différence des sensations chez chaque individu est exprimée dans le langage vulgaire par cette phrase : *Chacun a sa manière d'être ou de sentir.*

Chez le fœtus il n'existe très-probablement que des sensations internes : c'est au moins ce qu'on peut soupçonner par les mouvements qu'il exécute, et qui semblent résulter d'impressions nées spontanément dans les organes. On sait, par des expériences directes, que les dérangements qui surviennent dans la circulation ou dans la respiration de la mère, sont suivis de mouvements très-marqués du fœtus.

Sensations chez le fœtus.

A la naissance, et quelque temps après, tous les sens n'existent pas encore. Le goût, le toucher et l'odorat sont les seuls qui s'exercent ; la vue et l'ouïe ne se développent que plus tard, comme nous l'avons dit dans l'histoire particulière de ces fonctions.

Chaque sens doit passer par divers degrés avant d'arriver à celui où il s'exerce d'une manière parfaite : il est donc indispensable qu'il soit soumis à

Sensations à la naissance.

une véritable éducation. Si l'on suit chez un enfant le développement des sens, comme l'ont fait les métaphysiciens, on peut aisément s'assurer des modifications qu'ils éprouvent en se perfectionnant.

Éducation
des sens. Pour les sensations qui s'exercent à distance, l'éducation est plus lente et plus difficile ; pour celles qui se font au tact, elle est beaucoup plus prompte, et paraît se faire plus aisément. Pendant tout le temps que dure cette éducation des sens, c'est-à-dire dans la première enfance, les sensations sont confuses et faibles ; mais celles qui leur succèdent, et surtout celles des jeunes gens, se font remarquer par leur vivacité, leur multiplicité.

A cet âge, elles se gravent profondément dans la mémoire, et par conséquent sont destinées à faire partie de notre existence intellectuelle pendant toute la durée de notre vie.

Sensations
dans la vieil-
lesse. Avec les progrès de l'âge, les sensations perdent de leur vivacité, mais elles se perfectionnent sous le rapport de l'exactitude, comme on le voit chez l'homme adulte. Chez le vieillard, elles s'affaiblissent, ne sont plus produites qu'avec difficulté et lenteur.

Cet effet est plus marqué pour les sens qui nous font connaître les propriétés physiques des corps, et l'est beaucoup moins pour ceux qui nous mettent en rapport avec les propriétés chimiques.

Ces derniers sens (le goût et l'odorat) sont les

seuls qui conservent quelque activité dans la décrépitude ; les autres sont ordinairement à peu près
éteints par la diminution de la sensibilité, et par
la succession des altérations physiques qu'ils ont
éprouvées.

DES FONCTIONS DU CERVEAU.

L'intelligence de l'homme se compose de phé- Intelligence.
nomènes tellement différents de tout ce que présente d'ailleurs la nature, qu'on les rapporte à un
être particulier que l'on regarde comme une éma- Ame.
nation divine, et dont le premier attribut est l'im-
mortalité.

Le physiologiste reçoit de la religion cette croyan-
ce consolatrice, mais la sévérité de langage ou de
logique que comporte maintenant la science, exige
que nous traitions de l'intelligence humaine comme si elle était le résultat de l'action d'un organe.
En s'écartant de cette marche, des hommes justement célèbres sont tombés dans de graves erreurs ;
en la suivant, nous aurons en outre le grand avantage de conserver la même méthode d'étude, et de
rendre très-faciles des choses qui sont envisagées
généralement comme presque au-dessus de l'esprit
humain.

Du cerveau.

Le cerveau est l'organe matériel de la pensée : Cerveau.
une foule de faits et d'expériences le prouvent.

Sous cette dénomination de *cerveau*, je comprends trois parties distinctes entre elles, quoique réunies dans certains points. Ces parties sont le *cerveau* proprement dit, le *cervelet,* et la *moelle de l'épine.*

Dans chacune de ces principales divisions on trouve encore des parties faciles à distinguer, et qui ont en quelque sorte une existence isolée : de manière que rien n'est plus compliqué, plus difficile, en anatomie, que l'étude de l'organisation du cerveau. Cependant, à raison de l'importance des fonctions de cet organe, les anatomistes et les médecins, dans tous les temps, se sont occupés de sa dissection. De cette étude, il est résulté que l'histoire anatomique du cerveau est un des points les plus connus de l'anatomie. Tout récemment, cette matière vient d'être éclaircie de nouveau par la publication de plusieurs ouvrages qui ont introduit d'importants perfectionnements sur cette partie intéressante de la science.

Toutefois le cerveau étant d'une texture extrêmement délicate, et ses fonctions étant empêchées par le moindre dérangement physique, la nature a pris un soin extrême de le défendre contre toute atteinte de la part des corps environnants.

Parmi les parties protectrices du cerveau, que l'on pourrait nommer *tutamina cerebri*, il faut remarquer les cheveux, la peau, les muscles épicrâniens, le péricrâne, les os du crâne et la dure-mère, qui sont particulièrement destinés à garantir le cerveau et le cervelet.

Par leur nombre et leur disposition, les cheveux sont propres à amortir les coups portés sur la tête, à s'opposer à ce que les pressions un peu fortes blessent la peau du crâne. Mauvais conducteurs du calorique, leur assemblage forme une sorte de tissu ou de feutre, dont les mailles interceptent un grand nombre de petites masses d'air : de sorte qu'ils sont très-bien disposés pour conserver à la tête une température uniforme et en quelque manière indépendante de celle de l'air ou des corps qui l'entourent; en outre, comme ils sont imprégnés d'une matière huileuse, ils ne s'imbibent que d'une petite quantité d'eau, et se sèchent avec promptitude. *Usages des cheveux. Propriétés physiques des cheveux.*

Les cheveux étant mauvais conducteurs du fluide électrique, ils mettent la tête dans une espèce d'isolement : d'où il résulte que le cerveau reçoit une influence moins marquée de la part du fluide électrique.

Il est aisé de concevoir comment la peau de la tête, les muscles qu'elle recouvre, et le péricrâne, concourent à protéger le cerveau : il n'est pas nécessaire d'insister sur ce point.

Mais de tous les moyens protecteurs du cerveau, le plus efficace c'est l'enveloppe que forment à cet organe les os du crâne. A raison de la dureté de cette enveloppe et de sa disposition en sphéroïde, *Du crâne.*

Résistance du crâne.

toute pression ou percussion exercée sur la tête est répartie, du point pressé ou frappé, vers tous les autres, et porte moins sur le cerveau. Par exemple, un homme reçoit un coup de bâton sur le sommet de la tête : le mouvement se propage dans toutes les directions, jusqu'à la partie moyenne de la base du crâne, c'est-à-dire jusqu'au corps du sphénoïde. Si le bâton avait agi sur le front, l'effort se serait propagé et concentré vers la partie moyenne de l'occipital.

Dans cette transmission du mouvement communiqué au crâne, on a cru que les os éprouvaient de légers déplacements réciproques, qui étaient peu marqués à raison de la disposition des différentes articulations; mais il y a tout lieu de croire que le crâne résiste, comme s'il était formé d'une seule pièce.

Changements de forme du crâne par les chocs.

Un fait sur lequel on n'a pas assez appuyé, c'est que le crâne doit nécessairement changer de forme chaque fois qu'il est pressé ou heurté un peu fortement. Le degré de mollesse dont jouit la masse cérébrale lui permet de supporter ces légers changements de son enveloppe, sans qu'il en résulte aucun effet fâcheux. Plus le cerveau sera mou, et plus il pourra éprouver des pressions ou percussions fortes sans inconvénients : c'est la raison pour laquelle les enfants naissant, dont les os sont très-mobiles les uns sur les autres, peuvent avoir la tête comprimée, et même déformée sensiblement, sans que rien de pernicieux en soit la suite. Il en est de même pour les enfants plus âgés, qui reçoivent sans danger des coups très-forts à la tête. A cet âge, et surtout au moment de la naissance, le cerveau est beaucoup plus mou que chez l'adulte (1).

C'est en quelque sorte pour protéger le cerveau contre lui-même, qu'est disposée la dure-mère. En effet, sans les replis qu'elle forme dans la faux du cerveau, la tente, la faux du cervelet, l'hémisphère d'un côté peserait sur l'autre quand la tête est inclinée; le cerveau comprimerait le cervelet quand la tête est droite : en sorte que les diverses parties du cerveau nuiraient réciproquement à leur action.

Si l'on compare les précautions prises par la nature pour préserver le cerveau et le cervelet des injures extérieures, avec celles dont on voit que la moelle épinière est environnée, on pourrait présu-

Dure-mère.

Moyens protecteurs de la moelle épinière.

____

(1) Si le cerveau était parfaitement fluide et homogène, quelle que soit l'étendue des changements de forme de son enveloppe, il n'en résulterait aucun effet nuisible ; mais comme le cerveau a une consistance molle, qu'il n'y a pas homogénéité dans tous ses points, il suit que les coups un peu forts sont fréquemment suivis d'accidents graves, tels que la commotion, les épanchements sanguins, les abcès, etc.

mer que cette dernière partie est d'une importance
plus grande que les premières, ou bien que sa texture, plus délicate, nécessitait des soins plus multipliés : c'est, en effet, ce qui existe. La moelle de
l'épine joue dans l'économie un rôle au moins
aussi important que la portion céphalique du système nerveux. Le moindre ébranlement la blesse,
la moindre compression pervertit tout-à-coup ses
fonctions : il était donc nécessaire que le canal
vertébral qui la contient lui assurât une puissante
protection. Le but est atteint d'une manière tellement parfaite, que rien n'est plus rare qu'une lésion
de la moelle épinière, et pourtant la colonne vertébrale devait réunir à la solidité nécessaire une grande
mobilité ; elle est l'aboutissant général de tous les
efforts que le corps exerce et de tous ceux qui sont
exercés sur lui ; elle est le centre de tous les mouvements des membres ; elle exécute elle-même des
mouvements très-étendus.

Nous ne pouvons pas entrer dans les détails de
cet admirable mécanisme : on peut lire, à ce sujet,
le *Traité d'Anatomie descriptive* de Bichat, tom. I,
pag. 161 et suiv.

Mais il est une disposition ignorée de Bichat,
que j'ai récemment découverte, et qui contribue
d'une manière extrêmement efficace à conserver
l'intégrité de la moelle.

Le canal que forme la dure-mère autour de la

moelle, et qui est tapissé par l'arachnoïde, est beau- Hydropisie naturelle de la dure-mère.
coup plus grand qu'il ne faut pour contenir l'or-
gane ; mais durant la vie, tout l'intervalle est rempli par un liquide séreux qui distend fortement la
membrane, et qui jaillit souvent à plusieurs pouces
de hauteur quand on fait une petite ponction à la
dure-mère. Il existe une disposition analogue autour du cerveau et du cervelet. Il n'est pas difficile
de comprendre quelle protection efficace la moelle
reçoit du liquide qui l'environne, et au milieu duquel elle est comme suspendue, à l'instar du
fœtus dans l'utérus, avec cette différence qu'elle est
fixée dans sa position centrale par le ligament
dentelé et les divers nerfs rachidiens.

Outre les diverses enveloppes du cerveau dont Arachnoïde.
nous avons parlé, et la dure-mère qui le revêt dans
toute son étendue, ce viscère est entouré de toutes
parts d'une membrane séreuse très-fine (*arachnoïde*), dont le principal usage est de former continuellement un fluide rare, qui lubrifie le cerveau.
L'arachnoïde pénètre dans les cavités que présente
le cerveau ; elle y forme de même un fluide pers-
piratoire.

La manière dont les vaisseaux sanguins se ren- Pie-mère.
dent au cerveau et dont ils sortent de cet organe,
est extrêmement curieuse : nous en traiterons à
l'article *circulation*. Nous nous bornerons ici à
faire remarquer que les artères, avant de pénétrer

dans la substance cérébrale, se réduisent en vaisseaux capillaires; que les veines affectent la même disposition en sortant de cette substance; et comme ces vaisseaux très-fins communiquent entre eux par des anastomoses multipliées, il en résulte à la surface du cerveau un lacis vasculaire, que l'on qualifie à tort de *membrane pie-mère*. Ce lacis s'introduit dans les cavités du cerveau ; c'est lui qui, dans les ventricules, forme le *plexus choroïde* et la *toile choroïdienne.*

Remarques sur le cerveau.

Nous ne donnerons point ici la description anatomique du cerveau : nous nous bornerons à faire sur ce sujet quelques réflexions générales.

A. Presque tous les auteurs qui ont donné dans leurs ouvrages la description anatomique du cerveau, n'ont pas été assez sévères sur les expressions qu'ils ont employées, et leur esprit était prévenu par quelque idée hypothétique. Il est indispensable aux progrès futurs de l'anatomie et de la physiologie, de n'employer que des termes précis, d'éloigner, autant que possible, les expressions métaphoriques, et surtout de rejeter la supposition que tous les nerfs aboutissent ou se réunissent en un certain point du cerveau ; que l'âme a son siége dans une partie déterminée de cet organe; que le fluide nerveux est sécrété par une portion de la masse cérébrale, tandis que le reste sert de conducteur à ce fluide, etc. Pour ne point avoir suivi cette méthode, les auteurs qui ont décrit le cerveau ont présenté des idées fausses, et se sont exprimés d'une manière obscure.

B. On doit entendre par cerveau l'organe qui remplit la cavité du crâne et celle du canal vertébral. Pour la facilité de l'étude, les anatomistes l'ont divisé en trois parties, le *cerveau* proprement dit, le *cervelet*, et la *moelle épinière*. Cette division est purement scolastique. Dans la réalité, ces trois parties ne forment qu'un seul et même organe. La moelle épinière n'est pas plus un *prolongement* du cerveau et du cervelet, que ceux-ci ne sont un *épanouissement* de la moelle épinière.

Le cerveau comprend trois parties distinctes.

C. Le cerveau ou système cérébro-spinal de l'homme est celui qui présente la plus grande complication de structure, et le nombre le plus considérable de parties distinctes ; parmi celles-ci, il en est qui ne se trouvent chez aucun animal ; telles sont les corps *mammillaires* et les *olivaires ;* d'autres se voient chez beaucoup d'animaux, mais nous n'en savons pas encore les usages ; ce sont le *corps calleux* ou la grande *commissure des lobes*, la *voûte à trois piliers*, le *septum lucidum*, la bandelette demi-circulaire, la corne d'Ammon, la *commissure antérieure* et la *postérieure*, la *glande pinéale*, la *glande pituitaire*, son *infundibulum ;* toutes ces parties remplissent probablement des fonctions importantes ; mais telle est la méthode défectueu-

Composition du cerveau de l'homme.

se suivie jusqu'ici pour étudier les fonctions cérébrales, qu'on les ignore complètement. Il est d'autres parties du cerveau dont l'expérience commence à dévoiler quelques usages : ce sont les *hémisphères*, les *corps striés*, les *couches optiques*, les
tubercules quadrijumeaux, le *pont*, les *pyramides*,
et leur continuation jusqu'au-delà des corps striés,
les *pédoncules du cervelet*, les *hémisphères de ces
organes*, les *divers faisceaux* qui forment la moelle
allongée, et ceux de la moelle épinière.

D. De tous les animaux, l'homme est celui dont le
cerveau proprement dit est proportionnellement le
plus volumineux (1). Les dimensions de cet organe
sont proportionnées à celles de la tête. A cet égard,
les hommes diffèrent beaucoup entre eux. En général, le volume du cerveau est en relation directe avec la capacité de l'esprit. On aurait tort, cependant, de croire que tout homme ayant une
grosse tête a nécessairement une intelligence supérieure, car plusieurs causes indépendantes du
volume du cerveau peuvent augmenter le volume
de la tête; mais il est rare qu'un homme distingué par ses facultés mentales n'ait pas une tête
volumineuse. Le seul moyen d'apprécier approximativement le volume du cerveau dans un homme

---

(1) Il existe quelques exceptions à ce fait général.

vivant, est de mesurer les dimensions de son crâne : tout autre moyen, même celui qui a été proposé par Camper, est des plus infidèles.

E. Les hémisphères de l'homme sont ceux qui offrent les *circonvolutions* les plus nombreuses et les *anfractuosités* les plus profondes. Le nombre, le volume, la disposition des circonvolutions sont variés; sur quelques cerveaux elles sont très-grosses, sur d'autres elles sont plus multipliées et plus petites. Leur disposition est différente sur chaque individu; celles du côté droit ne sont pas disposées comme celles du côté gauche. Il serait curieux de rechercher s'il n'existe pas un rapport entre le nombre des circonvolutions et la perfection ou l'imperfection des facultés intellectuelles, entre les modifications de l'esprit et la disposition individuelle des circonvolutions cérébrales. Les hémisphères du cerveau humain ont encore pour caractères distinctifs de présenter un lobe postérieur qui recouvre le cervelet.

F. Le volume et le poids du cervelet diffèrent suivant les individus, et surtout suivant les âges. Dans l'homme adulte, le cervelet équivaut en poids à la huitième ou neuvième partie de celui du cerveau; il n'en forme que la seizième ou la dix-huitième dans l'enfant naissant. On n'observe point de circonvolutions à la surface du cervelet, mais bien des lamelles superposées, séparées chacune par un sillon. Le nombre de ces lamelles est très-variable, suivant les individus, ainsi que leur disposition. On peut répéter, à cette occasion, la remarque que nous avons faite plus haut en parlant des circonvolutions cérébrales. Un anatomiste italien (Malacarné) dit n'avoir trouvé que trois cent vingt-quatre lames dans le cervelet d'un insensé, tandis que dans d'autres individus il en a trouvé plus de huit cents. Le cervelet de l'homme est caractérisé par les proportions considérables des lobes latéraux, relativement au lobe médian.

La substance qui forme le cerveau est molle, pulpeuse; elle se déforme aisément d'elle-même; dans le fœtus, elle est presque fluide; elle a plus de consistance dans l'enfant, et davantage encore dans l'adulte. On observe aussi que le degré de consistance varie dans les différents points de l'organe et dans les divers individus. Le cerveau a une odeur fade, spermatique, qui est assez tenace, et qui a persisté plusieurs années dans des cerveaux desséchés. (Chaussier.)

G. On distingue deux substances dans le cerveau : l'une est grise, l'autre blanche. La *substance blanche*, qu'on nomme encore *médullaire*, forme la plus grande partie de l'organe, en occupe plus particulièrement l'intérieur et la partie qui correspond à la base du crâne; elle a plus de fermeté que la portion grise; elle a l'apparence fibreuse ; elle forme en grande partie la moelle épinière, mais particulièrement sa couche superficielle.

La substance grise, nommée encore *cendrée*, *corticale*, forme une couche d'épaisseur variable à l'extérieur du cerveau et du cervelet ; on trouve cependant de la matière grise dans leur intérieur : tantôt elle est recouverte par la matière blanche, tantôt elle paraît comme mêlée intimement avec elle, ou bien ces deux substances sont disposées par couches ou par stries alternatives. En s'en tenant à la couleur, on pourrait distinguer plusieurs autres substances dans le cerveau, car on y observe des parties jaunes, noires, etc. (1).

Il y a deux substances dans le cerveau.

Dire que la substance grise du cerveau produit la matière blanche, c'est avancer une supposition gratuite, attendu que la matière grise ne produit pas plus la blanche, qu'un muscle ne produit le tendon qui le termine ; que le cœur ne produit l'aorte, etc. Sous ce point de vue, le système anatomique de MM. Gall et Spurzheim est essentiellement fautif. D'ailleurs en général la matière blanche est formée avant la grise, et plusieurs parties blanches n'ont aucun rapport avec la substance grise.

La matière grise ne produit pas la blanche.

---

(1) M. Sœmmering distingue quatre substances dans le cerveau, la blanche, la grise, la jaune, et la noire.

Lorsqu'on examine, à l'aide du microscope, la substance cérébrale, elle paraît formée d'une immense quantité de globules d'une grosseur inégale. Ils sont, dit-on, huit fois plus petits que ceux du sang; dans la substance médullaire, ils sont disposés en lignes droites, et prennent l'apparence de fibres; dans la substance cendrée ils paraissent entassés confusément.

H. D'après M. Vauquelin, il n'existe point de différence entre les diverses parties du système nerveux : l'analyse du cerveau, du cervelet, de la moelle épinière, et des nerfs, a donné le même résultat. Il a trouvé partout la même matière; elle est composée :

Composition chimique du cerveau.

Eau.	80,00
Matière blanche grasse..	4,55
Matière grasse rouge..	0,70
Osmazôme.	1,12
Albumine.	7,00
Phosphore.	1,50
Soufre et sels, tels que	
Phosphate acide de potassse. . . . . . . ⎫	
————de chaux.. . . . . ⎬	5,15
————de magnésie. . . . . ⎭	

M. John s'est assuré que la matière grise ne contient pas de phosphore, et M. Chevreul a décrit récemment une substance blanche et nacrée qu'il regarde comme un principe immédiat propre au système nerveux.

I. Les artères du cerveau sont volumineuses. Elles sont au nombre de quatre (les deux carotides internes et les deux vertébrales); elles affectent une disposition sur laquelle nous insisterons à l'article de la *Circulation artérielle*.

Nous dirons seulement ici qu'elles sont principalement placées à la partie inférieure de l'organe, qu'elles y forment un cercle par la manière dont elles s'anastomosent, et qu'elles se réduisent en vaisseaux capillaires avant de pénétrer dans le tissu du cerveau.

On estime que le cerveau reçoit à lui seul la huitième partie du sang qui part du cœur; mais cette estimation n'est qu'approximative, et la quantité de sang qui se porte au cerveau varie suivant un grand nombre de circonstances. On sait par des dissections faites récemment que les artères cérébrales sont accompagnées par des filets du nerf grand sympathique. On suit ces filets assez aisément sur les principales branches de ces artères. Il est présumable qu'ils les accompagnent jusqu'à leurs dernières divisions; mais il ne faut pas conclure de cette disposition, qui est générale pour toutes les artères, que le cerveau reçoit des nerfs. Les filaments du grand sympathique n'ont ici, comme ailleurs, de relations évidentes qu'avec les parois artérielles.

Les veines cérébrales ont aussi une disposition

particulière : elles occupent la partie supérieure de l'organe ; elles ne présentent pas de valvule ; elles se terminent dans des canaux situés entre les lames de la dure-mère, etc. Nous reviendrons sur ce point, à l'article *Circulation veineuse*. On n'a point encore observé de vaisseaux lymphatiques dans le cerveau.

Observations faites sur le cerveau de l'homme et sur celui des animaux vivants.

Phénomènes qu'offre le cerveau vivant.

Sur les enfants nouveau-nés, dont le crâne est encore en partie membraneux, et sur les adultes, à la suite des plaies et des maladies qui ont mis le cerveau à nu, on remarque qu'il éprouve deux mouvements distincts. Le premier, généralement obscur, est isochrone au battement du cœur et des artères; le second, beaucoup plus apparent, est en rapport avec la respiration, c'est-à-dire que l'organe semble s'affaisser, revenir sur lui-même dans l'instant de l'inspiration, tandis qu'il présente un phénomène opposé dans le moment de l'expiration : selon que les mouvements de la respiration sont plus ou moins étendus, ceux du cerveau sont plus ou moins manifestes. Ces deux espèces de mouvements sont très-faciles à voir sur les animaux, et l'on ne conçoit pas comment ils ont pu être révoqués en doute dans ces derniers temps. On pense qu'ils doivent être très-peu sensibles quand le crâne est intact, et qu'ils sont nécessaires à l'intégrité des fonctions cérébrales; mais rien n'est démontré à cet égard. Ce genre de gonflement et d'affaissement alternatif existe dans le cervelet et la moelle épinière. (*Voyez* mon *Journal de physiologie.*)

Le cerveau et le cervelet remplissent assez exactement la cavité du crâne dans le cadavre; par conséquent, dans l'état de la vie, où ces parties reçoivent une grande quantité de sang, où leurs vaisseaux sont distendus par ce fluide, où une exaltation liquide est continuellement formée, soit à la surface, soit dans les ventricules, on conçoit que le cerveau et le cervelet doivent supporter une pression assez considérable, qui doit varier d'intensité suivant la quantité de sang qui pénètre dans le cerveau ou qui en sort.

Quoique la moelle épinière ne remplisse pas à beaucoup près la cavité du canal vertébral, elle est cependant dans les mêmes conditions de pression que l'organe qui remplit le crâne; car tout l'intervalle qui la sépare de la dure-mère est rempli par une sérosité qui distend la membrane avec une force assez considérable, et qui est en communication avec la couche séreuse qui enveloppe le cerveau et le cervelet. Indépendamment de cette pression, commune à tout le système cérébro-spinal, la pie-mère exerce encore sur la moelle une pression manifeste, en sorte que la moelle épiniè-re supporte une double pression.

Il paraît que cette pression est indispensable aux fonctions de l'organe. Toutes les fois qu'elle est subitement diminuée ou augmentée, les fonctions sont suspendues ; si la diminution ou l'augmentation se fait par degré, les fonctions cérébrales persistent. J'ai vu cependant des animaux auxquels j'avais soustrait le liquide dont je parle, continuer de vivre sans dérangements très-apparents dans les fonctions nerveuses.

Examiné sur l'animal vivant, le cerveau présente des propriétés remarquables, et bien éloignées de ce que l'imagination pourrait nous représenter. Qui croirait, par exemple, que la plus grande partie des hémisphères, sinon la totalité, est insensible aux piqûres, déchirements, sections, et même aux cautérisations, etc., etc? C'est pourtant un fait sur lequel l'expérience ne laisse aucun doute. Qui penserait qu'un animal peut vivre plusieurs jours et même plusieurs semaines après la soustraction totale des hémisphères? et cependant plusieurs physiologistes et nous-même avons vu des animaux de différentes classes dans cette situation. Mais ce qui est moins connu, et qui pourra surprendre davantage, c'est que la soustraction des hémisphères sur certains animaux, tels que des reptiles, ne produit presque aucun changement

dans leurs allures habituelles; il serait enfin difficile de les distinguer d'animaux intacts.

Les lésions de la surface du cervelet montrent *Sensibilité du cervelet.*
aussi que cet organe n'est point sensible à ce genre
d'excitation; mais les blessures plus profondes, et
surtout celles qui intéressent les pédoncules, ont
des résultats dont nous parlerons plus tard.

Il n'en est pas de même de la moelle épinière : *Sensibilité de la moelle épinière.*
la sensibilité de cette partie du cerveau est des plus
prononcée, avec cette circonstance remarquable,
qu'elle est exquise sur la face postérieure, beaucoup
plus faible sur la face antérieure, et pour ainsi
dire nulle au centre même de l'organe. Aussi est-
ce de la partie postérieure de la moelle que naissent les nerfs qui sont plus particulièrement destinés à la sensibilité générale.

Une sensibilité très-vive se fait aussi remarquer *Sensibilité du 4e ventricule et de la moelle allongée.*
à l'intérieur et sur les côtés du quatrième ventri-
cule; mais cette propriété diminue à mesure que
l'on avance vers la partie antérieure de la moelle
allongée; elle est déjà très-affaiblie dans les tubercules quadrijumeaux des mammifères.

Nous renvoyons à un autre article les propriétés du cerveau qui ont rapport aux mouvements.

Les usages que remplit le cerveau dans l'écono- *Usages du cerveau.*
mie animale sont extrêmement importants et mul-
tipliés. Il est l'organe de l'intelligence; il fournit le
principe de tous les moyens que nous avons pour

1. 13

agir sur les corps extérieurs; il exerce une influence plus ou moins marquée sur tous les phénomènes de la vie; il établit une relation toujours active entre les divers organes, ou, en d'autres termes, il est l'agent principal des sympathies. Nous ne l'envisagerons ici que sous le premier rapport.

De l'intelligence.

Phénomènes
intellectuels.

Quels que soient le nombre et la diversité des phénomènes qui appartiennent à l'intelligence de l'homme, quelque différents qu'ils paraissent des autres phénomènes de la vie, et quoiqu'ils soient évidemment sous la dépendance de l'âme, il est indispensable de les considérer comme le résultat de l'action du cerveau, et de ne les distinguer ainsi en aucune manière des autres phénomènes qui dépendent des actions d'organe. En effet, les fonctions du cerveau sont absolument soumises aux mêmes lois générales que les autres fonctions; elles se développent et se détériorent avec les progrès de l'âge; elles se modifient par l'habitude, le sexe, le tempérament, la disposition individuelle; elles se troublent, s'affaiblissent ou s'exaltent dans les maladies; les lésions physiques du cerveau les pervertissent ou les détruisent, etc.; enfin, de même que toutes les autres actions d'organe, elles ne sont susceptibles d'aucune explication, et, pour les étudier, il faut se borner à l'observation et aux expériences, en se dépouillant autant que possible de toute idée hypothétique.

Ajoutons qu'il faut se garder de croire que l'étude des fonctions du cerveau est infiniment plus difficile que celle des autres organes, et qu'elle appartient exclusivement à la métaphysique. En s'en tenant rigoureusement à l'observation, et en évitant avec soin de se livrer à aucune explication, ni à aucune conjecture, cette étude devient purement physiologique, et peut-être est-elle plus aisée que celle de la plupart des autres fonctions, par la facilité avec laquelle nous pouvons produire et observer sur nous-mêmes les phénomènes.

Quoi qu'il en soit, l'étude de l'intelligence ne fait pas en ce moment partie essentielle de la physiologie : une science s'en occupe spécialement, c'est l'*idéologie*. Les personnes qui veulent acquérir des notions étendues sur ce sujet intéressant à tant d'égards, doivent consulter les ouvrages de Bacon, de Locke, de Condillac, de Cabanis, de Dugald Stewart, et surtout l'excellent livre de M. Destutt Tracy, intitulé : *Éléments d'idéologie.* Nous nous bornerons ici à présenter quelques-uns des principes fondamentaux de cette science.

Les innombrables phénomènes qui forment l'intelligence de l'homme (1) ne sont que des modifi-

----

(1) L'intelligence de l'homme est encore nommée *esprit,*

cations de la *faculté de sentir*. En prenant cette expression dans son acception la plus étendue et la plus générale, cette vérité a été mise dans tout son jour par les métaphysiciens modernes.

On reconnaît quatre modifications principales de la faculté de sentir :

1°. La *sensibilité*, ou l'action du cerveau, par laquelle nous recevons des impressions, soit du dedans, soit du dehors;

2°. La *mémoire*, ou la faculté de reproduire des impressions ou des sensations précédemment reçues;

3°. La faculté de sentir des rapports entre les sensations, ou le *jugement;*

4°. Les *désirs*, ou la *volonté.*

Quatre facultés intellectuelles principales.

De la sensibilité.

Des deux modes de sensibilité.

Ce que nous avons dit des sensations en général s'applique entièrement à la sensibilité; c'est pourquoi nous nous bornons ici à faire observer que cette faculté s'exerce de deux manières bien différentes. Dans la première, le phénomène se passe à notre insu, nous n'en avons aucune connaissance; dans la seconde, nous en sommes avertis, nous en avons conscience, nous *percevons* la sensation. Il

---

morale , facultés de l'âme, facultés intellectuelles , fonctions cérébrales , etc.

ne suffit donc pas qu'un corps agisse sur l'un de nos sens, qu'un nerf transmette l'impression qu'il y a produite au cerveau; ce n'est pas assez même que cet organe reçoive cette impression : pour qu'il y ait réellement sensation, il faut que le cerveau perçoive l'impression reçue par lui. Une impression ainsi perçue forme ce qu'on nomme, en idéologie, une *perception* ou une *idée*. Perceptions ou idees.

On peut constater sur soi-même l'existence de ces deux modes de la sensibilité. Il n'est pas difficile de voir, par exemple, qu'une foule de corps agissent continuellement sur nos sens sans que nous en ayons aucune connaissance : cet effet dépend en grande partie de l'habitude.

La sensibilité varie à l'infini : chez certains, elle est en quelque sorte obtuse; chez d'autres, elle a un degré d'exaltation extraordinaire : en général, une bonne organisation tient le milieu entre ces deux extrêmes.

Dans l'enfance et dans la jeunesse, la sensibilité est vive; elle se conserve à un degré un peu moins marqué jusque passé l'âge adulte; dans la vieillesse, elle éprouve une diminution évidente; enfin, le vieillard décrépit paraît insensible à toutes les causes ordinaires des sensations. Sensibilité dans les âges.

Avec quelle partie du cerveau la sensibilité est-elle plus particulièrement en rapport? Nous pouvons répondre aujourd'hui avec quelque précision à cette question importante. D'abord nous avons signalé la classe des nerfs qui concourent spécialement à ce phénomène. Ce sont les racines postérieures des nerfs qui naissent de la moelle épinière, la branche supérieure de la cinquième paire. J'ai montré par des expériences que si ces nerfs sont coupés, toute sensibilité est éteinte dans les parties où ils se distribuent.

L'expérience apprend également que si l'on coupe les cordons postérieurs de la moelle, la sensibilité générale du tronc est abolie. Quant à celle de la tête et plus particulièrement de la face et de ses cavités, j'ai montré qu'elle dépend de la cinquième paire. Si ce nerf est coupé avant la sortie du crâne, toute la sensibilité de la face est perdue. Ce même résultat arrive si le tronc du nerf est coupé sur les côtés du quatrième ventricule.

Enfin il faut descendre au-dessous du niveau de la première vertèbre cervicale pour qu'une section latérale de la moelle ne soit pas suivie de la perte de la sensibilité générale de la face et de celle des sens. Comme l'origine de la cinquième paire se rapproche beaucoup des cordons postérieurs de la moelle, qui paraissent les principaux organes de la sensibilité du tronc, il est probable qu'il y a continuité entre ces cordons et la cinquième paire ; mais ce fait n'est encore démontré, ni par l'anatomie, ni par les expériences physiologiques.

Ce n'est donc pas dans le cerveau proprement dit ni dans le cervelet que réside le siége principal de la sensibilité ni des sens spéciaux.

J'en donne encore une démonstration que je regarde comme satisfaisante. Enlevez les hémisphères du cerveau et ceux du cervelet sur un mammifère, cherchez ensuite à vous assurer s'il peut éprouver des sensations, et vous reconnaîtrez facilement qu'il est sensible aux odeurs, aux saveurs, aux sons, et aux impressions sapides. Il est donc bien positif que les sensations n'ont pas leur siége dans les hémisphères.

Je n'ai pas cité la vue dans l'énumération des sens que je viens de faire : c'est qu'en effet la vue est dans un cas particulier. Il résulte des expériences de MM. Rolando et Flourens, que la vue est abolie par la soustraction des hémisphères. Si l'hémisphère droit est enlevée, c'est l'œil gauche qui n'agit plus, *et vice versa.*

On peut d'autant plus compter sur la réalité de ce fait, que j'ai douté quelque temps de son exactitude, et que j'ai dû, pour m'éclairer, le vérifier un grand nombre de fois.

La blessure de la couche optique sur les mammifères est aussi suivie de la perte de la vue pour l'œil opposé. Je n'ai jamais vu que la blessure du tubercule optique ou quadrijumeau antérieur altérât la vue chez les mammifères; mais cet effet

Les sensations n'ont pas leur siége dans les hémisphères.

Effet de la soustraction des hémisphères sur la vue.

Effet de la blessure de la couche optique.

est très-apparent chez les oiseaux. Dans ces derniers, la soustraction des hémisphères rend l'œil insensible à la lumière la plus vive.

Parties du cerveau nécessaires au sens de la vue.Ainsi les parties du système nerveux nécessaires à l'exercice de la vue, sont multiples; il faut, pour que ce sens soit exercé, intégrité des hémisphères, des couches optiques, et peut-être des tubercules quadrijumeaux antérieurs, et enfin de la cinquième paire. Remarquons que l'influence des hémisphères et des couches optiques est croisée, tandis que celle de la cinquième paire est directe.

Si nous cherchons pourquoi le sens de la vue diffère autant des autres sens par rapport au nombre et à l'importance des parties nerveuses qui y concourent, nous trouverons que bien rarement la vue consiste dans une simple impression de la lumière; que même cette impression peut avoir lieu sans que la vue existe; qu'au contraire l'action de l'appareil optique est presque toujours liée à un travail intellectuel ou instinctif, par lequel nous établissons la distance, la grandeur, la forme, le mouvement des corps, travail qui nécessite probablement l'intervention des parties les plus importantes du système nerveux, et particulièrement celle des hémisphères.

De la mémoire.

Mémoire et souvenir.Non-seulement le cerveau peut percevoir des sensations, mais il lui est encore donné de reproduire celles qu'il a déjà perçues. Cette action cérébrale se nomme *mémoire* quand elle reproduit les idées acquises il n'y a pas très-long-temps ; elle s'appelle *souvenir* quand les idées sont plus anciennes. Un vieillard qui se rappelle les événements de sa jeunesse a des souvenirs ; un homme qui se retrace les sensations qu'il a éprouvées l'année précédente, a de la mémoire.

La *réminiscence* est une idée reproduite, et qu'on ne se rappelle pas avoir eue précédemment.

Réminiscence.

De même que la sensibilité, dans l'enfance et dans la jeunesse la mémoire est très-développée : aussi est-ce durant ce temps de la vie qu'on acquiert les connaissances les plus multipliées, mais surtout celles qui ne demandent pas une réflexion très-grande : telles sont les langues, l'histoire, les sciences descriptives, etc. La mémoire s'affaiblit ensuite avec les progrès de l'âge : elle diminue chez l'adulte ; elle se perd presque entièrement chez le vieillard. On voit cependant des individus qui conservent une mémoire fidèle jusqu'à un âge très-avancé; mais si cet avantage ne dépend pas d'un grand exercice, comme on l'observe chez les acteurs, il n'existe souvent qu'au détriment des autres facultés intellectuelles.

Mémoire dans les âges.

Plus les sensations sont vives, et plus on se les rappelle aisément. La mémoire des sensations internes est presque toujours confuse; certaines maladies du cerveau détruisent complétement la mémoire.

Différents genres de mémoire. La mémoire s'exerce d'une manière pour ainsi dire exclusive sur des sujets très-différents : il y a la mémoire des mots, celle des lieux, celle des noms, des formes, celle de la musique, etc. Un homme présente rarement toutes ces mémoires réunies; elles ne se montrent guère qu'isolément, et presque toujours elles forment le trait le plus marquant de l'intelligence dont elles font partie.

Les maladies nous offrent aussi des analyses psycologiques de la mémoire : tel malade perd la mémoire des noms propres; tel autre celle des substantifs; tel autre celle des nombres, et ne peut compter au-delà de trois ou quatre. Celui-ci oublie jusqu'à sa propre langue, et perd ainsi la faculté de s'exprimer sur aucun sujet. Dans tous ces cas, après la mort, on observe des lésions plus ou moins grandes du cerveau, ou de la moelle allongée; mais l'anatomie morbide n'a pas encore pu établir aucune relation entre le lieu lésé et l'espèce de mémoire abolie, de sorte que nous ignorons encore s'il existe quelque partie du cerveau qui soit plus particulièrement destinée à exercer la mémoire (1).

____

(1) La Phrénologie, que je nommerais volontiers une *pseudo-science*, comme était naguère l'astrologie ou la nécro-

Du jugement.

La plus importante des facultés intellectuelles est, sans contredit, le jugement. C'est par cette faculté que nous acquérons toutes nos connaissances; sans elle, notre vie serait purement végétative, nous n'aurions aucune idée de l'existence des corps ni de la nôtre, car ces deux genres de notions, comme toutes nos connaissances, sont la conséquence immédiate de notre faculté de juger.

Porter un jugement, c'est établir un rapport entre deux idées, ou entre deux groupes d'idées. Quand je juge qu'un ouvrage est bon, je sens que l'idée de bonté convient au livre que j'ai lu; j'établis un rapport, je me forme une idée d'un genre différent de celle que font naître la sensibilité et la mémoire.

Une suite de jugements qui s'enchaînent les uns les autres forment un *raisonnement*.

On conçoit combien il importe de ne porter que des jugements justes, c'est-à-dire, de n'établir que des rapports qui existent réellement. Si je juge salutaire une substance vénéneuse, je cours le danger de perdre la vie; le jugement faux que j'aurai

---

mancie, a tenté de localiser les diverses sortes de mémoires ; mais ces tentatives, louables en elles-mêmes, ne soutiennent pas encore l'examen.

porté me sera nuisible. Il en est de même de tous ceux du même genre. Presque tous les malheurs qui accablent moralement l'homme ont leur source dans des erreurs de jugement; les crimes, les vices, la mauvaise conduite , proviennent de faux jugemens.

Logique.

Il existe une science dont le but est d'apprendre à raisonner juste, c'est la *logique :* mais le jugement sain, ou le bon sens, le jugement erroné, ou l'esprit faux, tiennent à l'organisation. Il est impossible de se changer à cet égard : nous restons tels que la nature nous a faits.

Génie, esprit, imagination.

Certains hommes sont doués du don précieux de trouver des rapports qui n'avaient pas encore été aperçus. Si ces rapports sont très-importants, s'ils procurent de grands avantages à l'humanité , ces hommes ont du *génie;* s'ils sont moins utiles, s'ils portent sur des objets d'une importance moindre, ces hommes ont de l'*esprit*, de l'*imagination*.

C'est principalement par la manière de sentir les rapports ou de juger, que les hommes diffèrent entre eux.

La vivacité des sensations paraît nuire à l'exactitude du jugement; c'est pourquoi cette faculté se perfectionne avec l'âge.

On ignore quelle partie du cerveau sert de siége plus particulier au jugement; on croit depuis long-temps que ce sont les hémisphères, mais rien ne le prouve directement.

Du désir ou de la volonté.

On donne le nom de *volonté* à cette modification de la faculté de sentir, par laquelle nous éprouvons des désirs. En général, elle est la conséquence de nos jugements; mais elle est très-remarquable, en ce que notre bonheur ou notre malheur y est nécessairement lié.

Volonté ou désir.

Lorsque nous satisfaisons nos désirs, nous sommes *heureux;* nous sommes *malheureux*, au contraire, si nos désirs ne sont point accomplis : il importe donc de donner à nos désirs une direction telle que nous arrivions au bonheur. Il ne faut donc pas désirer, par exemple, des choses qu'il est impossible de posséder; il faut éviter avec plus de soin encore de vouloir les choses qui nous sont nuisibles : car, dans ce cas, nous ne pouvons échapper au malheur, soit que nos désirs soient ou non satisfaits. La *morale* est une science dont l'objet est de donner la meilleure direction possible à nos désirs.

Bonheur et malheur de l'homme.

On confond ordinairement les désirs avec l'action cérébrale, qui préside à la contraction volontaire des muscles : je crois avantageux pour l'étude d'en établir la distinction.

Telles sont les quatre nuances principales de la

faculté de sentir, autrement nommées les *facultés simples de l'esprit*. En se combinant, en réagissant les unes sur les autres , elles constituent l'intelligence de l'homme et des animaux les plus parfaits, avec cette différence que , chez ces derniers, elles restent à peu près dans leur état de simplicité , tandis que l'homme en tire un tout autre parti, et s'assure ainsi la supériorité intellectuelle qui le distingue.

Faculté de généraliser ou d'abstraire.

La faculté de généraliser, qui consiste à créer des signes pour représenter les idées, à penser au moyen de ces signes, et à former des idées abstraites, est ce qui caractérise l'intelligence humaine, et qui lui permet d'acquérir cette extension prodigieuse qu'on lui voit chez les nations civilisées. Mais cette faculté comporte nécessairement l'état de société : un individu qui aurait toujours vécu isolé, et qui n'aurait eu, même dans ses premières années, aucun rapport avec ses semblables, comme on en a plusieurs exemples, ne différerait pas beaucoup des animaux, car il resterait borné aux quatre facultés simples de l'esprit. Il en est de même des individus auxquels la nature, par une organisation vicieuse, a refusé la faculté d'employer des signes et celle de former des abstractions ou des idées générales : ils restent toute leur vie dans un véritable abrutissement, comme on l'observe chez les *idiots*.

En général, les circonstances physiques au milieu desquelles l'homme se trouve placé, influent beaucoup sur le degré de développement de son intelligence. S'il se procure aisément sa subsistance, s'il satisfait de même tous les besoins qui tiennent à l'organisation, il sera dans la position la plus avantageuse pour cultiver son esprit et pour laisser un libre essor à ses facultés mentales : c'est ce qui arrive dans les pays civilisés. Mais si l'homme ne peut que très-difficilement pourvoir à sa subsistance et à ses autres besoins, son intelligence, toujours dirigée vers le même but, restera dans un état d'imperfection : c'est ce qui arrive chez les peuples chasseurs, chez toutes les hordes sauvages, le paysan esclave, etc.

Conditions avantageuses ou nuisibles au développement de l'intelligence.

DE L'INSTINCT ET DES PASSIONS.

La nature n'abandonne point les animaux à eux-mêmes : il faut que chacun d'eux exerce une série d'actions ; d'où résulte ce merveilleux ensemble que l'on voit parmi les êtres organisés. Pour porter les animaux à y concourir et à exécuter ponctuellement les actes qu'ils doivent exercer, la nature leur a donné l'*instinct,* c'est-à-dire, des penchants, des inclinations, des besoins, au moyen desquels ils sont continuellement excités et même forcés à remplir les intentions de la nature.

De l'instinct.

L'instinct peut exister de deux manières diffé-

Instinct éclairé et instinct aveugle. rentes, avec ou sans connaissance du but. Le premier est *l'instinct éclairé*, le second est *l'instinct aveugle* ou brut : l'un est plus particulièrement l'apanage de l'homme, l'autre appartient davantage aux animaux.

Double but de l'instinct. En examinant avec soin les phénomènes nombreux qui dépendent de l'instinct, on voit qu'il a dans chaque animal un double but : 1° la conservation de l'individu; 2° la conservation de l'espèce. Chaque animal y travaille à sa manière et selon son organisation : aussi y a-t-il autant d'instincts différents qu'il y a d'espèces; et comme l'organisation varie dans les individus, l'instinct présente des différences individuelles quelquefois très-prononcées.

Il y a deux sortes d'instincts chez l'homme. Chez l'homme, on reconnaît deux genres d'instincts : l'un tient plus évidemment à son organisation, à sa condition d'animal; il le présente, quel que soit l'état où il se trouve. Ce genre d'instinct est à peu près celui des animaux.

L'autre genre d'instinct naît de l'état social; sans doute il dépend de l'organisation : quel phénomène vital n'en dépend point? Mais il ne se développe qu'autant que l'homme vit dans une société civilisée; encore faut-il qu'il jouisse des avantages que cet état procure.

Instinct animal. - Au premier, qu'on peut appeler *instinct animal*, se rapportent la faim, la soif, le besoin des vêtements, celui d'habitation, le désir du bien-être ou des sensations agréables, la crainte de la douleur et de la mort, le désir de nuire aux animaux ou à ses semblables, s'il y a quelques dangers à en craindre, ou des avantages à tirer du mal qu'on leur fera ; les désirs vénériens, l'intérêt qu'inspirent les enfants ; la tendance à l'imitation, à vivre en société, qui conduit à parcourir les différents degrés de la civilisation, etc. Ces divers sentiments instinctifs portent continuellement l'homme à concourir à l'ordre établi parmi les êtres organisés. L'homme est de tous les animaux celui dont les besoins naturels sont les plus nombreux et les plus variés; ce qui est en rapport avec l'étendue de son intelligence : n'eût-il que ces besoins, il aurait toujours une suprématie marquée sur les animaux.

Lorsque l'homme vit en société, qu'il satisfait aisément à tous les besoins dont nous venons de parler, il a du loisir, en d'autres termes, il a du temps et des facultés d'agir plus que ses premiers besoins n'exigent : alors naissent de nouveaux besoins, qu'on pourrait nommer *sociaux :* tel est celui de sentir vivement l'existence, besoin qui, plus il est satisfait, devient plus difficile à satisfaire, parce que, comme nous avons déjà dit, les sensations s'émoussent par l'habitude.

Ce besoin d'exister vivement, joint à l'affaiblissement continuel des sensations, cause une inquié-

Instinct social.

Loisir.

Instinct social.

Instinct social. tude machinale, des désirs vagues, excités par le souvenir importun des sensations vives qu'on a éprouvées : l'homme est forcé, pour sortir de cet état, de changer continuellement d'objet, ou d'outrer les sensations du même genre. De là viennent une inconstance, qui ne permet pas à nos vœux de s'arrêter, et une progression de désirs, qui, toujours anéantis par la jouissance, mais irrités par le souvenir, s'élancent jusque dans l'infini : Ennui. de là naît l'ennui, qui incessamment tourmente l'homme civilisé et oisif.

Amour du repos. Le besoin de sentir vivement est balancé par l'amour du repos ou la paresse, qui agit si puissamment dans la classe opulente de la société. Ces deux sentiments contradictoires se modifient l'un l'autre, et de leur réaction réciproque résulte l'amour du pouvoir, de la considération, de la fortune, etc., qui nous donne les moyens de les satisfaire l'un et l'autre.

Dégradations des instincts par l'état social. Ces deux sentiments instinctifs ne sont pas les seuls qui naissent dans l'état social : il s'en développe une foule d'autres, moins importants à la vérité, mais tout aussi réels; en outre, les besoins naturels s'altèrent jusqu'au point de devenir méconnaissables : la faim est souvent remplacée par un goût capricieux ; les désirs vénériens par un sentiment d'une tout autre nature, etc. Les besoins naturels influent sur les besoins sociaux ;

ceux-ci, à leur tour, modifient les premiers ; et si l'on ajoute que l'âge, le sexe, le tempérament, etc., altèrent fortement toute espèce de besoin, on aura une idée de la difficulté que présente l'étude de l'instinct de l'homme : aussi cette partie de la physiologie est-elle à peine ébauchée.

Remarquons cependant que le développement des besoins sociaux entraîne le développement de l'intelligence; il n'y a aucune comparaison, sous le rapport de la capacité de l'esprit, entre un homme de la classe aisée de la société, et l'homme dont toutes les forces physiques suffisent à peine à subvenir à ses premiers besoins. Les instincts, les dispositions innées occupent beaucoup en ce moment les phrénologistes ; leurs efforts sont particulièrement dirigés vers le triple but de *reconnaître*, de *classer* les dispositions instinctives, et surtout de leur *assigner* des organes distincts dans le cerveau ; mais il faut convenir qu'ils sont encore loin de voir leurs tentatives couronnées de succès.

Influence des besoins sur l'intelligence.

Des passions.

En général, on entend par *passion* un sentiment instinctif devenu extrême et exclusif. L'homme passionné ne voit, n'entend, n'existe que par le sentiment qui le presse ; et comme la violence de ce sentiment est telle qu'il est pénible et même douloureux, on l'a nommé *passion* ou *souffrance*.

Des passions.

14.

Les passions ont le même but que l'instinct ; comme lui, elles portent les animaux à agir selon les lois générales de la nature vivante.

Il y a deux genres de passions.

On voit chez l'homme des passions qu'il a en commun avec les animaux, et qui consistent dans les besoins animaux exagérés; mais il en a d'autres qui ne se développent que dans l'état de société : ce sont les besoins sociaux très-accrus.

Passions animales.

Les *passions animales* se rapportent au double but que nous avons indiqué en parlant de l'instinct naturel, c'est-à-dire la conservation de l'individu et la conservation de l'espèce.

A la conservation de l'individu appartiennent la peur, la colère, la tristesse, la haine, la faim excessive, etc. ;

A la conservation de l'espèce, les désirs vénériens devenus extrêmes, la jalousie, la fureur ressentie quand les petits sont en danger, etc.

La nature a attaché une grande importance à ce genre de passions, qu'elle reproduit dans toute leur force chez l'homme civilisé.

Passions sociales.

Les passions qui appartiennent à l'état de société ne sont que les besoins sociaux portés à un degré très-élevé. L'ambition est l'excès de l'amour du pouvoir; l'avarice, l'exagération du désir de la fortune; la haine, la vengeance, le désir naturel et impétueux de nuire à qui nous nuit; la passion du jeu, presque tous les vices, qui sont aussi des passions, des besoins violents de sentir vivement l'existence ; l'amour violent, une exaltation des désirs vénériens, etc.

Parmi les passions, les unes s'apaisent ou s'éteignent quand elles sont satisfaites, les autres s'irritent à mesure qu'elles sont assouvies : aussi le bonheur est-il souvent amené par les premières, comme on le voit dans l'amour et la philantropie, tandis que le malheur est nécessairement attaché aux dernières : les ambitieux, les avares, les envieux, en fournissent des exemples.

Si les besoins développent l'intelligence, les passions sont le principe ou la cause de tout ce que l'homme fait de grand, soit en bien ou en mal. Les grands poètes, les héros, les grands criminels et les conquérants, sont des hommes passionnés.

Parlerons-nous du *siége* des passions ? Dirons-nous avec Bichat qu'elles résident dans la vie organique ; ou bien, avec les anciens et quelques modernes, que la colère est dans la tête, le courage dans le cœur, la peur dans le ganglion seminulaire, etc. ?

Mais les passions sont des sensations internes ; elles ne peuvent avoir de siége. Elles résultent de l'action du système nerveux, et particulièrement de celle du cerveau : elles ne comportent donc aucune explication. Il faut les observer, les diriger, les calmer ou les éteindre , mais non les expliquer (1).

DE LA VOIX ET DES MOUVEMENTS.

Les fonctions que nous avons précédemment examinées reposent toutes sur la faculté de sentir : c'est par cette faculté que nous arrivons à connaître ce qui existe autour de nous, et que nous prenons connaissance de nous-mêmes.

Pour terminer l'histoire des fonctions de relations, il nous reste à parler des fonctions au moyen desquelles nous agissons sur les corps extérieurs, nous leur imprimons les changements que nous jugeons nécessaires, et nous exprimons nos sentiments, nos idées, aux êtres qui nous entourent. Ces fonctions ne sont que des nuances d'un même phénomène, la *contraction musculaire* : en sorte que la faculté de sentir d'une part, et la contraction musculaire de l'autre, constituent réellement

____

(1) Ce serait ici le lieu de traiter de l'usage des diverses parties du cerveau dans l'intelligence et dans les facultés instinctives ; mais ce sujet est encore trop conjectural ou trop peu connu pour entrer dans un livre élémentaire. Nous nous occupons depuis quelque temps d'expériences directes sur ce point ; nous nous empresserons d'en faire connaître les résultats aussitôt que nous les jugerons dignes d'être rendus publics.

toute notre vie de relation. Nous allons traiter d'abord en général de la contraction musculaire, après quoi nous exposerons ses deux principaux résultats, la *voix* et les *mouvements*.

De la contraction musculaire.

La contractilité musculaire, qu'on nomme encore *contractilité animale*, *myotilité*, *contractilité volontaire*, etc., n'est point une propriété vitale, au moins dans le sens qu'il faut attacher à ce mot; elle résulte de l'action successive ou simultanée de plusieurs organes : on doit donc l'envisager comme une fonction.

Appareil de la contraction musculaire.

Les organes qui concourent à la contraction musculaire sont le *cerveau*, les *nerfs*, et les *muscles*.

Parties du cerveau qui paraissent plus particulièrement destinées aux mouvements.

Certaines parties du système cérébro-spinal paraissent plus particulièrement destinées aux mouvements : telles sont, en procédant d'avant en arrière, les corps striés, les couches optiques dans leur partie inférieure, les crura cérébri, le pont de varole et les pédoncules du cervelet, les parties latérales de la moelle allongée, les cordons antérieurs de la moelle. Nous citerons bientôt les faits sur lesquels nous nous fondons, pour indiquer ces parties comme ayant une influence remarquable sur les mouvements.

Nerfs du mouvement.

Nerfs du sentiment et nerfs du mouvement. Long-temps les anatomistes ont cherché à distinguer les nerfs qui servent à la sensibilité, de ceux qui sont plus spécialement destinés aux mouvements ; ils s'attachaiént avec d'autant plus de zèle à cette recherche, que tous les jours des maladies isolent les deux phénomèmes. Nous voyons fréquemment en effet une partie perdre sa sensibilité et conserver son mouvement, ou réciproquement perdre son mouvement et conserver sa sensibilité. J'ai été assez heureux pour établir cette distinction par l'expérience, et il est généralement connu aujourd'hui, depuis mon travail, que les racines antérieures des nerfs spinaux sont les nerfs qui appartiennent essentiellement au mouvement de toutes les parties du tronc et des membres.

Nerfs du mouvement de la face. Quant à la face, il résulte d'une très-belle expérience de M. Charles Bell, que le nerf de la septième paire est particulièrement l'organe qui sert aux mouvements des paupières, des joues, des lèvres. L'expérience a appris aussi que le nerf hypoglosse et le glosso-pharingien sont plus particulièrement destinés aux mouvements de la langue, que la portion musculaire de la cinquième paire dirige ceux des mâchoires, et que les 3me, 4me et 6me paires concourent plus spécialement au mouvement de l'iris et du globe de l'œil. Nous reviendrons sur ces nouveaux faits à l'article des mouvements partiels. J'ai donné ailleurs la preuve expérimentale que la huitième paire dirige les mouvements de la glotte, comme on le verra à l'article *voix*.

MM. Prévot et Dumas se sont occupés récemment de la structure des nerfs qui se rendent aux muscles, et de la manière dont ils se comportent lorsqu'ils sont parvenus au milieu des fibres musculaires. Un grand nombre d'observations faites au microscope sur les nerfs du lapin, du cochon-d'Inde, de la grenouille, leur ont appris : 1° qu'avec un grossissement de 10 à 15 fois le diamètre, les nerfs présentent à leur surface des bandes alternativement blanches et obscures, qui simulent d'une manière frappante les contours d'une spirale serrée qui serait placée sous l'enveloppe celluleuse. Mais cette apparence est illusoire, elle dépend simplement d'un petit plissement de l'enveloppe qui perd sa transparence dans certain point et la conserve dans d'autre. Et la preuve, c'est qu'en tirant légèrement sur le filet nerveux placé sous la lentille, tout disparaît.

Lorsqu'on prend un nerf, et qu'après l'avoir divisé longitudinalement on l'étale sous l'eau, on voit qu'il est composé d'un grand nombre de petits fi-

laments parallèles, égaux en grosseur. Ces filaments sont plats et composés de quatre fibres élémentaires, disposées à peu près sur le même plan.
Ces fibres sont elles-mêmes composées d'une série
de globules. (*Voyez* la planche, tom. III, de mon
Journal de physiologie). MM. Prévot et Dumas
trouvent qu'il peut y avoir jusqu'à 16,000 de ces
fibres dans un nerf cylindrique d'un millimètre de
diamètre, tel que le crural d'une grenouille, par
exemple.

Des muscles.

Des muscles.   On donne le nom de *système musculaire* à
l'ensemble des muscles.

La forme, la disposition, etc., des muscles, varient à l'infini. Un muscle est formé par la réunion
d'un certain nombre de *faisceaux musculaires*,
qui sont composés de faisceaux plus petits; ceux-
ci résultent de faisceaux d'un moindre volume;
enfin, de division en division on arrive à une fibre
excessivement fine, qui ne peut plus être divisée,
mais qui probablement pourrait l'être, si nos sens
et nos moyens de division étaient plus parfaits.
Cette fibre, pour nous indivisible, est la *fibre musculaire;* elle est formée par une série de globules
qui sont maintenus en ligne droite par une matière amorphe. Elle est plus ou moins longue, selon
les muscles dont elle fait partie. Presque toujours

droite, elle ne se bifurque point, ne se confond point avec les autres fibres de la même espèce; elle est enveloppée d'un tissu cellulaire extrêmement fin : molle et peu extensible, elle se déchire aisément sur le cadavre, elle présente, au contraire, sur le vivant une grande élasticité et une résistance étonnante, relativement à son volume; elle est essentiellement composée de fibrine et d'osmazôme, reçoit beaucoup de sang, et au moins un filament nerveux. Quelques anatomistes ont prétendu expliquer comment les vaisseaux et les nerfs se comportent quand ils sont arrivés dans le tissu des fibres musculaires, mais ils n'ont rien dit de satisfaisant à cet égard. Les recherches auxquels on peut davantage se confier sur ce point, sont celles qui ont été faites il y a peu de temps par MM. Prévot et Dumas; ces jeunes et savants naturalistes ont suivi au microscope la distribution des fibres nerveuses, et ils assurent qu'elles ne se confondent ni ne s'épanouissent dans les muscles, mais qu'elles y forment une anse qui va d'un nerf à l'autre, de manière à remonter vers le cerveau après avoir traversé le muscle. Selon les mêmes auteurs, chaque filament nerveux aurait une extrémité à la partie antérieure de la moelle, descendrait vers un muscle, en faisant partie d'un tronc nerveux, puis traverserait une ou plusieurs fibres musculaires, et enfin irait gagner la

De la fibre musculaire.

Terminaison des nerfs dans les muscles.

Expériences de MM. Prévot et Dumas.

partie postérieure de la moelle en remontant un tronc nerveux.

De la fibre musculaire. Chaque fibre musculaire est attachée par ses deux extrémités à des prolongements fibreux (*tendons, aponévroses*), qui sont les conducteurs de la force développée quand elle se contracte.

Conditions nécessaires à l'exercice de la contraction des muscles. La contraction musculaire, telle qu'elle a lieu dans l'état ordinaire de la vie, suppose l'exercice libre et facile du cerveau, des nerfs qui aboutissent aux muscles, et enfin des muscles eux-mêmes. Chacun de ces organes doit recevoir du sang artériel, et le sang veineux ne doit pas avoir séjourné trop long-temps dans son tissu. Si l'une de ces conditions manque, la contraction musculaire est impossible, pervertie, ou très-affaiblie.

Phénomène de la contraction musculaire.

Flexions des fibres en zigzags. Examinées avec un grossissement très-faible, les fibres musculaires qui forment un muscle sont parallèles et droites, si le muscle est en repos, mais très-disposées à changer de position. Si par une cause quelconque le muscle vient à se contracter, aussitôt il apparaît dans les fibres musculaires un phénomène des plus remarquables, et qui n'avait été que vaguement entrevu avant les recherches de MM. Prévot et Dumas. Tout-à-coup les fibres se *fléchissent en zigzag* et présentent en un instant un grand nombre d'ondulations anguleuses et régulièrement opposées. Si la cause qui avait amené la contraction vient à cesser, le parallélisme des fibres se reproduit avec la même promptitude qu'il avait cessé.

En répétant cette expérience, on ne tarde pas à reconnaître que les flexions de chaque fibre ont lieu dans certains points déterminés, et jamais ailleurs. Les plus fortes contractions ne vont point jusqu'à donner des angles qui soient de cinquante degrés ou au-dessous. Un fait fort digne d'intérêt, et qui a été observé par MM. Prévot et Dumas, c'est que les filets nerveux qui traversent les fibres musculaires passent justement par les points où se produisent les angles de flexions, et dans une direction perpendiculaire aux fibres.

Les mêmes auteurs ont constaté, par les observations les plus précises, que la fibre musculaire contractée, c'est-à-dire anguleuse, n'est pas raccourcie, et qu'ainsi dans la contraction, les extrémités de la fibre se rapprochent, mais que la fibre elle-même n'a rien perdu de sa longueur; ils sont parvenus à ce résultat, soit en mesurant directement la fibre contractée, soit en calculant les angles produits.

Long-temps il a été incertain si le muscle considéré en masse et qui se contracte, augmentait ou diminuait de volume; Borelli soutenait qu'il y avait augmentation; Glisson soutenait le contraire, et s'appuyait d'une expérience : il faisait plonger dans un baquet rempli d'eau le bras d'un homme, et croyait apercevoir un abaissement du niveau du liquide au moment où il recommandait à l'homme de contracter ses muscles. Cette expérience, répétée avec plus de précautions par M. Carlisle, a donné un effet opposé; mais on a senti que le mode d'expérimenter était loin de présenter la précision nécessaire, puisqu'on n'y tient pas compte des changements qui doivent survenir, soit dans la peau, soit dans le tissu cellulaire.

M. Barzoletti a fait l'expérience d'une manière qui ne laisse rien à désirer : il suspend dans un flacon la moitié postérieure d'une grenouille, remplit celui-ci d'eau, et le ferme avec un bouchon traversé par un tube étroit et gradué ; il fait alors contracter le muscle au moyen du galvanisme, mais dans aucun cas il n'a vu le niveau du liquide changer dans le tube. Il est donc bien positif que le volume des muscles ne change pas par l'effet de leur contraction.

Quand un muscle se contracte, il se raccourcit, se durcit plus ou moins brusquement, et sans qu'il y ait aucune oscillation ni hésitation préparatoire ; il acquièrt tout-à-coup une élasticité telle, qu'il devient susceptible de vibrer et de produire des sons. La couleur du muscle ne paraît pas changer dans le moment où il est contracté ; mais il a une certaine tendance à se déplacer, à laquelle résistent les aponévroses.

Tous les phénomènes sensibles de la contraction musculaire se passent dans les muscles ; mais il n'en est pas moins certain qu'ils ne.peuvent se développer qu'autant que le cerveau et les nerfs y prennent part.

Comprimez le cerveau d'un animal ou d'un homme, aussitôt il perd la faculté de faire contracter ses muscles; coupez les nerfs qui se distribuent à un muscle, il est à jamais paralysé.

Quels changements arrivent dans le tissu musculaire durant l'état de contraction? On l'ignore complétement; et, sous ce rapport, la contraction musculaire ne se sépare point des actions vitales, dont on ne peut donner aucune explication.

Ce n'est pas qu'on n'ait plusieurs fois tenté d'expliquer non-seulement l'action des muscles, mais aussi celle des nerfs, et même du cerveau dans la contraction musculaire : aucune des hypothèses proposées ne peut être encore adoptée.

Au lieu de nous arrêter à de semblables spéculations, toujours faciles à inventer et à réfuter, et qui doivent enfin être bannies de la physiologie, il faut étudier dans la contraction musculaire : 1° l'intensité de la contraction; 2° sa durée; 5° sa vitesse; 4° son étendue.

L'intensité de la contraction musculaire, c'est-à-dire le degré de force avec lequel les fibres se raccourcissent, est réglée par l'action du cerveau; elle est en général soumise à la volonté, dans des limites variables pour chaque individu. Une organisation particulière des muscles favorise l'intensité des contractions : ce sont des fibres volumineuses, fermes, rouge foncé, présentant des stries transversales. A puissance de volonté égale, elles produiront des effets bien plus forts que des muscles, dont les fibres sont fines, lisses, et décolorées. Cependant, si avec de semblables fibres se trouve jointe une influence cérébrale très-forte, ou une grande puissance de volonté, la contraction pourra acquérir une intensité remarquable : en sorte que l'influence cérébrale d'une part, et la disposition du tissu musculaire de l'autre, sont les deux éléments de l'intensité de la contraction musculaire.

Il est rare qu'une action cérébrale très-énergique soit réunie chez le même individu avec la disposition des fibres musculaires favorables à l'intensité des contractions; presque toujours ces deux éléments sont en sens inverse. Quand ils sont réunis, des effets étonnants sont produits. Cette réunion existait probablement chez les athlètes de l'antiquité; on l'observe en ce moment chez certains bateleurs.

Par la seule influence de l'action du cerveau, la force musculaire peut être portée à un degré extraordinaire : on connaît la force d'un homme en colère, celle des maniaques, celle des personnes qui éprouvent des convulsions, etc.

La durée de la contraction est soumise à la volonté; il ne faut pas cependant qu'elle se prolonge au-delà d'un temps variable selon les individus, car alors on éprouve un sentiment de lassitude d'abord peu marqué, qui va ensuite en croissant jusqu'au point où le muscle refuse de se contracter. La promptitude avec laquelle se développe ce sentiment pénible est en raison de l'intensité de la contraction et de la faiblesse de l'individu.

Vitesse des contractions.

Pour obvier à cet inconvénient, les divers mouvements du corps sont calculés de manière que les muscles agissent successivement, la contraction de chacun ne durant pas long-temps : on explique ainsi pourquoi nous ne pouvons rester long-temps dans la même position; pourquoi une attitude qui nécessite la contraction forte et soutenue d'un petit nombre de muscles ne peut être conservée que peu d'instants.

Étendue des contractions.

Le sentiment de fatigue qui suit la contraction musculaire se dissipe par l'inaction, et au bout de quelque temps les muscles récupèrent la faculté de se contracter.

Jusqu'à un certain degré, la vitesse des contractions est soumise à l'influence cérébrale : on en a la preuve dans la manière dont nous exerçons nos mouvements ordinaires; mais, passé ce degré, la vitesse des contractions dépend évidemment de l'habitude. Voyez quelle différence existe, sous le rapport de la rapidité des mouvements, entre un homme qui met sa main pour la première fois sur le clavier d'un piano, et ce même homme lorsqu'il aura quelques années d'exercice.

On observe des différences individuelles très-prononcées par rapport à la vitesse des contractions, soit pour les mouvements ordinaires, soit pour ceux auxquels on ne parvient que par un exercice approprié.

Quant à l'étendue des contractions, la volonté la dirige, mais elle doit nécessairement varier avec la longueur des fibres, car des fibres longues ont une étendue de contraction plus considérable que des fibres plus courtes.

D'après ce qui précède, nous voyons qu'en général la volonté a une grande influence sur la contraction des muscles; cependant elle n'y est pas indispensable: dans une foule de circonstances les mouvements s'exécutent non-seulement sans sa participation, mais aussi malgré elle; on en trouve des exemples remarquables dans les effets de l'habitude, des passions, et des maladies.

Phénomènes qu'il ne faut pas confondre avec la contraction musculaire.

Ne confondons point la contraction musculaire, telle que nous venons de la décrire, avec les modifications qu'elle éprouve dans les maladies, telles que les convulsions, les spasmes, le tétanos, les blessures du cerveau, etc.; gardons-nous de même de confondre la contraction qui nous occupe, avec les phénomèmes que présentent les muscles quelque temps après la mort. Sans doute ces phénomènes sont curieux à étudier, mais certes ils ne méritaient pas l'importance qu'y ont attachée Haller et ses disciples, et surtout il ne fallait pas les réunir, sous le nom d'*irritabilité*, avec les autres modes de contraction qui se voient dans l'économie animale, et particulièrement avec la contraction musculaire.

Modifications de la contraction musculaire par l'âge.

C'est seulement au commencement du second mois que l'on peut distinguer les muscles de la masse gélatiniforme qui constitue l'embryon; encore à cette époque ne présentent-ils presque aucun des caractères qu'ils ont chez l'adulte. Ils sont d'un gris pâle, légèrement rosé; ils ne reçoivent qu'une petite quantité de sang relativement à celle qu'ils recevront plus tard; ils croissent et se développent avec les progrès de la grossesse; mais ce développement est peu marqué, au point qu'à la naissance ils sont grêles et peu prononcés; exceptons-en cependant ceux qui doivent concourir à la digestion et à la respiration, qui devaient avoir, et qui ont en effet pris un accroissement beaucoup plus marqué.

Muscles dans le fœtus.

Muscles dans l'enfance et la jeunesse.

Pendant l'enfance et la jeunesse la nutrition des muscles s'accélère, mais ils croissent particulièrement en longueur : c'est pourquoi, chez l'enfant et le jeune homme, les formes sont arrondies, sveltes, agréables : elles sont à peu près semblables chez les jeunes filles. Quand arrive l'âge adulte, les

Muscles chez l'adulte.

formes changent de nouveau : les muscles croissent en épaisseur, ils se prononcent fortement sous la peau, augmentent beaucoup de volume; les intervalles qui les séparent n'étant plus remplis par la graisse, il en résulte des bosses et des enfoncements qui donnent au corps un aspect tout différent de celui de l'adolescent. A cet âge, le tissu du muscle prend plus de consistance; sa couleur rouge se fonce, sa nature chimique même se modifie : car une expérience journalière apprend que le bouillon fait avec la chair de jeunes animaux est d'une saveur, d'une couleur et d'une consistance tout autres que celui qui a été fait avec la chair d'animaux adultes. Il paraît que les muscles de l'animal adulte contiennent plus de fibrine, d'osmazôme et de partie colorante du sang, par conséquent plus de fer.

Muscles du vieillard.

La nutrition des muscles décroît sensiblement dans la vieillesse. Ces organes diminuent en volume, pâlissent, deviennent flasques et vacillants, surtout aux membres; la contractilité du tissu est affaiblie, la fibre est devenue coriace et difficile à déchirer : aussi la préparation de chair musculaire est-elle bien différente dans nos cuisines, si l'animal est jeune, ou s'il est déjà vieux.

La contraction musculaire subit à peu près les mêmes phases que la nutrition des muscles. Faible et à peine marquée chez le fœtus, elle augmente d'activité à la naissance, s'accroît rapidement dans l'enfance et la jeunesse, acquiert son plus haut degré de perfection dans l'âge adulte, et finit par se perdre presque entièrement chez le vieillard décrépit.

Contraction musculaire dans les âges.

DE LA VOIX.

On entend par *voix* le son qui est produit dans le larynx au moment où l'air traverse cet organe, soit pour entrer dans la trachée-artère, soit pour en sortir.

De la voix.

Pour l'intelligence du mécanisme par lequel la voix est produite et modifiée, il est nécessaire que nous disions quelques mots de la manière dont le son se produit, se propage et se modifie dans les instruments à vent, principalement sur ceux qui ont le plus d'analogie avec l'organe de la voix.

En général, un instrument à vent est formé d'un tuyau droit ou courbe, dans lequel l'air est mis en vibration par des procédés variables.

Des instruments à vent.

Les instruments à vent sont de deux sortes : les uns, nommés *à bouche;* et les autres, *à anche.*

Dans les instruments à bouche (cor, trompette, trombone, flageolet, flûte, tuyau d'orgue en flûte), c'est la colonne d'air contenue dans le tuyau qui est le corps sonore. Pour qu'elle produise des sons, il faut exciter des vibrations. Les moyens qu'on emploie à cet effet sont variables, suivant l'espèce d'instrument. La longueur, la largeur, la forme du tube, les ouvertures pratiquées sur ses côtés ou à ses extrémités, la force, et la manière avec laquelle on excite les vibrations, sont les causes qui font varier les sons de cette espèce d'instrument. La nature de la matière qui les forme n'a d'influence que sur le timbre du son. La théorie de ces instruments est entièrement semblable à celle des vibrations longitudinales des cordes (1). Lorsque l'on connaît les conditions physiques dans lesquelles se trouve un semblable instrument, on peut déterminer exactement par le calcul le son qu'il produira ; il n'y a d'obscur dans leur théorie que certains points relatifs à leur embouchure, c'est-à-dire à la manière dont on y excite les vibrations. Il n'y a pas de rapport évident entre ce genre d'instrument et celui de la voix.

Les instruments à anche sont ceux qu'il nous importe le plus de connaître, car l'organe de la voix

---

(1) Biot, *Traité de Physique expérimentale et mathématique*, liv. II, chap. IX.

est de ce genre; malheureusement leur théorie est bien moins parfaite que celle des instruments à bouche. On doit distinguer dans ce genre d'instruments (clarinette, hautbois, basson, jeu d'orgue à voix humaine, etc.) l'*anche* et le *corps* ou tuyau : le mécanisme en est essentiellement différent.

Une anche est toujours formée d'une et quelquefois de deux lames minces, susceptibles de se mouvoir rapidement, et dont les vibrations alternatives sont destinées à intercepter et à permettre tour à tour le mouvement d'un courant d'air : c'est pourquoi les sons qu'elles produisent ne suivent pas les mêmes lois que les sons formés par les lames élastiques, libres par un bout, fixes par l'autre, qui excitent immédiatement des ondulations sonores dans l'air libre : dans les instruments à anche, l'anche seule produit et modifie les sons. Si la lame est longue, les mouvements sont étendus, lents, et par conséquent les sons graves; une lame courte, au contraire, produit nécessairement des sons aigus, parce que les alternatives de transmission et de pression du courant d'air sont plus rapides.

De l'anche.

Le ton dépend de l'anche.

Quand on voudra tirer d'une anche une suite de sons, il faudra faire varier la longueur de la lame : c'est aussi ce que fait le joueur de basson, de clarinette, etc., lorsqu'il produit des sons différents avec ces instruments.

Ajoutons cependant, comme circonstance importante, que le ton plus ou moins élévé que produit l'instrument dépend en partie de l'élasticité, du poids, et même de la forme de la languette ou lame, et de l'intensité du courant d'air; car tous ces éléments n'étant plus les mêmes, la longueur étant invariable, le ton change (1).

Tuyau des instruments à anche.

On n'emploie jamais une anche seule; on l'adapte toujours à un tuyau, à travers lequel passe le vent qu'on a poussé dans l'anche, et qui, pour cette raison, doit être ouvert par ses deux extrémités. Le

Influence du tuyau dans les instruments à anche.

tuyau n'influe pas sur le ton du son, il n'a d'influence que sur l'intensité, le timbre, et sur la possibilité de faire *parler* l'anche. Ceux qui déterminent les sons les plus éclatants sont les tuyaux coniques, qui vont en s'évasant vers l'air extérieur. Si le cône est renversé, le son devient sourd; mais si deux cônes pareils, opposés base à base, sont ajustés à un tuyau conique, le son prend de la rondeur et de la force. Les physiciens ne se rendent point raison de ces modifications (2).

Accord du tuyau avec l'anche.

Une colonne d'air qui vibre dans un tuyau ne peut produire qu'un certain nombre de sons déterminés; par une conséquence de ce fait, un tuyau d'anche, lorsqu'il est long, ne transmet aisément

---

(1) Biot, *loc. cit.*

(2) Biot, *loc. cit.*

que les sons qu'il est apte à produire ; aussi faut-il en général établir d'avance un accord entre l'anche et le corps de l'instrument : par conséquent, lorsqu'on veut pouvoir tirer successivement différents sons d'un même tuyau d'anche, il faut non-seulement modifier la longueur de la lame, mais modifier encore d'une manière correspondante la longueur du tuyau, et c'est à quoi servent les trous percés sur les côtés des clarinettes, des bassons, etc. ; en les bouchant ou les ouvrant, on met le tuyau en rapport convenable avec l'anche. Cet accord a d'ailleurs l'avantage de pouvoir amener plus facilement, avec les lèvres, l'anche à donner le son qu'on veut avoir. Cette influence du tuyau est très-marquée pour ceux qui sont étroits (clarinettes, hautbois); elle est telle même, que l'anche pourrait à peine parler si le tuyau n'était amené à son ton. Dans les très-gros tubes (orgues), les anches vibrent à peu près comme dans l'air contenu dans de semblables tuyaux lorsqu'ils transmettent le son produit par l'anche. On a vu qu'il en est tout autrement pour les instruments à bouche.

Appareil de la voix.

Puisque le passage de l'air à travers le larynx est une condition absolument nécessaire à la formation de la voix, on devrait compter les organes qui le déterminent au nombre des organes vocaux. Il de-

Organes de la voix.

vrait en être de même pour plusieurs autres parties qui servent à la production ou aux modifications de la voix; mais devant en parler ailleurs, nous n'insisterons ici que sur le larynx, qui doit être considéré comme l'organe de la voix proprement dit.

Larynx. Placé à la partie antérieure du cou formant la saillie qu'on y remarque, intermédiaire de la langue et de la trachée-artère, le larynx a un volume qui varie suivant l'âge et le sexe. Proportionnellement plus petit dans l'enfant et la femme, il est plus volumineux chez le jeune homme déjà pubère, et davantage chez l'adulte.

Non-seulement le larynx produit la voix, mais il est encore l'agent de ses principales modifications : c'est pourquoi une connaissance exacte de l'anatomie de cet organe est indispensable si l'on veut parvenir à comprendre le mécanisme de la voix. Faute d'avoir suivi cette méthode, on n'a jusqu'ici donné que des idées imparfaites ou fausses sur ce point intéressant. Ne pouvant entrer ici dans tous les détails de la structure du larynx, nous n'insisterons que sur ceux qui sont les plus nécessaires à connaître, et dont plusieurs sont encore peu connus.

Cartilages du larynx. Quatre cartilages et trois fibro-cartilages entrent dans la composition du larynx, et en forment en quelque sorte la charpente ou le squelette. Les cartilages sont, *le cricoïde, le thyroïde,* et les deux *arrythénoïdes.* Le thyroïde s'articule avec le cricoïde par l'extrémité de ses cornes inférieures. Dans l'état de vie, le thyroïde est fixe relativement au cricoïde, ce qui est contraire à ce que l'on croit généralement. Chaque cartilage arrythénoïde est articulé avec le cricoïde au moyen d'une facette oblongue, et concave transversalement. Le cricoïde présente une facette dont la disposition est analogue à celle de l'arrythénoïde, avec cette différence qu'elle est convexe dans le même sens que l'autre est concave. Autour de l'articulation, on trouve une capsule synoviale, serrée en avant et en arrière, lâche au contraire en dedans et en dehors. Devant l'articulation est le ligament thyro-arrythénoïdien ; derrière est un fort faisceau ligamenteux que l'on pourrait nommer ligament *crico-arrythénoïdien,* à cause de ses attaches.

Disposée comme je viens de le dire, l'articulation ne peut permettre que des mouvements latéraux de l'arrythénoïde sur le cricoïde ; tout mouvement en avant ou en arrière est impossible, ainsi qu'un certain mouvement de bascule dont on parle dans les livres d'anatomie, mouvement qu'aucun muscle n'est disposé de manière à pouvoir produire. Cette articulation doit être considérée comme un ginglyme latéral simple. Les fibro-cartilages du larynx sont l'*épiglotte,* et deux petits corps que l'on

Fibro-cartilages du larynx.

trouve au-dessus du sommet des cartilages arrythénoïdes, et que Santorini a nommés *capitula carti-
laginum arrythenoïdarum.*

Un grand nombre de muscles s'attachent médiatement ou immédiatement au larynx : on nomme
ces muscles *extrinsèques;* ils sont destinés à mouvoir l'organe en totalité, soit pour l'abaisser ou l'é-
lever, soit pour le porter en avant, en arrière, etc.
En outre, le larynx a des muscles dont l'usage est
de faire mouvoir, les unes par rapport aux autres,
ses diverses parties; ces muscles ont été nommés
intrinsèques : ce sont 1° les muscles *crico-thyroï-
diens,* dont l'usage n'est point, comme on l'a cru
jusqu'ici, d'abaisser le thyroïde sur le cricoïde,
mais au contraire d'élever le cricoïde en le rapprochant du thyroïde, ou même en le faisant passer
un peu sous son bord inférieur (1); 2° les muscles
crico-arrythénoïdiens postérieurs, et les *crico-arrythénoïdiens latéraux,* dont l'usage est de porter
en dehors les cartilages arrythénoïdes, en les écartant l'un de l'autre; 3° le muscle *arrythénoïdien,*
qui rapproche et applique l'un contre l'autre les
cartilages arrythénoïdes ; 4° le *thyro-arrythénoïdien,* qui est de tous les muscles du larynx le plus
important à connaître, puisque c'est lui dont les

Muscles de larynx.

Muscles extrinsèques du larynx.

Muscles intrinsèques du larynx.

---

(1) *Voyez* mon *Mémoire sur l'Epiglotte,* an 13.

vibrations produisent le son vocal. Ce muscle forme les lèvres de la glotte, et les parois inférieures, supérieures et latérales des ventricules du larynx; 5° enfin, les muscles de l'épiglotte, qui sont, le *thyro-épiglottique*, l'*arrythéno-épiglottique*, et quelques fibres que l'on peut envisager comme le vestige du muscle glosso-épiglottique qui existe dans beaucoup d'animaux : donc la contraction influe sur la position de l'épiglotte.

Muscles de l'épiglotte.

Le larynx est tapissé à l'intérieur par une membrane muqueuse. Cette membrane, en passant de l'épiglotte aux cartilages arrythénoïdes et thyroïdes, forme deux replis, nommés les *ligaments latéraux de l'épiglotte :* elle concourt à former les *ligaments supérieurs et inférieurs de la glotte.* Derrière, et dans le tissu de l'épiglotte, on trouve un grand nombre de follicules muqueux et quelques glandes muqueuses; il existe dans l'épaisseur des ligaments de l'épiglotte un amas de ces corps, qu'on a nommé assez improprement *glande arrythénoïdienne.*

Membrane muqueuse du larynx.

Glande arrythénoïdienne.

Entre l'épiglotte, en arrière, et l'os hyoïde et le cartilage thyroïde en avant, on voit un paquet considérable de tissu cellulaire graisseux très-élastique, et analogue à ceux qui existent aux environs de certaines articulations. On n'a point encore assigné les usages de ce corps : je crois qu'il sert à favoriser les glissements fréquents du cartilage thyroïde sur la face postérieure de l'os hyoïde, et à

Glande épiglottique.

Usages de la glande épiglottique.

tenir l'épiglotte écartée supérieurement de cet os, et en même temps à lui fournir un appui très-élastique, qui puisse favoriser les usages que remplit le fibro-cartilage dans la voix ou la déglutition.

Vaisseaux et nerfs du larynx.

Les vaisseaux du larynx n'offrent rien de remarquable. Il n'en est pas de même des nerfs de cet organe ; leur distribution mérite d'être examinée avec soin. Ces nerfs sont au nombre de quatre : les laryngés supérieurs, et les récurrents ou laryngés inférieurs.

Le nerf récurrent se distribue aux muscles crico-arrythénoïdien postérieur, crico-arrythénoïdien latéral, et thyro-arrythénoïdien ; on ne voit point de ramification de ce nerf qui aille au muscle arrythénoïdien, ni au crico-thyroïdien. Le nerf laryngé supérieur, au contraire, est destiné au muscle arrythénoïdien, auquel il donne un rameau considérable, et au muscle crico-thyroïdien, auquel il envoie un filet moins remarquable par son volume que par son trajet (1). Dans quelques cas, cependant, ce filet n'existe pas : mais alors la branche externe du nerf laryngé est plus considérable. Le reste des filets du nerf laryngé se distribue aux muscles de l'épiglotte et à la membrane muqueuse qui revêt l'entrée du larynx : aussi cette partie est-elle douée d'une excessive sensibilité.

----

(1) *Voyez* mon *Mémoire sur l'Epiglotte.*

On appelle *glotte* l'intervalle qui sépare les mus- De la glotte.
cles thyro-arrythénoïdiens et les cartilages arrythénoïdes. Sur le cadavre, la glotte se présente sous
l'apparence d'une fente longitudinale, longue de
huit à dix lignes, et large de deux à trois ; elle est
plus large en arrière qu'en avant, où les deux côtés
se rapprochent, au point de se toucher à l'endroit
de leur insertion au cartilage thyroïde.

L'extrémité postérieure de la glotte est formée
par le muscle arrythénoïdien.

Si l'on rapproche les cartilages arrythénoïdes de Ligaments de la glotte.
manière qu'ils se touchent par leur face interne,
la glotte est diminuée d'environ un tiers de
sa longueur ; elle n'offre plus qu'une fente d'une
demi-ligne à une ligne de large, et de cinq à six lignes de long. Les côtés de cette fente sont nommés
les *lèvres de la glotte.* Ils présentent un bord tranchant, dirigé en haut et en dedans ; ils sont essentiellement formés par le muscle thyro-arrythénoïdien, et par le ligament du même nom, qui recouvre, comme une aponévrose, le muscle auquel
il adhère avec force, et qui, recouvert lui-même
par la membrane muqueuse, forme essentiellement la partie la plus mince ou le tranchant de la
lèvre. Ce sont ces lèvres de la glotte qui vibrent dans
la production de la voix : on peut dire que c'est
l'*anche humaine.*

Au-dessus des ligaments inférieurs de la glotte Ventricules du larynx.

sont les ventricules du larynx, dont la cavité est plus spacieuse qu'il ne semble au premier examen, et dont les parois inférieures externes et supérieures sont formées par le muscle thyro-arrythénoïdien, contourné sur lui-même : l'extrémité ou paroi antérieure est formée par le cartilage thyroïde. Au moyen de ces ventricules, les lèvres de la glotte sont parfaitement isolées par leur côté supérieur.

Ligaments supérieurs de la glotte. On voit au-dessus de l'ouverture des ventricules deux corps qui ont beaucoup d'analogie pour la disposition avec les cordes vocales, et qui forment comme une seconde glotte au-dessus de la première; on nomme ces corps *ligaments supérieurs de la glotte.* Ils sont formés par le bord supérieur du muscle thyro-arrythénoïdien, un peu de tissu cellulaire graisseux, et la membrane muqueuse du larynx, qui les recouvre avant de pénétrer dans les ventricules.

Telles sont les observations qu'il est facile de faire sur le larynx des cadavres. Je ne crois pas qu'on ait jamais examiné la glotte d'un homme vivant, du moins on n'a rien écrit, à ma connaissance, sur cet objet ; mais lorsqu'on l'examine sur des animaux, des chiens, par exemple, on voit qu'elle s'agrandit et se rétrécit alternativement : les cartilages arrythénoïdes sont portés en dehors dans le moment où l'air pénètre dans les poumons, et ils se rapprochent et s'appliquent l'un à l'autre dans l'instant où l'air sort de cette cavité.

Mécanisme de la production de la voix.

Si l'on prend la trachée-artère et le larynx d'un animal ou d'un homme, et qu'avec un gros souf-flet on pousse de l'air dans la trachée, en le diri-geant vers le larynx, aucun son n'est produit, mais seulement un léger bruit, résultat du frottement de l'air contre les parois du larynx. Si, continuant de souffler, on rapproche les cartilages arrythénoï-des de sorte qu'ils se touchent par leur face in-terne, il se produira un son qui aura quelque ana-logie avec la voix de l'animal auquel appartient le larynx servant à l'expérience.

Mécanisme de la voix.

Le son sera plus ou moins aigu ou grave, selon que les cartilages seront pressés l'un contre l'autre avec plus ou moins de force; il sera d'autant plus intense, que l'on soufflera dans la trachée avec plus de force. On verra facilement dans cette expé-rience que c'est le ligament inférieur de la glotte qui, par ses vibrations, produit le son.

Une ouverture faite à la trachée, au-dessous du larynx, prive l'homme et les animaux de la voix : celle-ci reparaît si l'on bouche mécaniquement l'ouverture. Je connais un homme qui est dans ce cas depuis nombre d'années ; il ne peut parler s'il ne porte une cravate serrée qui ferme une ouver-

Expériences sur la voix.

ture fistuleuse du larynx. Le résultat est le même lorsque le larynx est ouvert au-dessous des ligaments inférieurs de la glotte.

Au contraire, une blessure existe-t-elle au-dessus de la glotte, intéresse-t-elle l'épiglotte et ses muscles; les ligaments supérieurs de la glotte et même la partie supérieure des cartilages arrythénoïdes sont-ils lésés, la voix persiste. Enfin, la glotte, mise à découvert sur un animal vivant, dans le moment où il crie, laisse aisément apercevoir que sa voix est formée par les vibrations des cordes vocales (1). En voilà assez, je pense, pour mettre hors de doute que la voix est produite dans la glotte par les mouvements de ses ligaments inférieurs.

Ce fait une fois bien établi, peut-on, par les principes de la physique, se rendre raison de la formation de la voix? Voici l'explication qui me paraît la plus probable. L'air, chassé du poumon, marche d'abord dans un canal assez large; bientôt ce canal se rétrécit, et l'air est obligé de passer à travers une fente étroite, dont les deux côtés sont des lames vibrantes, qui, de même que les lames des anches, permettent et interceptent tour à tour le passage de l'air, et qui, par ces alternatives, doivent déterminer de même des ondulations sonores dans le courant d'air transmis.

---

(1) Nom donné par Ferrein aux lèvres de la glotte.

Mais pourquoi, en soufflant dans la trachée-ar- tère d'un cadavre, le larynx ne produit-il aucun son analogue à la voix humaine? pourquoi la paralysie des muscles intrinsèques de cet organe est-elle suivie de la perte de la voix? enfin, pourquoi faut-il un acte de la volonté pour que nous formions le son vocal? La réponse est facile. Les ligaments de la glotte n'acquièrent la faculté de vibrer, à la manière des lames des anches, qu'autant que les muscles thyro-arrythénoïdiens sont en contraction; et par conséquent, dans toutes les circonstances où les muscles ne seront pas contractés, il n'y aura point de voix produite.

Les expériences sur les animaux sont parfaite- ment d'accord avec cette doctrine. Coupez les deux nerfs récurrents, qui, comme nous l'avons dit, se distribuent aux muscles thyro-arrythénoïdiens, et la voix est perdue entièrement. N'en coupez qu'un, et la voix ne se perd qu'à moitié.

Cependant, j'ai vu plusieurs animaux dont les deux nerfs récurrents étaient coupés, pousser des cris assez aigus dans des instants où ils éprouvaient une violente douleur. Ces cris avaient beaucoup d'analogie avec les sons qu'on aurait produits mécaniquement avec le larynx de l'animal mort, en soufflant dans la trachée, et en rapprochant les cartilages arrythénoïdes : et c'est encore un phénomène qui s'entend aisément par la distribution des nerfs du larynx. Les récurrents étant coupés, les thyro-arrythénoïdiens ne se contractent plus, et de là résulte l'*aphonie;* mais le muscle arrythénoïdien, qui reçoit ses nerfs du laryngé supérieur, se contracte, et dans le moment d'une expiration forte il applique l'un contre l'autre les cartilages arrythénoïdes, et la fente de la glotte, se trouve assez étroite pour que l'air puisse faire entrer en vibration les muscles thyro-arrythénoïdiens, bien qu'ils ne soient point contractés.

Intensité ou volume de la voix.

Volume de la voix.   L'intensité de la voix dépend, comme celle de tous les autres sons, de l'étendue des vibrations (1). Or, plus l'air sortant de la poitrine sera chassé avec force, et plus les vibrations des cordes vocales auront d'étendue; plus les cordes elles-mêmes seront longues, c'est-à-dire plus le larynx sera volumineux, et plus aussi l'étendue des vibrations sera considérable. Une personne vigoureuse, dont la poitrine est large, dont le larynx a de grandes dimensions, présente les conditions les plus avantageuses pour l'intensité de la voix. Que cette même

---

(1) Probablement que l'intensité du son tient à d'autres causes qu'à l'étendue des vibrations : il doit en être de même pour l'intensité de la voix.

personne tombe malade, ses forces s'affaiblissent,
sa voix perd beaucoup de son intensité, par la seule
raison qu'elle ne peut plus chasser l'air avec force
de sa poitrine.

Les enfants, les femmes, les eunuques, dont le
larynx est proportionnellement plus petit que celui
de l'homme adulte, ont aussi naturellement la voix
beaucoup moins intense que lui.

Dans la production ordinaire de la voix, elle résulte des mouvements simultanés des deux côtés de
la glotte : si l'un de ces côtés perdait la faculté
d'exciter des vibrations dans l'air, la voix perdrait
nécessairement, à force d'expiration égale, la moitié de son intensité. On peut s'assurer de ce résultat en coupant un seul nerf récurrent sur un chien,
ou en étudiant la voix chez une personne attaquée
d'une hémiplégie complète.

Timbre de la voix.

Chaque individu a son timbre de voix particulier,
et qui le fait reconnaître ; chaque âge, chaque sexe,
ont aussi le leur. Le timbre de la voix présente
donc des modifications infinies : de quelles circonstances physiques dépendent-elles ? on l'ignore.
Pourtant le timbre féminin, qui se retrouve dans
les enfants, dans les eunuques, coïncide assez généralement avec l'état cartilagineux des cartilages du
larynx. La voix masculine, qu'on retrouve quel-

quefois chez les femmes, paraît au contraire liée avec l'état osseux de ces mêmes cartilages, et surtout du thyroïde.

On se rappelle que le timbre est une modification du son, dont les physiciens sont loin de se rendre un compte exact.

Des différents tons, ou de l'étendue de la voix.

Étendue de la voix.

Les sons que peut produire le larynx de l'homme sont extrêmement nombreux. Plusieurs auteurs célèbres ont cherché à en expliquer la formation; mais ce qu'ils ont donné comme des explications étaient plutôt de simples comparaisons. Ainsi, Ferrein voulait que les ligaments de la glotte fussent des cordes, et il expliquait les divers tons de la voix par les degrés différents de tension dont il pensait qu'elles étaient susceptibles; d'autres ont comparé le larynx à un instrument à vent, aux lèvres du donneur de cor, aux mêmes parties dans l'action de siffler.

Ces explications pèchent par la base, car elles ne sont fondées que sur la considération superficielle du larynx du cadavre, tandis qu'elles devraient avoir eu pour fondement l'étude approfondie de l'anatomie du larynx, et l'examen attentif de cet organe dans l'état de vie : j'ai tâché de suppléer à cette lacune, et voici les résultats que j'ai obtenus.

Expériences sur la voix.

J'ai mis sur un chien criard la glotte à découvert par une incision entre le cartilage thyroïde et l'os hyoïde, et j'ai vu que lorsque les sons sont graves, les ligaments de la glotte vibrent dans toute leur longueur, et que l'air expiré sort par toute l'étendue de la glotte.

Dans les sons plus aigus, les ligaments ne vibrent plus par leur partie antérieure, mais seulement par leur partie postérieure, et l'air ne sort plus que par la portion de glotte qui vibre : cette ouverture se trouve par conséquent diminuée.

Enfin, quand les sons deviennent très-aigus, les ligaments ne présentent plus de vibrations qu'à leur extrémité arrythénoïdienne, et l'air expiré ne sort plus, si ce n'est par cette portion de la glotte. Il paraît que le terme de l'acuité des sons arrive, parce que la glotte se ferme entièrement, et que l'air ne peut plus sortir à travers le larynx.

Le muscle arrythénoïdien ayant principalement pour usage de fermer la glotte par son extrémité postérieure, devait être l'agent principal de la production des sons aigus. J'ai voulu savoir quel effet aurait sur la voix la section des deux nerfs laryngés qui donnent le mouvement à ce muscle, et j'ai reconnu que dans ce cas la voix de l'animal perd presque tous ses tons aigus; en outre, elle acquiert une gravité habituelle qu'elle n'avait point auparavant.

L'analogie de structure est trop marquée entre

le larynx de l'homme et celui du chien, pour qu'on ne puisse pas croire que les mêmes phénomènes se passent chez le premier. Une circonstance doit avoir une certaine influence sur les tons de la voix, c'est la contraction des muscles thyro-arrythénoïdiens. Plus ces muscles se contracteront avec force, et plus leur élasticité s'accroîtra, et plus ils deviendront susceptibles de vibrer rapidement et de produire des sons aigus; moins ils seront contractés, et plus ils produiront aisément les sons graves. On peut aussi présumer que la contraction de ces muscles concourt puissamment à fermer en partie la glotte, particulièrement dans sa moitié antérieure.

Explication approximative de la production des tons de la voix.

Il paraît donc très-probable que le larynx représente une anche à double lame, dont les tons sont d'autant plus aigus que les lames sont plus raccourcies, et d'autant plus graves qu'elles sont plus longues. Mais, quoique cette analogie soit juste, il n'en faudrait cependant pas conclure une identité complète. En effet, les anches ordinaires sont composées de lames rectangulaires, fixées par un côté et libres par les trois autres, au lieu que dans le larynx les lames vibrantes, qui sont aussi à peu près rectangulaires, sont fixes par trois côtés et libres par un seul. En outre, on fait monter ou descendre les tons des anches ordinaires en variant leur longueur : dans les lames du larynx, c'est la largeur qui varie. Enfin, jamais dans les instruments de musique on n'a employé d'anches dont les lames mobiles pussent varier à chaque instant d'épaisseur et d'élasticité, comme il arrive pour les ligaments de la glotte : en sorte que l'on conçoit bien, par aperçu, que le larynx peut produire la voix et en varier les tons à la manière des anches, mais sans pouvoir toutefois assigner rigoureusement toutes les particularités de son mode d'action.

On a cru jusqu'ici que le tube qui apporte le vent à l'anche, ou le *porte-vent*, n'avait aucune influence sur la nature du son produit : M. Biot rapporte une observation de M. Grenié, qui prouve le contraire. Il n'est donc pas impossible que l'allongement ou le raccourcissement de la trachée, qui fait, relativement au larynx, l'office de porte-vent, ait une influence sur la production de la voix et sur ses différents tons.

Nous venons d'examiner l'anche de l'organe de la voix, il faut considérer maintenant le tuyau que le son vocal traverse après avoir été produit. Or, en procédant de bas en haut, le tuyau se compose : 1° de l'intervalle compris entre l'épiglotte en avant, ses ligaments latéraux sur les côtés, et de la paroi postérieure du pharynx; 2° du pharynx en arrière et latéralement, et de la partie la plus postérieure de la base de la langue en avant; 3° tantôt la bouche, tantôt les cavités nasales, et quelquefois les deux cavités ensemble.

Ce tuyau pouvant s'allonger et se raccourcir, devenir plus large ou se rétrécir, étant susceptible de prendre une infinité de formes différentes, doit remplir très-bien les fonctions de corps d'instrument à anche, c'est-à-dire qu'il doit pouvoir se mettre en harmonie avec le larynx, favoriser ainsi la production des tons nombreux dont la voix est susceptible, accroître l'intensité du son vocal en prenant une forme conique, évasée vers le dehors, donner de la rondeur et de l'agrément au son, en disposant convenablement son ouverture extérieure, ou bien l'étouffer presque entièrement, etc.

Jusqu'à ce que la physique ait déterminé avec précision l'influence du tuyau des instruments à anche, il est clair que l'on ne pourra se livrer qu'à des conjectures probables touchant l'influence du tuyau de l'organe de la voix. On ne peut faire à cet égard qu'un petit nombre d'observations, qui portent sur les phénomènes les plus apparents.

Raccourcissement du tuyau vocal.

A. Le larynx s'élève dans la production des sons aigus, il s'abaisse au contraire dans celle des sons graves ; par conséquent le tuyau vocal est raccourci dans le premier cas et allongé dans le second. On conçoit qu'un tuyau court est plus favorable pour transmettre des sons aigus, tandis qu'un plus long l'est davantage pour des sons graves. En même temps que le tuyau change de longueur, il change aussi de largeur ; et cette circonstance est remarquable, car nous avons vu plus haut que la largeur du tuyau influe sur sa facilité de transmettre les sons.

Quand le larynx descend , c'est-à-dire quand le tuyau vocal s'allonge, le cartilage thyroïde s'abaisse et s'éloigne de l'os hyoïde de toute la hauteur de la membrane thyro-hyoïdienne. Par cet écartement, la glande épiglottique est portée en avant , et vient se loger dans la concavité de la face postérieure de l'os hyoïde ; cette glande entraîne nécessairement après elle l'épiglotte : d'où il résulte un élargissement considérable de la partie inférieure du tuyau vocal.

Le phénomène opposé arrive lorsque le larynx s'élève. On voit alors le cartilage thyroïde s'élever, puis s'engager derrière l'os hyoïde (1); en déplaçant et poussant en arrière la glande épiglottique, celle-ci pousse à son tour l'épiglotte , et le tuyau vocal se trouve de beaucoup rétréci. En simulant ce mouvement sur le cadavre, il est facile de s'assurer que le rétrécissement peut aller jusqu'aux cinq sixièmes de la largeur du tuyau. Or, c'est un tuyau large qu'on adapte à une anche, qui forme des sons graves; c'est, au contraire, un tuyau étroit

Allongement du tuyau vocal.

---

(1) Les muscles thyro-hyoïdiens paraissent plus particulièrement destinés à produire le mouvement par lequel le cartilage thyroïde passe derrière l'os hyoïde.

qui est ordinairement employé pour transmettre des sons aigus. On peut donc, jusqu'à un certain point, se rendre raison de l'utilité des changements de largeur qu'éprouve le tuyau vocal dans sa partie inférieure.

Usages des ventricules du larynx.

B. La présence des ventricules du larynx immédiatement au-dessus des ligaments inférieurs de la glotte, paraît avoir pour utilité d'isoler ces ligaments, de manière qu'ils vibrent librement dans l'air. Quand il s'introduit des corps étrangers dans les ventricules, ou quand il s'y forme des mucosités ou une fausse membrane, la voix est ordinairement éteinte ou très-affaiblie.

Usages de l'épiglotte.

C. En raison de sa forme, de sa position, de son élasticité, des mouvements que lui impriment ses muscles, l'épiglotte paraît appartenir essentiellement à l'appareil de la voix ; mais quels sont ses usages ? Nous avons déjà vu qu'il contribue puissamment à rétrécir le tuyau vocal ; on peut croire qu'il a une fonction plus importante.

M. Grenié, qui vient de faire subir aux anches une modification si ingénieuse et si utile, n'est pas parvenu tout d'un coup au résultat qu'il a enfin obtenu ; il a dû passer par une série d'effets intermédiaires. A une certaine époque de son travail, il voulait augmenter l'intensité d'un même son sans rien changer à l'anche ; pour y réussir, il était obligé d'augmenter graduellement l'intensité du courant d'air; mais cette augmentation, en rendant les sons plus forts, les faisait monter; pour remédier à cet inconvénient, M. Grenié ne trouva d'autre moyen que de placer obliquement dans le tuyau, immédiatement au-dessus de l'anche, une languette souple, élastique, telle à peu près que nous voyons l'épiglotte au-dessus de la glotte : d'où l'on pourrait conclure que l'épiglotte concourt à donner à l'homme la faculté d'enfler le son vocal sans que celui-ci monte.

D. L'intensité de la voix est visiblement influencée par le tuyau vocal. Les sons les plus intenses que la voix puisse produire, nécessitent que la bouche soit largement ouverte, la langue un peu retirée en arrière, le voile du palais soulevé, horizontal, et sensiblement élastique, fermant toute communication avec les fosses nasales. Dans ce cas, le pharynx et la bouche font évidemment l'office d'un porte-voix, c'est-à-dire qu'ils représentent assez exactement un tuyau d'anche, qui va en s'évasant vers l'air extérieur, et dont l'effet est d'augmenter l'intensité du son produit par l'anche. Si la bouche est en partie fermée, les lèvres portées en avant, et plus ou moins rapprochées, le son pourra acquérir de la rondeur, un timbre agréable, mais il perdra de son intensité : résultat qui s'explique aisément d'après ce qui a été dit de l'influence de la forme des tuyaux dans les instruments à anche.

Par les mêmes raisons, toutes les fois que le son vocal passera par les fosses nasales , il deviendra sourd, car la forme de ces cavités est bien propre à diminuer l'intensité des sons.

Si la bouche et le nez sont fermés en même temps, la voix ne peut être produite.

Influence du tuyau sur le timbre de la voix.

E. On a vu , à l'occasion de la production de la voix, qu'un grand nombre de modifications relatives au timbre naissent par les changements d'épaisseur, d'élasticité , qui arrivent aux lèvres de la glotte. Le tuyau peut en produire une foule d'autres, selon ses divers degrés de longueur ou de largeur; selon sa forme, la contraction du pharynx, la position de la langue, celle du voile du palais; selón que le son passe en tout ou en partie par la bouche ou par les fosses nasales, ou bien par ces deux cavités à la fois; la disposition individuelle de la bouche ou du nez ; l'existence ou la non existence des dents ; le volume de la langue, etc. ; selon toutes ces circonstances, dis-je, le timbre de la voix est continuellement modifié. Chaque fois, par exemple, que le son traversera les fosses nasales, le son vocal devient désagréable, *nasillard*.

Les personnes qui pensent que les cavités nasales peuvent augmenter l'intensité du son vocal par leur résonnement, s'abusent; ces cavités ne peuvent produire que l'effet contraire : aussi, toutes les fois que par une cause quelconque le son peut s'y introduire, la voix devient sourde ou *na-sonnée.*

F. Indépendamment des nombreuses modifications que le tuyau de l'organe vocal détermine dans l'intensité et le timbre de la voix, en permettant ou en interceptant alternativement sa production, il produit encore un genre de modification très-importante. Par ce moyen, le son vocal est partagé en petites portions, qui chacune ont un caractère distinct, parce que chacune d'elles est produite par un mouvement particulier du tuyau. Cette espèce d'influence du tuyau vocal est ce qu'on nomme *la faculté d'articuler*, qui offre encore un nombre infini de différences individuelles en rapport avec l'organisation propre du tuyau vocal.

Jusqu'ici nous avons traité de la voix humaine d'une manière générale, nous allons actuellement parler de ses principales modifications, savoir, *le cri*, ou *voix native; la voix proprement dite*, ou *voix acquise; la parole*, ou *la voix articulée; le chant*, ou *la voix appréciable.*

Du cri ou voix native.

Le cri est un son inappréciable qui, comme tous les sons produits par le larynx, est susceptible de varier de ton, d'intensité, et de timbre.

Le cri se distingue aisément de tous les autres sons vocaux; mais comme son caractère tient au

timbre, il est impossible de se rendre physiquement raison de la différence qui existe entre ceux-
ci et le cri.

Quelle que soit la condition dans laquelle se
trouve l'homme, quel que soit son âge, il peut
produire le cri, ou crier. L'enfant naissant, l'idiot,
l'homme sauvage, le sourd de naissance, l'homme
civilisé, le vieillard décrépit, peuvent produire
des cris. On doit donc considérer le cri comme
essentiellement attaché à l'organisation; on s'en
convainc encore en examinant quels sont ses usages.

Utilité
du cri.

Par le cri, nous exprimons les sensations vives,
soit qu'elles viennent du dehors ou du dedans, soit
qu'elles soient agréables ou douloureuses. Il y a des
cris de joie, il y a des cris de douleur. Par le cri, nous
exprimons nos besoins instinctifs les plus simples,
les passions naturelles. Il existe un cri de fureur,
un cri de crainte, etc.

Les besoins sociaux et les passions sociales n'é-
tant pas une suite indispensable de l'organisation,
et nécessitant pour se développer l'état de civilisation, n'ont point de cris qui leur soient propres.

Le cri comprend ordinairement les sons les plus
intenses que l'organe de la voix puisse former; le
plus souvent son timbre a quelque chose qui blesse
l'oreille et qui agit fortement sur ceux qui sont à
portée de l'entendre.

Au moyen du cri s'établissent des rapports importants entre l'homme et ses semblables.

Le cri de joie dispose à la joie, le cri de douleur excite la pitié, le cri qu'arrache la terreur porte au loin l'épouvante, etc. On retrouve cette espèce de langage chez la plupart des animaux; c'est presque le seul qui leur soit départi : le chant des oiseaux doit être considéré comme une modification de leur cri.

De la voix proprement dite ou acquise.

Dans l'état le plus ordinaire de l'homme, c'est-à-dire lorsqu'il vit en société, et qu'il est doué de l'ouïe, il reconnaît, dès sa plus tendre enfance, que ses semblables produisent des sons qui ne sont pas des cris; il a bientôt fait la remarque qu'il peut en former d'analogues avec son larynx, et dès ce moment se développe en lui, par l'effet de l'imitation et des avantages qu'il y trouve, ce qu'on nomme la *voix acquise*. Un enfant sourd ne peut faire aucune de ces remarques, aussi il ne peut *acquérir* cette espèce de son.

La voix ne paraît différer du cri que par l'intensité et le timbre, car elle est de même formée de sons inappréciables, ou de sons dont l'oreille ne distingue pas nettement les intervalles.

Puisque la voix est la conséquence de l'audition et du travail intellectuel, elle ne peut se développer si les circonstances qui la produisent n'existent point. En effet, les enfants sourds de naissance, qui n'ont pu prendre aucune idée du son, les idiots, qui n'établissent point de rapport entre les sons qu'ils perçoivent et ceux que leur larynx peut produire, n'ont point de voix, quoique l'appareil vocal des uns et des autres soit apte à former et à modifier les sons, aussi bien que celui des individus bien conformés.

Par la même raison, les individus que nous nommons assez improprement *sauvages*, parce qu'ils ont été trouvés errants depuis leur enfance dans les forêts, ne peuvent point avoir de voix, l'intelligence ne se développant pas dans l'état d'isolement, et nécessitant la vie sociale.

Le timbre, l'intensité, le ton de la voix, sont susceptibles de nombreuses modifications de la part du larynx; de plus, le tuyau vocal exerce sur la voix une puissante influence : la parole et le chant ne sont que des modifications de la voix sociale.

De la parole. Il est très-difficile, peut-être même impossible, de dire comment l'homme est parvenu à représenter ses actes intellectuels par des modifications de la voix, comment il est arrivé à la composition des langues, et surtout comment il a composé l'alphabet. Ces connaissances seraient sans contredit curieuses et utiles, mais elles ne sont pas indispensables, et d'ailleurs elles ne sont pas du ressort de la physiologie : le mécanisme seul du langage doit nous occuper.

Une langue se compose de mots, et les mots sont les signes des idées ; mais les mots eux-mêmes sont formés par les lettres ou les sons de l'alphabet, qui pour la plupart sont des modifications de la voix. *Des lettres.*

Les grammairiens distinguent les lettres en *voyelles* et en *consonnes ;* cette distinction ne peut convenir aux physiologistes.

Les lettres doivent être distinguées en celles qui sont de véritables modifications de la voix, et en lettres qui peuvent être formées indépendamment de la voix.

Les lettres qui appartiennent à la voix sont, pour les langues d'Europe, *a* très-ouvert, anglais (hall); *â* français (hâle) ; *a, è, é, e* muet français; *i, o,* ouvert, italien ; *o, eu, u,* français; *u* italien. Chacune de ces lettres peut éprouver deux modifications, qu'on exprime en disant qu'elle est longue ou brève : ce sont les voyelles des grammairiens. Les autres lettres vocales sont le *b* et le *p (consonnes labiales)* ; le *d* et le *t (consonnes dentales),* l *(consonne palatale)* ; *g* et *k (consonnes gutturales)* ; *m* et *n (consonnes nasales).* *Lettres vocales.*

La formation des voyelles nécessitant que le tuyau vocal soit ouvert, dépend de la forme qu'il affecte dans le temps que la voix est produite. Les consonnes vocales supposent que le tuyau est fermé, et résultent de la manière dont il s'ouvre au moment où la voix est formée : l'existence de ces dernières lettres est donc instantanée.

Les autres lettres sont l'*f* et le *v*, les deux sons du *th* anglais, l'*s* et le *z*, le *ch*, le *j*, l'*r*, l'*h*, et l'*x* espagnol, ou le χ des Grecs.

Ces lettres ont pour caractère d'être produites par le frottement de l'air contre les parois de la bouche, d'être indépendantes par conséquent du son vocal, et de pouvoir être prolongées autant que dure la sortie de l'air des poumons.

Chaque lettre, voyelle ou consonne, est produite par une disposition ou un mouvement particulier du tuyau vocal; mais pour les unes, c'est la langue qui est l'agent principal de leur formation ; pour les autres, ce sont les dents : pour celles-ci, ce sont les lèvres; pour celles-là, le son de la voix doit traverser les fosses nasales, etc.

La prononciation nécessite donc une bonne conformation du tuyau vocal. Présente-t-il quelque lésion, une perforation de la voûte ou du voile du palais; les dents manquent-elles; la langue est-elle gonflée ou paralysée, etc., etc., la faculté d'articuler présente des altérations, et peut même devenir impossible.

Le simple bruit que fait l'air en traversant le larynx peut suffire à la prononciation, comme il arrive quand on parle très-bas. Les personnes qui ont complètement perdu la voix prononcent encore assez distinctement pour qu'on les entende même à une certaine distance.

En combinant les lettres diversement et en nombre variable, on forme des sons plus ou moins composés, qui sont des mots. La formation des mots est différente suivant les langues. Dans celles du Nord, les consonnes sont accumulées, sans que ce soit la véritable raison pour laquelle elles sont rudes à l'oreille et difficiles à prononcer; dans les langues du Midi, les voyelles sont employées en plus grand nombre; elles sont en général douces et harmonieuses.

Ce n'est point un son toujours le même qui De l'accent. sert de fondement à la prononciation : la voix articulée s'élève, baisse, varie d'intensité, de timbre, d'une manière différente suivant chaque espèce de langue. Le mode de ces variations constitue l'*accent* ou la prononciation propre à chaque pays.

Articuler, *prononcer*, n'est point *parler*. Un oi- De la parole. seau prononce des mots, des phrases même, mais il ne parle point : l'homme seul est doué de la *parole*, qui est le plus puissant moyen d'expression de l'intelligence; lui seul attache un sens aux mots qu'il prononce et à l'arrangement qu'il leur donne: il n'aura donc point de parole s'il n'a point d'intelligence. En effet, la plupart des idiots ne parlent point (1) : ils articulent vaguement des sons, qui n'ont et ne peuvent avoir aucune signification.

Du chant.

La voix du chant diffère des autres sons produits par le larynx, en ce qu'elle est formée par des sons appréciables, dont l'oreille distingue aisément les intervalles, et dont on peut prendre l'unisson. Ces caractères n'existent ni pour le *cri* ni pour la *voix parlante*, dont les sons sont inappréciables.

Dodart a avancé que, dans la production du chant, le larynx éprouvait un mouvement de balancement ou d'oscillation de bas en haut; mais l'observation ne confirme point son assertion. Il est probable que, dans le chant, les ligaments de la glotte prennent une disposition particulière qui les rend propres à former des sons appréciables.

On remarque des différences individuelles très-importantes, relatives à l'étendue, à l'intensité, au timbre, etc., de la voix chantante.

Une voix ordinaire a, entre le son le plus bas et le son le plus aigu, environ neuf tons; les voix les

____

(1) Pinel, *Traité de la Manie*, pag. 167.

plus étendues ne passent guère deux octaves en sons bien justes et bien pleins.

Il y a deux sortes de voix, les *graves* et les *ai-* *guës* : la différence des unes aux autres est d'environ une octave.

Étendue de la voix de chant.

En général, les voix graves appartiennent aux hommes faits; cependant ceux dont la voix est la plus grave peuvent former des sons aigus en prenant le *fausset*.

Les voix aiguës sont celles des femmes, des enfants et des eunuques.

Voix aiguës.

En ajoutant tous les tons d'une voix aiguë à ceux d'une voix grave, on a une étendue d'à peu près trois octaves. Il ne paraît pas qu'un même individu ait jamais eu cette portée de voix en sons purs et agréables.

Les musiciens établissent encore des distinctions dans les voix basses : la *haute-contre*, la *taille*, la *basse*, etc.

Mais les différences qui existent entre les diverses espèces de voix ne portent pas toutes sur l'étendue. Il y a des voix *fortes*, dont les sons sont forts et bruyants; des voix *douces*, dont les sons sont doux et flûtés ; de *belles* voix, dont les sons sont pleins et harmonieux ; des voix *justes*. Il y a des voix *fausses*; il y a des voix *flexibles*, *légères;* il en est de *dures* et *pesantes*. Il y en a dont les beaux sons sont irrégulièrement distribués : aux unes, dans

Des différentes espèces de voix.

le bas; aux autres, dans le haut; à d'autres, dans le médium, etc. (1).

De même que la voix et la parole, le chant est un effet de l'état de société; il suppose l'existence de l'ouïe et de l'intelligence. Il est en général employé à peindre les besoins instinctifs, les passions, les divers états de l'esprit. La joie, la tristesse, l'amour heureux ou malheureux, excitent des chants divers.

Du chant articulé.

Le chant peut être articulé. Alors, au lieu d'exprimer simplement des sentiments, il devient un moyen d'expression de la plupart des actes de l'intelligence, mais particulièrement de ceux qui sont liés avec les passions *sociales*.

De la déclamation.

La déclamation est une espèce particulière de chant; seulement les intervalles des tons ne sont pas entièrement harmoniques, et les tons eux-mêmes ne sont pas complétement appréciables. Il paraît que chez les anciens la déclamation différait beaucoup moins du chant que chez les modernes : elle avait probablement de l'analogie avec ce que nous nommons le *récitatif* dans nos opéras.

Les langues méridionales, qui sont très-accentuées, c'est-à-dire qui varient beaucoup en tons dans la simple prononciation, sont très-propres à être chantées.

____

(1) **J. J. Rousseau**, *Dictionnaire de musique*.

Toutes les modifications de la voix, que nous venons d'étudier, sont produites lors de la sortie de l'air de la poitrine. La voix peut aussi être formée dans le moment où l'air traverse le larynx pour pénétrer dans la trachée ; mais cette voix *inspiratoire* est rauque, inégale, peu étendue ; on ne peut que difficilement en varier les tons ; enfin, par les caractères mêmes du phénomène, on peut juger qu'il ne se passe pas selon les lois ordinaires de l'économie. On peut aussi parler et chanter en inspirant. On ignore les modifications qu'éprouvent les lèvres de la glotte dans la production de la voix inspiratoire.

Voix inspiratoire.

Art des ventriloques.

Puisque l'homme peut varier, pour ainsi dire, à l'infini les sons appréciables ou inappréciables de sa voix, qu'il en peut changer à volonté et de mille manières l'intensité, le timbre, etc., rien ne doit être plus facile pour lui que d'imiter exactement les divers sons qui frappent son oreille : c'est en effet ce qu'il exécute dans plusieurs circonstances. Beaucoup de personnes imitent parfaitement la voix et la prononciation d'autres personnes. celle des acteurs, par exemple. Les chasseurs imitent les différents cris du gibier, et réussissent à l'attirer par ce moyen dans leurs piéges.

De l'art des ventriloques.

On a fait un art de cette faculté qu'a l'homme

d'imiter les différents bruits ou sons qu'il entend ; mais les individus qui la possèdent et qui portent le nom de *ventriloques*, n'ont point reçu de la nature une organisation différente de celle des autres hommes : ils doivent seulement avoir les organes de la voix et de la parole bien disposés, afin qu'ils puissent aisément exécuter les sons qu'ils doivent produire.

Les fondements sur lesquels repose cet art sont faciles à saisir. Nous avons instinctivement reconnu, par l'expérience, que les sons s'altèrent par plusieurs causes : par exemple, qu'ils s'affaiblissent, deviennent moins distincts, et changent de timbre à mesure qu'ils s'éloignent de nous. Un homme est descendu au fond d'un puits, il veut parler aux personnes qui sont à l'ouverture : sa voix n'arrivera à leur oreille qu'avec des modifications dépendantes de la distance, de la forme du canal qu'elle a parcouru. Si donc une personne remarque bien ces modifications et s'exerce à les reproduire, il produira des illusions d'acoustique, dont on ne pourra pas plus se défendre qu'on peut ne pas voir les objets plus gros lorsqu'on les regarde à travers un verre grossissant : l'erreur sera complète s'il emploie d'ailleurs les prestiges convenables pour détourner l'attention.

Art des ven-triloques. Plus l'artiste aura de talents, plus les illusions seront nombreuses; mais il faut se garder de croire qu'un ventriloque (1) produise les sons vocaux et articule autrement qu'une autre personne. Sa voix se forme à la manière ordinaire; seulement il en modifie à son gré le volume, le timbre, etc.; et quant à la parole, s'il lui arrive de prononcer sans remuer les lèvres, c'est qu'il a soin d'employer des mots dans lesquels il n'entre point de consonnes labiales, qui nécessiteraient inévitablement le mouvement des lèvres pour être formées. Sous un certain rapport, on peut dire que cet art est à l'oreille ce que la peinture est pour les yeux.

Modifications de la voix dans les âges.

Le larynx est proportionnellement très - petit chez le fœtus et l'enfant naissant; son peu de volume contraste avec celui de l'os hyoïde. de la langue et des autres organes de la déglutition, qui sont déjà très - développés. En outre, il est arrondi, le cartilage thyroïde ne fait point de saillie au cou.

Larynx du fœtus et de l'enfant.

Les lèvres de la glotte, les ventricules, les ligaments supérieurs, sont très-courts, proportionnellement à ce qu'ils seront par la suite; car, le carti-

---

(1) Les mots *ventriloque, engastrimisme,* et autres qui ont la même signification, ont pu être employés dans l'enfance de la science; mais il est évident qu'on ne doit plus les admettre maintenant dans le langage scientifique.

lage thyroïde étant peu développé, l'espace qu'ils occupent est nécessairement peu considérable. Les cartilages sont flexibles, et loin d'avoir la consistance qu'ils auront par la suite.

Le larynx conserve à peu près ces caractères jusqu'à la puberté : à cette époque, il se fait une révolution générale dans l'économie. Le développement des organes génitaux détermime un accroissement rapide dans la nutrition de plusieurs organes, et celui de la voix est du nombre.

Larynx à la puberté.

L'activité plus grande de nutrition se fait d'abord remarquer dans les muscles ; ensuite, mais plus lentement, elle se montre dans les cartilages : alors la forme générale du larynx se modifie ; le cartilage thyroïde se dévoloppe dans sa partie antérieure, il fait saillie au cou, mais d'une manière bien plus prononcée chez l'homme que chez la femme. De cette circonstance résulte un allongement considérable des lèvres de la glotte ou des muscles thyro-arrythénoïdiens; et ce phénomène est bien plus digne de remarque que l'agrandissement général de la glotte, qui arrive concurremment.

Ces changements du larynx, quoique rapides, ne se font pas cependant tout à coup; il faut quelquefois six ou huit mois avant qu'ils soient terminés.

Larynx chez l'adulte.

Au-delà de la puberté, le larynx ne subit pas d'autres changements bien remarquables; son volume et la saillie du cartilage thyroïde vont seulement en se prononçant davantage.

Chez l'homme, les cartilages s'ossifient partiellement.

Dans la vieillesse, l'ossification des cartilages continue et devient à peu près complète; la glande épiglottique diminue considérablement, et les muscles intrinsèques, mais surtout ceux qui forment les lèvres de la glotte, diminuent en volume, deviennent moins foncés en couleur, perdent de leur élasticité; enfin ils éprouvent les mêmes modifications que le système musculaire en général.

La production de la voix supposant l'entrée et la sortie de l'air de la poitrine, le fœtus, plongé au milieu du liquide de l'*amnios*, ne peut la présenter; mais au moment même de la naissance, l'enfant peut produire des sons aigus assez intenses.

Vagitus est le nom que l'on donne à cette voix, ou plutôt à ce cri des enfants, par lequel l'enfant exprime ses besoins, ses sentiments. On se rappelle que c'est là l'objet du cri.

Vers la fin de la première année, l'enfant commence à former des sons que l'on distingue aisément du vagitus. Ces sons, d'abord vagues, irréguliers, deviennent bientôt plus distincts et plus suivis : c'est alors que les nourrices commencent à faire prononcer les mots les plus simples, et successivement ceux qui sont plus compliqués.

Larynx du vieillard.

Vagitus, ou cri des enfants.

La prononciation des enfants est loin de ressembler à celle des adultes; mais aussi quelle différence entre les organes des uns et des autres! Chez les enfants, les dents ne sont point encore sorties de leurs alvéoles; la langue est, comparativement, très-volumineuse; les lèvres se trouvent plus grandes qu'il ne faut pour couvrir antérieurement les mâchoires quand elles sont rapprochées; les cavités nasales sont très-peu développées, etc.

Ce n'est que par degrés, et à mesure que la conformation des organes de la prononciation se rapproche de celle de l'adulte, que les enfants arrivent à articuler nettement les diverses combinaisons de lettres. Ils ne parviennent à former des sons appréciables, ou à chanter, que long-temps après qu'ils ont acquis la faculté de parler.

Cette espèce de sons est la voix proprement dite ou acquise : l'enfant ne la présenterait pas s'il était sourd. On ne doit pas la considérer comme une modification du vagitus.

Jusqu'à l'époque de la puberté, le larynx reste proportionnellement très-petit, ainsi que les lèvres de la glotte : aussi la voix se compose-t-elle entièrement de sons aigus. Il est physiquement impossible que le larynx puisse en produire de graves.

A la puberté, la voix éprouve, particulièrement chez l'homme, une modification remarquable : elle

acquiert en peu de jours, souvent même tout-à- Mue de la voix.
coup, une gravité et un timbre sourd qu'elle était
loin d'avoir auparavant. Elle baisse en général d'une
octave. La voix du jeune homme *mue*, selon l'expression vulgaire. Dans certains cas, la voix se
perd presque entièrement, et ne reparaît qu'après
quelques semaines; fréquemment elle contracte une
raucité marquée. Il arrive parfois que le jeune
homme produit involontairement un son très-aigu
dans le moment où il voudrait rendre un son grave : il ne lui est guère possible alors de produire
des sons appréciables ou de chanter juste.

Cet état de choses se prolonge quelquefois durant une année, après quoi la voix reprend un timbre plus ou moins clair, qui durera toute la vie :
mais on rencontre des individus qui perdent à jamais, durant la mue de la voix, la faculté de chanter ; d'autres qui, ayant une voix belle et étendue
avant la mue, n'ont plus, passé cette époque, qu'u-
ne voix médiocre et limitée.

La gravité qu'acquiert la voix dépend évidemment du développement du larynx, et surtout de
l'allongement des lèvres de la glotte. Comme ces
parties ne peuvent point s'allonger en arrière, elles
le font en avant : aussi est-ce à ce moment que le
larynx devient saillant au cou, et que la *pomme
d'Adam* se montre. Chez la femme, les lèvres de
la glotte ne présentent point, à la puberté, cet ac-

croissement de largeur : aussi la voix reste-t-elle en général aiguë.

La voix conserve à peu près les mêmes caractères jusqu'au-delà de l'âge adulte; du moins les modifications subies dans l'intervalle sont peu considérables, et ne portent guère que sur le timbre et le volume. Vers la première vieillesse, la voix change de nouveau, son timbre s'altère, son étendue diminue, le chant est plus difficile; les sons deviennent criards, et ne sont plus produits qu'avec peine et fatigue. Les organes de la prononciation s'étant altérés par l'effet de l'âge, les dents étant plus courtes, quelques-unes ordinairement tombées, celle-ci est aussi sensiblement altérée.

Voix du vieillard.

Tous ces phénomènes deviennent plus prononcés avec la vieillesse confirmée. La voix est faible, chevrotante, cassée; le chant porte les mêmes caractères, ce qui dépend alors de la manière dont s'exerce la contraction musculaire. La parole subit aussi des modifications remarquables : la lenteur des mouvements de la langue, l'absence des dents, la longueur proportionnelle des lèvres plus considérables, etc., doivent nécessairement influer sur la prononciation.

Rapports de l'ouïe et de la voix.

Nous avons déjà fait connaître la liaison de la voix et de l'ouïe : elle est telle, qu'un enfant sourd de naissance est nécessairement muet, qu'une personne dont l'oreille est fausse a nécessairement la voix fausse, qu'un individu dont l'ouïe est dure est instinctivement porté à parler très-haut, etc.

Qu'on ne croie pas cependant que le larynx du sourd de naissance soit incapable de produire la voix : nous avons déjà dit qu'il produit le cri. On parvient, par divers procédés, à lui faire produire la voix; on arrive même à faire parler des sourds-muets de naissance, de manière à leur donner moyen de soutenir une conversation; mais leur voix est rauque, sourde, inégale : les différentes inflexions surviennent sans aucun motif et très-inégalement. Je ne crois pas qu'on soit jamais parvenu à faire chanter un sourd-muet de naissance.

Il y a quelques exemples de personnes qui ont acquis l'ouïe à un âge où elles pouvaient rendre compte de leurs sensations; chez toutes, la voix s'est développée peu de temps après que les individus sont devenus habiles à ouïr.

Les *Mémoires de l'Académie des Sciences*, année 1703, contiennent un exemple de ce genre, arrivé chez un jeune homme de Chartres, âgé de vingt-quatre ans, « qui, au grand étonnement de toute la ville, se mit tout à coup à parler. On sut de lui que, trois ou quatre mois auparavant, il avait entendu le son des cloches, et avait été extrêmement surpris de cette sensation nouvelle et inconnue ; ensuite il lui était sorti une espèce d'eau de l'oreille gauche, et il avait entendu parfaitement des deux oreilles. Il fut, ces trois ou quatre mois, à écouter sans rien dire, s'accoutumant à répéter tout bas les paroles qu'il entendait, et s'affermissant dans la prononciation et dans les idées attachées aux mots. Enfin, il se crut en état de rompre le silence, et il déclara qu'il parlait, quoique ce ne fût encore qu'imparfaitement. Aussitôt d'habiles théologiens l'interrogèrent, etc. »

Il est malheureux pour la science que ce jeune homme n'ait point été observé par des médecins ; peut-être son histoire serait-elle devenue plus intéressante.

Un fait analogue s'est passé à Paris il y a quelques années. Un jeune sourd-muet de naissance, âgé de quinze ans, fut guéri de la surdité par M. le docteur Itard, au moyen d'injections faites dans la caisse par une ouverture pratiquée à la membrane du tympan. Le jeune sourd reconnut d'abord le son des cloches voisines ; il éprouva dans ce moment une émotion très-vive ; il eut même mal à la tête, des vertiges et des étourdissements. Le lendemain, il fut sensible au bruit de la sonnette de l'appartement ; vingt jours après il put reconnaître la voix des personnes qui lui parlaient. Alors son ravissement fut extrême ; il ne pouvait se rassasier d'entendre parler. « Ses yeux, dit M. le professeur Percy, venaient chercher la parole jusque sur les lèvres. Sa voix ne tarda pas à se développer. Il ne forma d'abord que des sons vagues; peu de temps après il put bégayer quelques mots, mais il les prononçait mal et à la manière des enfants. Il fallut quelque temps avant qu'il pût prononcer des mots un peu composés et contenant plusieurs consonnes. On lui fit entendre une vielle organisée, sans qu'il eût été prévenu; on le vit tout à coup trembler, pâlir, et sur le point de tomber en syncope, puis éprouver tous les transports que cause un plaisir vif et inconnu : ses joues colorées, ses yeux étincelants, sa respiration précipitée, son pouls rapide, annonçaient une sorte de délire, d'ivresse de bonheur.

On aurait certainement reconnu encore plusieurs phénomènes surprenants sur ce jeune homme, si une maladie n'était venue l'enlever aux médecins philosophes qui l'observaient.

Des sons indépendants de la voix.

Indépendamment de la voix, l'homme peut encore produire à volonté un grand nombre de sons inappréciables ou même appréciables, tels que le bruit qui accompagne l'action de cracher ou de se moucher; celui par lequel on appelle un cheval; celui qui simule le son produit quand on débouche une bouteille; tel est encore le sifflet des dents ou

18.

des lèvres, soit qu'on le forme en expirant, soit en inspirant; et une multitude d'autres bruits qui résultent du mouvement des diverses parties de la bouche, et de la manière dont l'air pénètre dans cette cavité ou dont il en sort. Il n'est pas aisé de rendre raison du mécanisme de la production de ces différents sons, particulièrement pour ceux qui sont appréciables, comme dans l'action de siffler : on n'a sur ce point que des données approximatives.

DES ATTITUDES ET DES MOUVEMENTS.

Attitudes et mouvements.

La contraction musculaire n'est pas seulement la cause de la voix, elle préside encore à nos mouvements et à nos attitudes.

L'explication des mouvements et des attitudes de l'homme consiste dans l'application des lois de la mécanique aux organes qui les exécutent.

Nos attitudes et nos mouvements étant extrêmement variés, si l'on voulait les appliquer tous, on y trouverait l'application de la plupart des lois de la mécanique.

Personne ne s'est encore occupé de ce travail d'une manière entièrement satisfaisante; en général on s'est borné aux attitudes et aux mouvements les plus fréquents, et aux applications les plus simples des principes de la mécanique.

*Principes de mécanique nécessaires pour l'intelli-
gence des mouvements et des attitudes.*

a. Un corps est en mouvement quand ses par- Mouvement.
ties occupent successivement différents points de
l'espace.

b. On nomme force toute cause de mouvement. Force.

c. Plusieurs forces peuvent être appliquées à un
corps sans produire de mouvement, si leurs effets
se détruisent mutuellement. On dit alors qu'il y a
équilibre.

d. Quand deux forces appliquées en sens contraire à un même point ou aux extrémités d'une
ligne droite se font équilibre, ces deux forces sont
égales.

e. Une force A est double d'une force B, si la Rapports
première peut être considérée comme la réunion des forces.
de deux forces égales à B.

f. Deux forces seront entre elles comme deux
nombres, 7 et 5 par exemple, si elles peuvent
être considérées comme la réunion, la première
de 7, la seconde de 5, forces toutes égales entre
elles.

Les rapports des forces pouvant ainsi être éva-
lués en nombre ou en longueur, on pourra les soumettre, soit au calcul, soit aux constructions géo-
métriques.

Quand un point matériel est sollicité par plu

sieurs forces qui ne se font point équilibre, il se meut dans une certaine direction. On conçoit que ce mouvement pourrait être produit par l'application d'une seule force. On nomme résultante cette force unique qui pourrait remplacer toutes les autres, et celles-ci, considérées par rapport à la résultante, sont nommées ses composantes.

g. Pour qu'un système de forces soit en équilibre, il faut que chacune d'elles détruise l'effet de toutes les autres, par conséquent qu'elle soit égale et directement opposée à leur résultante.

Résultante. *h.* Si toutes les forces sont dirigées suivant une même ligne droite, leur résultante sera dirigée dans le même sens, et égale à leur somme, si elles tirent toutes du même côté. Si elles tirent de deux côtés opposés, elle sera égale à la différence de la somme des forces qui tirent dans un sens sur les forces qui tirent dans l'autre, et dirigée dans le sens de la plus grande somme.

i. D'après le rapport connu des trois lignes, si on nous donne la direction de deux forces P et Q, celle de leur résultante R, nous pourrons facilement trouver le rapport des deux forces : elles seront entre elles comme les côtés du parallélogramme construit, en menant d'un point quelconque de la direction de la résultante deux parallèles à la direction des autres forces.

De plus, si l'on a la valeur de la résultante, on

aura aussi celle des composantes, puisque le rapport de chacune de ces forces à la résultante est connu par le moyen que je viens d'indiquer.

k. La résultante d'un nombre quelconque de Résultante. forces parallèles jouit d'une propriété très-remarquable; c'est que de quelque manière qu'on fasse varier la direction des forces, pourvu qu'elles restent parallèles entre elles, et que leurs points d'application ne soient pas changés, celui de la résultante sera toujours le même, puisque c'est uniquement du rapport de ces forces et de la distance de leurs points d'application que dépend celui de la résultante.

l. Si le corps auquel sont appliqués les forces n'est pas libre dans l'espace, mais assujetti à tourner autour d'un point fixe, on juge bien que pour qu'il y ait équilibre, il suffira que la résultante de toutes les forces passe par ce point, puisqu'alors son action s'exerçant contre un obstacle invincible restera nécessairement sans effet.

m. Si le corps soumis à l'action des forces est assujetti à se mouvoir autour d'une ligne droite, il suffira pour l'équilibre que la résultante passe par l'axe fixe qui rendra nul son effet.

n. La pesanteur agit sur chaque molécule des corps, et les sollicite toutes dans des directions sensiblement parallèles; on pourra donc appliquer à ces forces ce qu'on a dit généralement de tout sys-

Centre de gravité·

tème de forces parallèles, c'est que leur résultante passera toujours par un même point, de quelque manière qu'on fasse varier la direction des forces, c'est-à-dire, dans ce cas, de quelque manière qu'on incline le corps par rapport à la verticale, qui est la direction constante de la pesanteur.

Ce point unique d'application de la résultante de toutes les pesanteurs partielles, est ce qu'on nomme centre de gravité.

o. Pour qu'un corps soumis à la seule action de la pesanteur reste en équilibre, il faudra que la verticale, passant par le centre de gravité, rencontre le point d'appui ou de suspension.

Base de sustentation.

p. Si le corps repose sur un plan horizontal, il faut que cette résultante tombe en dedans de l'espace compris entre les points par lesquels il touche le plan : on nomme *base de sustentation* l'espace ainsi circonscrit. Plus cet espace sera grand, toutes choses étant égales d'ailleurs, plus l'équilibre sera assuré.

Équilibre stable.

q. L'équilibre sera stable quand le corps, dérangé infiniment peu de sa position, tendra à y revenir par une suite d'oscillations. Il sera instantané, si du moment que le corps est dérangé de sa position, il tend à s'en éloigner de plus en plus, jusqu'à ce qu'il ait trouvé une autre position d'équilibre.

r. L'équilibre sera stable quand le centre de gravité sera le plus bas possible, parce que tout changement ne peut que le faire monter contre la tendance qu'il a à descendre. L'équilibre sera instantané quand le centre de gravité sera le plus haut possible, parce que tout changement ne pouvant que le faire descendre, sera favorisé par la tendance qu'il a déjà.

s. De deux colonnes creuses, formées d'une égale quantité de la même matière, et de même hauteur, celle qui présentera la cavité la plus considérable sera la plus forte. Résistance des colonnes.

t. De deux colonnes de même diamètre, mais de hauteur différente, la plus haute sera la plus faible.

v. Le plus grand poids que puisse supporter un ressort qui éprouve de petites flexions, est proportionnel au carré du nombre des flexions, plus un, en sorte que si le ressort présente trois courbures, il supportera un poids seize fois plus considérable que s'il n'en présentait qu'une (1). Résistance des ressorts courbes.

Des leviers.

On définit le levier une ligne inflexible qui tourne autour d'un point fixe. Des leviers.

On distingue dans un levier le point d'appui, le point où agit la puissance, celui où se fait la résis-

______

(1) J'ai emprunté presque tout cet article aux *Recherches sur la Mécanique animale* par M. Roulin, et insérées dans mon Journal de Physiologie.

tance, ou simplement le point d'appui, la puissance et la résistance.

Selon la position respective du point d'appui, de la puissance et de la résistance, le levier est du premier, second ou troisième genre.

Levier du premier genre.

Dans le levier du premier genre, le point d'appui est entre la résistance et la puissance ; la résistance est à une extrémité, et la puissance à l'autre extrémité.

Levier du second genre.

Le levier du deuxième genre est celui où la résistance est entre la puissance et le point d'appui, et où le point d'appui et la puissance occupent chacun une extrémité.

Levier du troisième genre.

Enfin, dans le levier du troisième genre c'est la puissance qui est entre la résistance et le point d'appui, tandis que la résistance et le point d'appui sont aux extrémités.

Bras du levier.

On distingue encore dans un levier le bras de la puissance et celui de la résistance. Le premier comprend la portion du levier qui s'étend du point d'appui à la puissance ; le second est la portion de levier qui sépare le point d'appui de la résistance.

Influence de la longueur du bras du levier.

Lorsque dans le levier du premier genre le point d'appui occupe exactement le milieu du levier, on dit alors que le levier est à bras égaux ; quand le point d'appui se rapproche de la puissance ou de la résistance, on dit alors que le levier est à bras inégaux.

La longueur du bras de levier donne plus ou moins d'avantage, soit à la puissance, soit à la résistance. Si le bras de la puissance, par exemple, est plus long que celui de la résistance, l'avantage est pour la puissance, dans la proportion de la longueur de son bras à celle du bras de la résistance; en sorte que si le premier de ces bras est double ou triple du second, il suffira que la puissance soit la moitié ou le tiers de la résistance, pour que les deux forces se fassent équilibre.

Dans le levier du second genre, le bras de la puissance est nécessairement plus long que celui de la résistance, puisque celle-ci est entre la puissance et le point d'appui, tandis que la puissance est à une extrémité. Ce genre de levier est toujours avantageux à la puissance.

C'est le contraire pour le levier du troisième genre, puisque dans ce levier la puissance est placée entre la résistance et le point d'appui, tandis que la résistance occupe une extrémité.

Le levier du premier genre est le plus favorable à l'équilibre; le levier du second genre est le plus favorable pour vaincre une résistance, et le levier du troisième genre est celui qui favorise le plus la rapidité et l'étendue des mouvements.

La direction selon laquelle la puissance s'insère

Insertion de la puissance sur le levier. sur un levier est importante à remarquer. L'effet de la puissance est d'autant plus considérable, que sa direction approche davantage d'être perpendiculaire à celle du levier. Lorsque cette dernière condition est remplie, la totalité de la force est employée à surmonter la résistance, tandis que, dans les directions obliques, une partie de cette force tend à faire mouvoir le levier dans sa propre direction, et cette portion de force est détruite par la résistance du point d'appui.

Le principe général d'équilibre des leviers, consiste en ce que, quelque direction qu'aient les forces, elles sont toujours entre elles en raison inverse des perpendiculaires abaissées du point fixe sur leur direction.

Force motrice.

Inertie. On appelle *inertie* cette propriété générale des corps, en vertu de laquelle ils persévèrent dans leur état de mouvement ou de repos, tant qu'aucune cause étrangère n'agit sur eux.

Causes qui influent sur le mouvement. La force qui produit le mouvement doit se mesurer par la quantité de mouvement produite. Cette quantité s'estime en multipliant la masse par la vitesse acquise.

Cette vitesse peut s'acquérir de deux manières différentes, ou par l'action continuée d'une force, comme celle de la pesanteur, ou par l'effet d'une force qui produit instantanément une vitesse finie.

Il est facile de conclure de ce qui précède, que tout effort exercé sur un corps libre produira un mouvement. La direction de ce mouvement, la vitesse acquise et l'espace parcouru par le corps, dépendront 1° de l'effort, ou de sa masse, 2° de l'intensité de l'action exercée sur lui, et 3° des forces qui le solliciteront pendant son mouvement.

Ainsi, un corps lancé par la main acquiert instantanément une vitesse d'autant plus grande, que l'effort est plus grand et que la masse est moindre : l'action continuelle de la pesanteur modifie sans cesse et cette vitesse et la direction du mouvement, qui cesse lorsque le corps est tombé sur la surface de la terre. Le mouvement est encore ralenti par la résistance de l'air, dont l'effet augmente avec la vitesse du corps, avec l'étendue de la surface qui frappe continuellement l'air, et avec la légèreté spécifique du corps.

Un corps inorganique ne peut par lui-même changer l'état dans lequel il se trouve. Immobile, il persiste à l'état du repos, jusqu'à ce qu'une force quelconque lui soit appliquée. Devenu mobile par l'action instantanée d'une certaine force, il persiste à l'état de mouvement uniforme et en ligne droite, jusqu'à ce qu'une force nouvelle vienne modifier ou détruire l'effet de la première.

On nomme mouvement uniforme celui dans lequel le mobile parcourt en des temps égaux des

Mouvement accéléré.

espaces toujours égaux. Le mouvement est accéléré quand les espaces parcourus deviennent de plus en plus grands; retardé, quand ils deviennent de plus en plus petits, les temps restant toujours égaux.

D'après ce que nous avons dit plus haut, on voit que le mouvement accéléré ou retardé nécessitera à chaque instant l'application de forces nouvelles.

Dans le mouvement uniforme, l'espace parcouru dans un temps donné, pourra être plus ou moins grand, suivant l'intensité de la force qui a Vitesse. été appliquée. Ce rapport du temps à l'espace parcouru par le mobile, détermine ce qu'on nomme sa vitesse.

Si dans le même temps qu'un corps A parcourt un espace de trois mètres, un autre corps B parcourt un espace de 5 mètres, on dira que la vitesse du premier est à celle du second comme 3 est à 5.

Il arrive souvent qu'on exprime une vitesse par un nombre absolu, mais ce nombre ne représente que le rapport de cette vitesse avec une autre qu'on n'énonce pas, mais qu'on est convenu de prendre pour unité.

Si un corps, dans l'unité du temps (la seconde par exemple), parcourt l'unité d'espace, que nous supposerons le mètre, sa vitesse est celle qu'on choisit pour terme de comparaison, et qu'on représente par l'unité. Si toujours dans le même temps un second corps parcourt 5 mètres, sa vitesse 5 fois plus grande que celle du premier, sera représentée par 5. Si un troisième corps emploie 3 secondes à parcourir ces 5 mètres, que le deuxième parcourait dans une, sa vitesse sera soustriple : par conséquent la deuxième étant 5, celle-ci sera $\frac{5}{3}$. On obtiendra donc l'expression de la vitesse en divisant le nombre qui représente l'espace par celui qui représente le temps, ce qu'on exprime ordinairement plus brièvement, en disant que la vitesse est égale à l'espace divisé par le temps.

A masse égale les vitesses seront proportionnelles aux forces.

A vitesse égale les forces sont proportionnelles aux masses ; car l'effet d'une force qui met en mouvement un corps libre, est d'imprimer une même vitesse à toutes les molécules de ce corps, et par conséquent l'intensité de la force sera proportionnelle au nombre de ces molécules ou à la masse du corps. La mesure d'une force est donc représentée par la somme des forces qui animent toutes les molécules, et comme on le dit ordinairement, l'effet d'une force a pour mesure la masse multipliée par sa vitesse..

A forces égales les vitesses seront réciproquement proportionnelles aux masses. Ainsi, si à un corps mobile vient se joindre un corps immobile, de manière à ce que le premier ne puisse plus se mouvoir sans le second, le mouvement se répandra uniformément dans les deux, de manière à ce qu'ils puissent se mouvoir avec des vitesses égales; il faudra donc qu'il s'y distribue proportionnellement aux masses, et la vitesse résultante sera à la vitesse du premier corps, comme la masse de ce premier corps est à la masse des deux réunis.

Frottement.   On appelle *frottement* la résistance qu'on est obligé de vaincre pour faire glisser un corps sur un autre.

Adhésion.   On nomme *adhésion* la force qui unit deux corps polis, appliqués l'un sur l'autre. Cette force se mesure par l'effort que l'on exerce perpendiculairement à la surface de contact pour séparer les deux corps.

Poli des surfaces.   Plus les surfaces en contact sont polies, plus l'adhésion est grande, et plus le frottement est faible : aussi, tant qu'il ne s'agira que de faire glisser un corps sur un autre, il y aura toujours de l'avantage à rendre les surfaces polies, ou à interposer entre elles un liquide.

Des os.

Organes des attitudes et des mouvements.   Les os, déterminant la forme générale du corps et ses dimensions, remplissent, à raison de leurs propriétés physiques, un usage très-important dans les différentes positions et mouvements du corps : ce sont eux qui forment les différents leviers que présente la machine animale, et qui transmettent le poids de nos parties sur le sol. Comme leviers, ils sont employés tantôt comme du premier genre, tantôt comme du second ou du troisième. Quand il s'agit d'équilibre, c'est presque toujours le levier du premier genre qui est employé ; s'il y a une résistance considérable à surmonter, ils représentent un levier du second genre. Dans les autres mouvements, ils sont employés comme leviers du troisième genre, lequel, comme on sait, désavantageux à la puissance, favorise l'étendue et la rapidité des mouvements. La plupart des saillies et des éminences des os ont pour usage de changer la direction des tendons, et de faire qu'ils s'y insèrent dans une direction moins éloignée de la perpendiculaire.

Comme moyen de transmission du poids, les os représentent des colonnes superposées, presque toujours creuses, ce qui augmente de beaucoup la résistance générale que présente le squelette et celle de chaque os en particulier.

Forme des os.

On distingue les os en os courts, en os plats, et en os longs.

Les os courts se trouvent dans les parties où il

faut beaucoup de solidité et peu de mobilité, comme aux pieds, à la colonne vertébrale.

Les os plats ont pour principal usage de former les parois des cavités; cependant ils concourent aussi avantageusement aux mouvements et aux attitudes par l'étendue de la surface qu'ils présentent pour l'insertion des muscles.

Les os longs sont principalement destinés à la locomotion; ils ne se trouvent qu'aux membres. La forme de leur corps et celle de leurs extrémités méritent d'être remarquées. Le corps est la partie de ces os qui présente le moins de volume; il est en général arrondi : les extrémités, au contraire, sont toujours plus ou moins volumineuses.

La disposition du corps de l'os concourt à l'élégance de la forme des membres; le volume des extrémités articulaires, outre le même usage, assure la solidité des articulations, et diminue l'obliquité de l'insertion des tendons sur les os.

Structure des os.

Les os courts sont presque entièrement composés de substance spongieuse, d'où il résulte qu'ils peuvent présenter une surface considérable sans être trop pesants. Il en est de même pour l'extrémité des os longs; mais le corps de ceux-ci présente la substance compacte en très-grande quantité, ce qui lui donne une grande résistance, laquelle était nécessaire, puisque c'est dans le corps des os longs que viennent aboutir les efforts que supportent ces os.

Le tissu spongieux des os courts et de l'extrémité des os longs est rempli par le suc médullaire.

La cavité du corps des os longs est remplie par la moelle.

Articulations des os.

On les distingue en celles qui ne permettent pas de mouvements et en celles qui en permettent.

Des différentes espèces d'articulations.

La première division présente des sous-divisions, fondées sur la forme des surfaces articulaires.

Les secondes en présentent aussi qui sont fondées sur la disposition des surfaces articulaires et sur l'espèce de mouvement que les articulations permettent.

Dans les articulations mobiles, les os ne se touchent jamais immédiatement; il y a toujours entre eux une substance élastique diversement disposée selon les articulations, et destinée à supporter aisément les plus fortes pressions, à amortir les chocs et à favoriser les mouvements. Tantôt cette substance est unique, adhère également à la surface des deux os qui s'articulent, et constitue les articulations de *continuité*. Elle est alors de nature fibro-cartilagineuse. Tantôt cette substance forme une couche particulière à chaque surface articulaire : c'est ce qui se voit dans les articulations de *contiguité*. Dans ce cas, la substance est cartilagineuse.

Articulations mobiles.

19.

On dit que la substance qui, dans ce genre d'articulation, revêt les os, est formée de fibres disposées les unes à côté des autres, et perpendiculaires à la surface articulaire qu'elles revêtent: cette opinion nous paraît mériter de nouvelles recherches. Les cartilages ont plutôt l'apparence d'être formés d'une couche homogène.

Synovie. Les articulations ainsi disposées présentent les dispositions les plus favorables au glissement. Les surfaces en contact sont très-polies, et un liquide particulier, la *synovie*, vient continuellement se placer entre elles. Pour les mêmes raisons, l'adhésion est très-grande, et cette circonstance ajoute à la solidité de l'articulation en contribuant à prévenir les déplacements.

Cartilages et fibro-cartilages articulaires. Dans certaines articulations mobiles on trouve entre les surfaces articulaires des substances fibro-cartilagineuses non adhérentes à ces surfaces. On leur a donné pour usage de former des espèces de coussins qui, cédant à la pression et revenant ensuite sur eux-mêmes, protégent les surfaces articulaires auxquelles ils correspondent. Elles se trouvent, dit-on, à cet effet, dans les articulations qui supportent les pressions les plus considérables. Nous pensons que cette opinon n'est pas suffisamment fondée. En effet, l'articulation de la hanche et surtout l'articulation du pied, qui supporte habituellement les efforts les plus considérables, n'en présentent point. N'ont-elles pas plutôt pour usage de favoriser l'étendue des mouvements et de prévenir les déplacements?

Autour et quelquefois à l'intérieur des articulations, on trouve des corps fibreux, nommés *ligaments*, et qui ont pour double usage de maintenir les os dans leurs rapports respectifs, et de limiter les mouvements qu'ils exécutent les uns sur les autres.

Attitudes de l'homme.

Examinons l'homme dans les différentes positions qu'il peut prendre, et d'abord dans l'état de station le plus ordinaire, c'est-à-dire, sur ses pieds.

Nous voyons en premier lieu que la tête, unie intimement avec l'atlas, forme avec lui un levier du premier genre, dont le point d'appui est dans l'articulation des masses latérales de l'atlas et de l'axis, tandis que la puissance et la résistance occupent chacune une extrémité du levier, et sont placées l'une à la face, l'autre à l'occiput.

Le point d'appui étant plus près de l'occiput que de la partie antérieure de la face, la tête tend, par son poids, à tomber en avant; mais elle est retenue en équilibre par la contraction des muscles qui s'attachent à sa partie postérieure. C'est donc la colonne vertébrale qui supporte la tête, et qui

doit en transmettre le poids à son extrémité inférieure.

Les membres supérieurs, les parties molles du
cou, du thorax, la plus grande partie de celles qui
sont contenues dans la cavité abdominale, pèsent,
soit médiatement, soit immédiatement, sur la colonne vertébrale.

A raison du poids considérable de ces parties, il
était nécessaire que la colonne vertébrale présentât
une grande solidité.

En effet, le corps des vertèbres, les fibro-cartilages intervertébraux, les divers ligaments qui les
réunissent, forment un tout d'une grande solidité.
Si l'on réfléchit ensuite que la colonne vertébrale
est formée de portions de cylindres superposées ;
qu'elle a la forme d'une pyramide dont la base repose sur le sacrum ; qu'elle présente trois courbures en sens opposé, ce qui lui donne seize fois plus
de résistance que si elle n'en présentait pas, on
aura une idée de la résistance qu'offre la colonne
vertébrale. Aussi on la voit supporter aisément
non-seulement le poids des organes qui pèsent sur
elle, mais même des fardeaux quelquefois très-
lourds.

Le poids des organes que la colonne vertébrale
soutient se faisant surtout sentir sur sa partie antérieure, des muscles placés le long de sa partie
postérieure résistent à la tendance qu'elle aurait à

se porter en avant. Dans cette circonstance, chaque vertèbre et les parties qui s'y attachent représentent un levier du premier genre, dont le point d'appui est dans le fibro-cartilage qui soutient la vertèbre ; la puissance, dans les parties qui l'attirent en avant ; et la résistance, dans les muscles qui s'attachent à ses apophyses épineuses et transverses.

La colonne vertébrale, dans son ensemble, représente un levier du troisième genre, dont le point d'appui est dans l'articulation de la cinquième vertèbre des lombes avec l'os sacrum, dont la puissance est dans les parties qui tendent à porter la colonne en avant, et la résistance dans les muscles postérieurs. Comme c'est à la partie inférieure du levier que la puissance agit principalement, c'est là que la nature a placé les muscles les plus forts ; c'est là que la pyramide, représentée par la colonne vertébrale, a le plus d'épaisseur ; que les apophyses des vertèbres sont plus prononcées et plus horizontales : c'est aussi là que se fait sentir la fatigue, lorsque nous restons long-temps debout.

La puissance musculaire agira d'autant plus efficacement pour rétablir l'équilibre nécessaire à la station, que les apophyses épineuses seront plus longues et plus rapprochées de la direction horizontale.

Le poids de la colonne vertébrale et des parties

Station
debout.

cartement des os des îles, que le sacrum tend à produire.

Le fémur transmet le poids du corps au tibia ; mais, par la manière dont le bassin presse sur lui, son extrémité inférieure tend à se porter en avant, tandis que le contraire a lieu pour son extrémité supérieure : d'où il suit que, pour le maintenir en équilibre sur le tibia, il faut que des muscles puissants s'opposent à ce mouvement. Ces muscles sont le droit antérieur et le triceps crural, dont l'action est favorisée par la présence de la rotule, placée derrière leur tendon. Les muscles de la partie postérieure de la jambe, qui s'attachent aux condyles du fémur, concourent aussi à maintenir cet équilibre.

C'est le tibia qui transmet au pied le poids du corps ; le péroné n'y concourt point. Mais pour que le premier de ces os remplisse convenablement cet office, il est nécessaire que des muscles s'opposent à la disposition qu'a son extrémité supérieure à être portée en avant. Les jumeaux et le soléaire remplissent particulièrement cet usage ; tous les autres muscles de la partie postérieure de la jambe y concourent.

Le pied soutient tout le poids du corps ; sa forme et sa structure sont en rapport avec cet usage. La plante du pied a beaucoup d'étendue, ce qui contribue à la solidité de la station. La peau et l'épiderme de cette partie sont fort épais. Au-dessus de la peau est une couche graisseuse, assez épaisse, surtout aux endroits où le pied presse sur le sol. Cette graisse forme une sorte de coussin élastique, propre à amortir ou à diminuer les effets de la pression exercée par le poids du corps.

Le pied ne touche pas le sol par toute l'étendue de sa face inférieure : le talon, le bord externe, la partie qui correspond à l'extrémité antérieure des os du métatarse, l'extrémité ou la pulpe des orteils, sont les points qui touchent habituellement le sol et qui y transmettent le poids du corps : aussi trouve-t-on dans chacun de ces points des paquets considérables de graisse, évidemment destinés à s'opposer aux inconvénients d'une pression trop forte. Celui qui est placé immédiatement au-dessous de la tête du calcanéum est très-remarquable : il est lisse par sa face supérieure, et seulement contigu à l'os ; il est d'ailleurs distinct du reste de la graisse que présente le talon. Les autres paquets ou coussinets de graisse sont moins volumineux, mais ils sont disposés d'une manière entièrement analogue à celui du talon.

C'est sur l'astragale que le tibia transmet le poids du corps, celui-ci le transmet à son tour aux autres os du pied : mais le calcanéum est celui qui en reçoit la plus grande partie; le reste est réparti entre les autres points du pied qui reposent sur le sol.

Station
debout.

Voici le mode général de cette transmission. L'effort que soutient l'astragale est transmis, 1° au calcanéum, 2° au scaphoïde. Le calcanéum, étant placé immédiatement au-dessous de l'astragale, reçoit la plus grande part de la pression; il la transmet lui-même en partie au sol et en partie au cuboïde. Ce dernier os et le scaphoïde, par l'intermédiaire des cunéiformes, pressent à leur tour sur les os du métatarse, qui, appuyant sur le sol, y transmettent presque toute la pression qu'ils supportent : le surplus se propage dans les orteils, et finit par aboutir de même sur la base de sustentation. Ce mode de transmission suppose que le pied touche le sol par toute l'étendue de la plante.

Comme la pression du tibia se fait sentir surtout à la partie interne du pied, celui-ci tend continuellement à se déjeter en dehors. Le péroné est destiné à maintenir le pied dans la rectitude nécessaire à la solidité de la station.

On a vu que les muscles qui, dans la station, empêchent la tête de tomber en avant, prennent leur point fixe au cou; que ceux qui remplissent le même usage relativement à la colonne vertébrale, prennent le leur au bassin; que ceux qui maintiennent le bassin en équilibre s'attachent aux fémurs ou aux os de la jambe; que ceux qui s'opposent à la rotation des fémurs en arrière, s'insèrent aux tibias; qu'enfin ceux qui retiennent les tibias dans

la position verticale, prennent leur point fixe aux
pieds. C'est donc aux pieds qu'en dernier lieu viennent aboutir tous les efforts nécessaires à la station
debout; il fallait donc que les pieds présentassent
une résistance en rapport avec l'effort qu'ils avaient
à supporter. Mais les pieds n'ont par eux-mêmes
d'autre résistance que celle de leur pesanteur; toute
celle qu'ils présentent leur est communiquée par
le poids du corps qu'ils supportent : en sorte que la
même cause qui tend à produire la chute, est justement celle qui assure la solidité de la station.

L'espace que les pieds laissent entre eux, plus
la surface qu'ils recouvrent, forment la base de
sustentation. La condition d'équilibre pour la station debout est que la verticale, abaissée du centre
de gravité, vienne tomber sur un des points de la
base de sustentation. La station sera d'autant plus
solide que cette base sera plus large ; sous ce rapport, la largeur des pieds est loin d'être indifférente.

On sait, par l'observation, que la station est aussi
solide que possible quand les deux pieds, dirigés
en avant et placés sur deux lignes parallèles, seront séparés par un espace égal à la longueur de
l'un d'eux. Si l'on agrandit latéralement la base de
sustentation en écartant les pieds, la station devient plus solide dans ce sens, mais elle perd de la
solidité d'avant en arrière. C'est l'opposé quand

on place un pied en avant et l'autre en arrière.

Plus la base de sustentation est diminuée, moins la station est solide, et plus elle nécessite d'efforts musculaires pour être maintenue. C'est ce qui arrive quand on s'élève sur la pointe des pieds. Dans ce cas, les pieds ne touchent plus le sol que par l'espace compris entre l'extrémité antérieure des os du métatarse et l'extrémité des orteils : ce mode de station est fatigant et ne peut être long-temps soutenu. Quelques personnes, les danseurs, par exemple, peuvent s'élever jusque sur l'extrémité des orteils : on conçoit que cette position doit présenter encore plus de difficulté. Au reste, quelle que soit la partie du pied qui touche le sol, elle est toujours comprise parmi les quatre parties que nous avons désignées au commencement de cet article, et l'on ne peut méconnaître l'utilité des paquets de tissu cellulaire graisseux qui y correspondent.

La station deviendra de même très-pénible ou même impossible, si les pieds reposent sur un plan très-étroit, une corde tendue, par exemple.

On peut dire en général que toute cause qui rétrécira la base de sustentation diminuera la solidité de la station dans la proportion de la diminution de cette base, comme on peut s'en assurer en examinant les individus qui ont accidentellement perdu les orteils par la congélation, ou la partie antérieure du pied à la suite de l'amputation partielle du pied, ceux qui ont une ou deux jambes de bois, ou bien ceux qui font usage d'échâsses. Dans ce dernier cas, la station est encore rendue plus difficile par l'éloignement du centre de gravité de la base de sustentation.

La station sur deux pieds peut avoir lieu dans une infinité de positions différentes du corps, autres que la droite. Le tronc peut être penché en avant, en arrière, ou latéralement; les membres inférieurs peuvent être fléchis de diverses manières. Si l'on a bien compris ce que nous avons dit de la station debout, il sera facile de se rendre raison des attitudes dont il est ici question.

Station sur un seul pied.

Dans certaines circonstances, on se tient debout sur un seul pied. Cette attitude est nécessairement fatigante; elle exige, de la part des muscles qui environnent l'articulation de la hanche, une action forte et soutenue, d'où il résulte l'équilibre du bassin sur un seul fémur; et comme le corps, et par conséquent le bassin, tend à s'incliner du côté de la jambe qui n'appuie pas sur le sol, il faut de la part des muscles, grand, moyen, et petit fessiers, du fascia-lata, des jumeaux, du pyramidal, des obturateurs, du carré, une contraction telle, que le tronc soit retenu. On a occasion de remarquer ici l'usage du col du fémur et de la saillie du grand trochanter : il est clair qu'ils rendent beaucoup moins oblique l'insertion des muscles qui viennent d'être nommés, et que par là il y a moins de déchet dans la force avec laquelle ils se contractent.

Il n'est pas nécessaire d'ajouter que, dans la station sur un seul pied, la base de sustentation n'est représentée que par la surface du sol recouverte par le pied, et qu'ainsi elle est toujours moins solide que la station sur deux pieds, quelle que soit la position de ceux-ci. Elle deviendra encore plus difficile et plus chancelante, si, au lieu d'appuyer sur le sol par toute l'étendue de la face inférieure du pied, on ne le touche que par la pointe de cette partie. Il n'est guère possible de conserver une semblable attitude au-delà de quelques instants.

Station sur les genoux.

Station à genoux.

La base de sustentation dans cette position semble, au premier abord, être fort large ; et comme le centre de gravité est baissé, on pourrait penser qu'elle est beaucoup plus solide que la station sur deux pieds : mais la largeur de la base qui soutient le poids du corps est loin d'être mesurée par toute la surface des deux jambes qui touchent le sol. La rotule, à peu près seule, transmet la pression au sol ; aussi la peau qui la recouvre se trouve-t-elle fortement comprimée, et n'étant point soutenue par de la graisse élastique, comme on le voit pour la peau du pied, elle serait bientôt blessée si cette position était prolongée. C'est pour diminuer les effets de cette pression que l'on place un coussin sous la rotule lorsqu'on doit rester long-temps à genoux, ou bien qu'on transmet au sol, par un corps intermédiaire sur lequel on appuie la partie supérieure du tronc, une partie du poids du corps. C'est dans la même vue, c'est-à-dire pour répartir sur une plus grande étendue la pression causée par le poids du corps, qu'on laisse les cuisses se fléchir en arrière et se porter sur les jambes et les talons : alors la station devient très-solide et peu fatigante, parce que la base de sustentation est très-large et que le centre de gravité en est très-voisin.

Attitude assise.

On peut être assis de diverses manières : sur le sol, les jambes étendues en avant; sur un siége bas; sur un siége ordinaire, les pieds touchant le sol; enfin sur un siége élevé, les pieds ne touchant pas le sol, étant au contraire suspendus; le dos étant ou n'étant pas appuyé.

Dans toutes les positions assises où le dos n'est pas soutenu et où les pieds appuient sur le sol, le poids du tronc est transmis au sol par le bassin, dont la largeur en bas est plus considérable chez l'homme que dans aucun animal. La base de sustentation du tronc devient distincte de celle des os des membres inférieurs; elle est représentée par l'étendue qu'occupent les fesses sur le plan résistant

Attitude
assise.

qui les soutient. Plus elles seront volumineuses, chargées en graisse, et plus l'attitude assise aura de solidité.

Lorsque dans l'attitude assise le dos n'est point appuyé, elle nécessite la contraction permanente des muscles postérieurs du tronc, qui s'opposent à la chute de celui-ci en avant : aussi ne laisse-t-elle pas d'être fatigante, comme on peut le remarquer en restant long-temps assis sur un tabouret. Il n'en est pas de même lorsque le dos est soutenu par un corps solide, comme il arrive quand on est assis sur un fauteuil : alors les seuls muscles qui soutiennent la tête ont besoin d'agir, et sont les seuls qui se fatiguent. Les chaises longues sont disposées pour empêcher cet inconvénient, puisqu'elles soutiennent et le dos et la tête. Quelle que soit cependant la manière dont on est assis, on peut conserver assez long-temps cette attitude, 1° parce qu'elle ne comporte que la contraction de peu de muscles; 2° parce que la base de sustentation est large, et que le centre de gravité en est peu éloigné; 3° parce que les fesses, en raison de l'épaisseur de la peau et de la masse de graisse qu'elles contiennent, peuvent, sans inconvénient, supporter une pression forte et prolongée.

Du coucher.

Du coucher.

Le coucher est la seule position du corps qui ne demande aucun effort musculaire; aussi est-ce l'attitude du repos, celle des personnes débiles ou des malades qui ont une grande prostration de forces; c'est aussi celle que l'on peut conserver le plus long-temps. Le seul organe qui se fatigue dans cette position, c'est la peau qui correspond à la base de sustentation; la pression du poids du corps, quoique répartie sur une très-grande étendue et n'ayant que peu d'action sur chaque point en particulier, suffit pour déterminer de la gêne d'abord, et bientôt de la douleur. Et si la position reste long-temps la même, comme cela se voit dans certaines maladies, la peau s'excorie et se gangrène, particulièrement dans les points qui supportent la pression la plus forte, comme à la face postérieure du bassin, aux grands trochanters, etc. C'est pour éviter les inconvénients de cette pression qu'on recherche, pour se coucher, les lits dont la mollesse et l'élasticité permettent une répartition plus égale de la pression sur tous les points de la peau correspondants à la base de sustentation.

Des mouvements.

On reconnaît deux espèces de mouvements : les premiers ont pour but de changer la position réciproque des parties du corps; les seconds changent les rapports du corps avec le sol : les uns sont appelés *partiels*, les autres *locomoteurs*.

20.

Des mouvements partiels.

Mouvements partiels. La plupart des mouvements partiels font partie inhérente des diverses fonctions. Plusieurs ont déjà été décrits, d'autres le seront à leur tour. Nous ne traiterons ici que de ceux qui peuvent être isolés de l'histoire des fonctions. Nous allons successivement parler de ceux de la face, de ceux de la tête, de ceux du tronc, de ceux des membres supérieurs, enfin de ceux des membres inférieurs.

Mouvements partiels de la face.

Mouvements partiels de la face. Il est aisé de remarquer que les mouvements ont deux buts distincts : le premier, de concourir aux sensations de la vue, de l'odorat et du goût, ainsi qu'à la préhension des aliments, à la mastication, à la déglutition, à la voix et à la parole; le second, d'exprimer les actes intellectuels et les passions.

Mouvements des paupières.

Clignement. Les mouvements des paupières peuvent être rapportés *au clignement*, c'est-à-dire au mouvement par lequel les bords libres se rapprochent, se touchent, et quelquefois s'appuient avec plus ou moins de force l'un contre l'autre.

Les muscles qui exécutent ces mouvements sont l'orbiculaire et l'élévateur de la paupière; les nerfs qui se distribuent dans l'orbiculaire sont le facial, et une partie des branches de la cinquième paire.

Le nerf de l'élévateur de la paupière est une branche de la troisième paire.

M. Charles Bell a montré, par l'expérience, que la section du nerf facial fait cesser les mouvements d'abaissement des paupières : l'œil reste en contact avec l'air, et l'animal ne cligne plus, soit spontanément, soit quand un corps étranger touche sa conjonctive ; j'ai répété plusieurs fois cette expérience, elle est parfaitement exacte.

J'ai trouvé dans mes recherches sur la cinquième paire que la section du tronc de ce nerf, faite dans le crâne, arrête aussi les mouvements de clignement ; les muscles des paupières ne sont cependant pas paralysés, car la lumière du soleil, introduite brusquement dans l'œil, détermine le clignement ; il paraît donc que le retour périodique du clignement est lié à la sensibilité de la conjonctive, et que la destruction de cette propriété entraîne la cessation du clignement. Ce mouvement paraît donc être produit par un acte assez compliqué du système nerveux. Nous voyons en effet que toute gêne, toute irritation de la conjonctive, toute menace inattendue, nous fait cligner ; enfin si nous nous efforçons de ne pas cligner pendant quelque temps, nous ressentons une sensation pénible sur la conjonctive.

Nous pouvons en outre conclure de mes expériences que la cinquième paire exerce sur la septième une influence analogue à celle qu'elle a sur les nerfs des sens spéciaux.

Mouvements de l'œil.

Aucun organe ne présente un appareil moteur aussi compliqué que l'œil, sous le rapport du nombre des muscles, et surtout par celui des paires de nerfs qui y concourent ; nous voyons dans l'orbite les quatre muscles droits de l'œil, les deux obliques ; la troisième, la quatrième et la sixième ; ces trois nerfs sont à peu près exclusivement destinés aux muscles, et par conséquent aux mouvements du globe oculaire.

Avant de rechercher quel est le mécanisme des mouvements de l'œil, et quels en sont les agents, il faut d'abord rechercher quels sont les mouvements de cet organe.

Mouvements involontaires de l'œil. M. Charles Bell a fait dernièrement remarquer que si on entr'ouvre les paupières d'une personne endormie, on reconnaît que la cornée et la pupille sont dirigées en haut et placées sous la paupière supérieure ; c'est encore ce qui se voit chez les personnes très-faibles et près de perdre connaissance : les yeux ne se dirigent plus sur rien, et en général le globe tend à s'élever et tourne de bas en haut. Le même phénomène se montre aux approches de la mort : alors la cornée opaque, ou le blanc de l'œil, paraît seul dans l'écartement des paupières ;

les médecins ont depuis long-temps signalé ce fait comme un des plus funestes présages.

Les attaches des muscles droits de l'œil indiquent assez leurs usages, et ce que l'anatomie annonçait a été confirmé par quelques expériences de M. Charles Bell.

Le même physiologiste désirant s'assurer si les muscles obliques ne font éprouver à l'œil que des mouvements latéraux, a attaché au tendon de l'oblique supérieur un fil mince à l'extrémité duquel pendait un anneau de verre, dont le poids tirait hors de l'orbite le tendon. En touchant l'œil avec une plume, j'ai vu, dit-il, par la contraction du muscle, l'anneau tiré en haut et plusieurs fois avec assez de force pour qu'il s'échappât de mon doigt.

Le même auteur a coupé en travers le tendon de l'oblique supérieur d'un singe : l'animal a d'abord éprouvé quelque trouble, mais ensuite l'œil a repris son expression naturelle, comme s'il n'avait subi aucune opération. La section de l'oblique inférieure sur un autre singe, n'a point eu d'autres résultats.

M. Bell ayant coupé l'oblique supérieur sur un singe, agita sa main devant les yeux de l'animal : l'œil droit se dirigea d'une manière très-prononcée en haut et en dedans, tandis que le gauche offrait le même mouvement, mais moins étendu ; en outre, lorsque l'œil droit avait pris cette position, il s'abaissait avec difficulté.

La conclusion générale en ces expériences, est que la section des muscles obliques n'empêche pas les mouvements de l'œil relatifs à la vue, et que l'usage principal en ces muscles est de présider aux mouvements par lesquels l'œil se soustrait à l'action des corps étrangers, et que M. Bell regarde comme involontaire.

Malgré l'intérêt que présentent ces recherches, nous ne pouvons encore nous flatter de connaître parfaitement le mécanisme des mouvements de l'œil; j'ai observé divers faits qui nous indiquent la nécessité de nouvelles expériences.

Si l'on blesse le pédoncule du cervelet, et surtout si on en fait une section complète sur un lapin, les yeux prennent une position fixe fort remarquable.

L'œil du côté blessé est porté en bas et en avant; celui du côté opposé est fixé en haut et en arrière, et par conséquent dans une position directement opposée à l'œil opposé.

Le même résultat se montre par la section de la partie médullaire du cervelet, par celle du pont de varole, et par celle de la partie latérale de la moelle allongée.

La première fois que j'ai observé ce phénomène, je crus qu'il dépendait de quelque lésion

que je faisais involontairement à la quatrième
paire de nerfs, dont l'origine avoisine de si près
le cervelet; mais je me convainquis bientôt qu'il
n'en était rien : mes dissections, après la mort des
animaux, ne me laissèrent aucun doute.

Mais pour mieux éclaircir cette idée, je coupai
sur plusieurs animaux vivants la quatrième paire,
soit d'un seul côté, soit des deux, et je n'ai pas
vu sans surprise que cette section n'entraînait aucune modification dans la position des yeux. Je
poursuis en ce moment cette recherche sur les
autres nerfs de l'orbite; mais ce résultat nous
suffit pour montrer que le cerveau influe sur la
position et le mouvement des yeux d'une manière
encore inexplicable.

Effet de la section de la quatrième paire.

Indépendamment des mouvements de la face,
qui concourent à la vision, il en est d'autres qui
concourent à l'odorat, au goût, à la voix, à la
parole, etc., et dont nous avons déjà parlé, il en
est qui servent à la préhension des aliments, à la
mastication, à la déglutition, etc., et dont nous
parlerons en leur lieu.

Mouvements partiels de la tête.

Les muscles du visage déterminent, dans cette
partie, des mouvements qui ont pour usage d'exprimer certains actes intellectuels, les diverses dispositions de l'esprit, les désirs instinctifs et les passions. Le plaisir et la douleur, la joie et la tristesse,
les désirs et la crainte, la colère, l'amour, etc., ont

Expression du visage. chacun une expression faciale qui les caractérise. Cependant les affections douloureuses ou tristes, les désirs violents, sont marqués en général par la contraction du visage : les sourcils sont froncés, la bouche rétrécie, ses commissures portées en bas; au contraire, dans les affections douces, gaies, dans les sensations agréables, les désirs satisfaits, la figure s'épanouit, les sourcils s'élèvent, les paupières s'écartent, les angles de la bouche sont tirés en haut et en dehors, ce qui produit le sourire. Le plus souvent les personnes chez lesquelles les diverses expressions sont le plus marquées, ou qui ont de la *physionomie*, comme l'on dit dans le langage du monde, sont douées d'une vive sensibilité. C'est ordinairement le contraire pour les personnes dont le visage est immobile ou qui n'offre que des expressions peu prononcées. Lorsqu'une certaine disposition d'esprit, ou une passion, devient continue pendant un certain temps, les muscles, qui sont habituellement contractés pour l'exprimer, acquièrent plus de volume, prennent une prépondérance manifeste sur les autres muscles de la face : alors la physionomie conserve l'expression de la passion, même dans les moments où celle-ci ne se fait pas sentir, ou long-temps après qu'elle a cessé. Aussi la considération de la physionomie est-elle réellement un très-bon moyen de juger du caractère ou des passions habituelles d'un individu.

D'après les expériences de M. Charles Bell, con- *Influence du nerf facial sur la physionomie.*
firmées aujourd'hui par plusieurs faits pathologiques
péremptoires, il est prouvé que le nerf facial est
celui qui préside aux divers mouvements d'expression de la physionomie ; si à la suite d'une opération ce nerf est coupé, ou s'il est altéré par quelque maladie, toute expression du côté de la face
dont le nerf est malade est perdue, bien que sa
sensibilité soit intacte. Nous avons déjà dit que ce
dernier phénomène dépend des branches de la cinquième paire.

La coloration ou la décoloration de la peau du
visage est encore un puissant moyen d'expression
de l'intelligence et des passions ; nous en traiterons
à l'article *Circulation capillaire.*

Mouvements de la tête sur la colonne vertébrale.

La tête peut s'incliner en avant, en arrière et latéralement ; elle peut en outre exécuter des mouvements de rotation, tantôt à droite, tantôt à gauche. Les mouvements par lesquels la tête est inclinée, soit en avant, soit en arrière, soit sur les côtés,
s'ils ont peu d'étendue, se passent dans l'articulation de la tête avec la première vertèbre cervicale ;
s'ils en ont davantage, toutes les vertèbres du cou
y prennent part. Les mouvements de rotation se
passent essentiellement dans l'articulation de l'atlas et de l'axis, évidemment destinée à cet usage.

Ces divers mouvements, qui se combinent fréquemment entre eux, sont déterminés par la contraction successive ou simultanée des muscles, qui de la poitrine et du cou se portent à la tête.

Il est aisé de voir que les mouvements de la tête favorisent la vue, l'ouïe et l'odorat; ils sont aussi utiles pour la production des différents tons de la voix, en permettant l'allongement ou le raccourcissement de la trachée et du tuyau vocal, etc. Ces mouvements servent aussi comme moyen d'expression de l'intelligence : l'approbation, le consentement, le refus, se marquent par certains mouvements de la tête sur le cou; quelques passions entraînent aussi des mouvements ou des attitudes particulières de la tête.

Mouvements du tronc.

Mouvements partiels du tronc. On ne parlera dans cet article que des mouvements particuliers à la colonne vertébrale; ceux qui sont propres à la poitrine, à l'abdomen, au bassin, seront exposés ailleurs.

Flexion, extension, inclinaisons latérales, circonduction et rotation, tels sont les mouvements qu'exécute la colonne vertébral en totalité, tels sont aussi ceux qu'exercent chaque région et même chaque vertèbre en particulier.

Ces divers mouvements se passent dans le fibro-cartilage inter-vertébrale; ils sont d'autant plus faciles et plus étendus, que ces fibro-cartilages sont plus épais et plus larges : pour cette raison, les mouvements des portions lombaire et cervicale de la colonne vertébrale sont évidemment plus libres et plus considérables que ceux de la portion dorsale. Chacun sait que les fibro-cartilages cervicaux, et surtout les lombaires, sont proportionnellement plus épais que les dorsaux.

Dans les mouvements de flexion, soit en avant, soit en arrière, soit latéralement, les fibro-cartilages sont affaissés dans le sens de la flexion et allongés du côté opposé. La partie qui en est la plus épaisse est celle qui se prête à un affaissement plus considérable. C'est une des raisons pour lesquelles la flexion en avant a beaucoup plus d'étendue qu'aucun autre mouvement de la colonne vertébrale.

Dans la rotation, la totalité de ces corps intervertébraux doit supporter un allongement dans le sens même des lames qui les composent. Le centre des corps qui nous occupent présente une matière molle et à peu près fluide; la circonférence seule offre une résistance considérable. et cependant, dans les mouvements par lesquels les vertèbres se rapprochent, cette circonférence cède assez pour former une sorte de bourrelet entre les deux os. La disposition des facettes articulaires des vertèbres est une des circonstances qui influent davantage sur l'étendue et le mode des mouvements réciproques des vertèbres.

Lorsqu'on envisage la colonne vertébrale dans ses mouvements de totalité, elle représente un levier du troisième genre, dont le point d'appui est dans l'articulation de la cinquième vertèbre lombaire avec le sacrum ; la puissance, dans les muscles qui s'insèrent aux vertèbres ou aux côtes ; et la résistance, dans la pesanteur de la tête, des parties molles du cou, de la poitrine, et en partie de l'abdomen. Chaque vertèbre, prise isolément, au contraire, représente un levier du premier genre, dont le point d'appui est au milieu, sur la vertèbre placée immédiatement au-dessous. La puissance et la résistance sont alternativement en avant ou en arrière, ou l'une à droite et l'autre à gauche, à l'extrémité des apophyses transverses.

Fréquemment, les mouvements de la colonne vertébrale sont accompagnés de ceux du bassin sur les fémurs ; ils paraissent alors avoir une étendue qu'ils sont loin d'avoir réellement.

Les mouvements de la colonne vertébrale ont le plus souvent pour usage de favoriser ceux des membres supérieurs et inférieurs, et de rendre moins fatigantes ou plus supportables les diverses attitudes ou positions que prend le corps en totalité.

Mouvements des membres supérieurs.

Les membres supérieurs étant les agents principaux par lesquels nous imprimons directement ou indirectement aux corps qui nous environnent les changements qui nous sont avantageux, devaient présenter une extrême mobilité, réunie à une solidité assez grande. On observe, en effet, que dans ces membres plusieurs os longs y ont une longueur considérable et qu'ils sont menus; les os courts y sont peu volumineux : les uns et les autres sont peu pesants; les surfaces articulaires ont de petites dimensions; les muscles sont très-nombreux, leurs fibres souvent très-longues. Les os représentent presque toujours des leviers du troisième genre, favorables, comme nous l'avons dit, à l'étendue et à la rapidité des mouvements. Aussi, soit que l'on considère les membres supérieurs dans leurs mouvements de totalité relativement au tronc, soit que l'on envisage leurs mouvements partiels, on s'aperçoit aisément qu'ils réunissent à un haut degré l'étendue, la vitesse et la variété des mouvements.

La solidité de ces membres n'est pas moins digne d'être remarquée. Dans une foule de cas, ils ont à supporter des efforts considérables, comme quand on s'appuie sur une canne, quand on tombe en avant et que les mains supportent tout le choc de la chute, etc.

Il nous est impossible d'entrer dans les détails de ce mécanisme merveilleux ; on peut lire sur ce point l'*Anatomie descriptive* de Bichat, dont le gé-

Mouvements des membres supérieurs.

Mouvements des membres supérieurs. nic s'est exercé avec beaucoup d'avantage dans l'exposition de la mécanique animale.

Les membres supérieurs sont essentiellement utiles pour l'exercice du toucher, dont la main est le principal organe; ils aident à l'action des autres sens, en rapprochant ou éloignant les corps, ou en les plaçant dans les circonstances favorables pour qu'ils puissent agir sur eux. Leurs mouvements concourent puissamment à l'expression des actes intellectuels et instinctifs. Les gestes forment un véritable langage, qui est susceptible d'acquérir une grande perfection quand il devient de première utilité, comme il arrive chez les sourds-muets. Dans ce cas, les gestes ne peignent pas seulement les sentiments, les besoins, les passions, mais ils expriment jusqu'aux moindres nuances de la faculté de penser.

Des gestes.

Les membres supérieurs sont souvent utiles dans les différentes attitudes du corps. Dans quelques cas ils transmettent au sol une partie du poids de celui-ci, et ils agrandissent par conséquent la base de sustentation : c'est ce qui se voit lorsqu'on s'appuie sur un bâton, lorsqu'étant à genoux on pose les mains à terre, lorsqu'étant assis sur un plan horizontal, on s'appuie sur un ou sur les deux coudes, etc.

Ils peuvent encore assurer la solidité de la station en se portant dans le sens opposé à celui où le corps tend à tomber par l'effet de sa pesanteur. On verra tout à l'heure qu'ils ne sont pas inutiles dans les divers modes de progression.

Mouvements des membres inférieurs.

Quoique l'analogie de structure soit manifeste entre les membres supérieurs et les inférieurs, il n'est pas moins évident que chez les derniers la nature a beaucoup plus fait pour la solidité et l'étendue des mouvements, que pour la vitesse et la variété de ceux-ci; cette disposition était bien nécessaire, car il est rare que ces membres se meuvent sans supporter le poids du corps; et ce sont eux qui sont les principaux agents de notre locomotion.

Cependant, quand nous imprimons quelques modifications aux corps extérieurs par les membres inférieurs, ils se meuvent indépendamment du tronc : ainsi, quand nous changeons la forme d'un corps en le pressant avec le pied, quand nous le déplaçons en le frappant avec cette partie; quand nous exerçons le toucher avec le pied pour juger, par exemple, de la résistance du sol sur lequel nous nous proposons de marcher, etc., il est clair que les divers mouvements qui se développent alors n'entraînent pas celui du tronc.

Nous ne décrirons pas ici en particulier les divers mouvements généraux ou partiels que peuvent

Mouvements des membres supérieurs.
Mouvements des membres inférieurs.

effectuer les membres, nous traiterons seulement d'une manière abrégée des divers modes de locomotion, c'est-à-dire, des mouvements par lesquels le corps est transporté d'un lieu dans un autre, et qui sont la *marche*, la *course*, le *saut*, et le *nager*.

Mouvements de locomotion.

De la marche.

De la
marche.

L'action de marcher ne s'exécute pas toujours de la même manière : on marche en avant, en arrière, sur les côtés, et dans les directions intermédiaires à celles-là ; on marche sur un plan ascendant ou descendant, sur un sol solide ou mobile ; la marche diffère aussi par la grandeur et la vitesse des pas, etc.

Quel que soit le mode de la marche, elle se compose nécessairement de la succession des pas ; en sorte que la description de la marche n'est que celle de la manière dont on fait une suite de pas. C'est donc *le pas* qu'il convient de faire connaître avec ses principales modifications.

Du pas.

En supposant l'homme debout, les deux pieds placés l'un à côté de l'autre, et devant marcher sur un plan horizontal, et d'un pas ordinaire pour l'étendue et pour la vitesse, il doit fléchir l'une des cuisses sur le bassin, et la jambe sur la cuisse, afin de détacher le pied du sol par le raccourcissement

général du membre. La flexion de la cuisse entraîne le transport en avant de tout le membre : alors
le membre s'appuie sur le sol ; c'est d'abord le talon qui pose, et successivement toute la face inférieure du pied. Pendant que ce mouvement s'effec-
tue, le bassin éprouve un mouvement de rotation
horizontale sur la tête du fémur du membre qui
est resté immobile. Cette rotation du bassin sur la
tête du fémur a pour résultat, 1° de porter en a-
vant la totalité du membre qui s'est détaché du
sol ; 2° de porter aussi en avant le côté du corps
correspondant au membre qui se meut, tandis que
le côté correspondant au membre immobile reste
en arrière. Ces deux effets sont à peine sensibles
dans *les petits pas;* ils sont très-marqués dans *les
pas ordinaires,* mais ils le sont bien davantage dans
les grands pas. Jusqu'ici il n'y a point eu de progression, la base de sustentation est seulement modifiée. Pour que le pas soit achevé, il faut que le
membre resté en arrière se rapproche, se place sur
la même ligne, ou dépasse celui qui a été porté en
avant. Pour cela, le pied qui est en arrière se dé-
tache du sol, successivement du talon vers la pointe, par un mouvement de rotation, dont le centre
est dans l'articulation des os du métatarse avec les
phalanges, de manière qu'à la fin de ce mouvement le pied ne touche plus le sol que par ces dernières. De ce mouvement du pied résulte un al-

longement du membre, dont l'effet est de porter le côté correspondant du tronc en avant, et de déterminer la rotation du bassin sur la tête du fémur du membre primitivement porté en avant. Une fois ce mouvement produit, le membre se fléchit ; le genou est dirigé en avant, le pied détaché du sol ; puis, la totalité du membre exécute les mêmes mouvements qu'a précédemment exécutés celui du côté opposé.

Par la succession de ces mouvements des membres inférieurs et du tronc, s'établit la marche, dans laquelle on voit que les têtes des fémurs sont tour à tour les points fixes sur lesquels le bassin tourne comme sur un pivot, en décrivant des arcs de cercle d'autant plus étendus que les pas sont plus grands.

Pour que la marche se fasse en ligne droite, il faut que les arcs de cercle décrits par le bassin et que l'extension des membres, lorsqu'ils sont portés en avant, soient égaux : sans quoi on se déviera de la ligne droite, et le corps sera dirigé du côté opposé du membre dont les mouvements seront plus étendus ; et comme il est difficile de faire exécuter successivement aux deux membres exactement la même étendue de mouvement, on tend toujours à se dévier, et l'on se dévierait réellement si la vue ne nous avertissait de la nécessité de corriger cette déviation. On peut se convaincre de cette vérité en marchant quelque temps les yeux fermés.

Nous avons exposé le mécanisme du marcher en avant, il ne sera pas difficile de se faire une idée de la marche en arrière et de la latérale.

Dans le pas que l'on fait pour reculer, l'une des cuisses se fléchit sur le bassin en même temps que la jambe se fléchit sur la cuisse; l'extension de la cuisse sur le bassin succède, et la totalité du membre est portée en arrière; ensuite la jambe s'étend sur la cuisse, la pointe du pied touche le sol et bientôt toute sa surface inférieure. Au moment où le pied dirigé en arrière s'applique sur le sol, celui qui est demeuré en avant s'élève sur la pointe; le membre correspondant se trouve allongé; le bassin, poussé en arrière, fait une rotation sur le fémur du membre dirigé en arrière; le membre qui est en avant quitte entièrement le sol, et se porte lui-même en arrière, afin de fournir un point fixe à une nouvelle rotation du bassin, qui sera produite par le membre opposé.

Lorsque nous voulons exécuter le pas latéral, nous fléchissons d'abord légèrement l'une des cuisses sur le bassin, afin de détacher le pied du sol; nous portons ensuite tout le membre dans l'abduction, puis nous l'appuyons sur le sol; nous rapprochons immédiatement l'autre membre de celui qui a été d'abord déplacé, et ainsi de suite. Dans ce cas il ne peut y avoir de rotation du bassin sur les fémurs.

Marche sur un plan ascendant.

Si nous marchons sur un plan ascendant, on sait que la fatigue est beaucoup plus grande : c'est que, dans ce genre de progression, la flexion du membre porté d'abord en avant doit être plus considérable, et que le membre resté en arrière doit non-seulement faire exécuter au bassin le mouvement de rotation dont il vient d'être question, mais il faut encore qu'il soulève le poids total du corps, afin de le transporter sur le membre qui est en avant. La contraction des muscles antérieurs de la cuisse portée en avant, est la cause principale de ce transport du poids du corps; aussi ces muscles se fatiguent-ils beaucoup dans l'action de monter un escalier ou tout autre plan ascendant.

Marche sur un plan descendant.

Pour une raison opposée, la marche sur un plan descendant est aussi plus pénible que celle qui se fait sur un plan horizontal. Ici, ce sont les muscles postérieurs du tronc qui doivent se contracter avec force pour s'opposer à la chute du corps en avant.

Tous les modes de progression que nous venons de décrire rapidement, nécessitant des mouvements faciles de toutes les articulations des membres inférieurs et une égale action de la part de chacun de ces membres, la moindre gêne dans les glissements des surfaces articulaires, la moindre différence dans la longueur ou dans la forme des os des deux membres, ainsi que dans la force de contraction des muscles, entraînent nécessairement des altérations sensibles dans la progression, et la rendent plus ou moins difficile.

Du saut.

Si l'on examine avec attention le mode de mouvement qui va nous occuper, on reconnaîtra que le corps de l'homme devient un projectile, et qu'il suit toutes les lois particulières à ceux-ci.

Le saut peut avoir lieu directement en haut, en avant, en arrière ou latéralement, etc. ; mais, dans tous les cas, il faut y considérer les phénomènes qui le précèdent et ceux qui l'accompagnent. Toute espèce de saut nécessite la flexion antécédente d'une ou de plusieurs articulations du tronc et des membres inférieurs ; l'extension subite des articulations fléchies est la cause particulière du saut.

Supposons le saut vertical exécuté de la manière la plus ordinaire : la tête est un peu fléchie sur le cou ; la colonne vertébrale est courbée en avant ; le bassin est fléchi sur la cuisse, la cuisse sur la jambe, et celle-ci sur le pied ; ordinairement le talon ne presse que légèrement le sol, ou l'a abandonné entièrement. A cet état de flexion général succède brusquement une extension de toutes les articulations fléchies ; les diverses parties du corps sont rapidement élevées avec une force qui surpasse leur pesanteur d'une quantité variable ; ainsi la tête et le thorax sont dirigés en haut par l'extension et le redressement de la colonne vertébrale ; le tronc, en totalité, est dirigé dans le même sens par l'extension du bassin sur les fémurs ; les cuisses, en se relevant rapidement, agissent de la même manière sur le bassin, les jambes à leur tour poussent les cuisses. De tous ces efforts réunis résulte une force de projection telle que le corps en totalité est lancé en haut, et qu'il s'élève tant que cette force surmonte sa pesanteur ; après quoi, il retombe sur le sol, en présentant les mêmes phénomènes que tout autre corps qui tombe en obéissant à son poids.

Dans la détente générale qui produit le saut, l'action musculaire ne se fait pas partout avec la même intensité : il est clair qu'elle doit être plus grande là où le poids à soulever est plus considérable ; c'est pourquoi les muscles qui déterminent le mouvement d'extension de la jambe sur le pied, sont ceux qui développent le plus d'énergie, puisqu'ils ont à soulever le poids total du corps, et à lui imprimer une impulsion qui surmonte sa pesanteur. Ces muscles présentent aussi la disposition la plus favorable : ils sont extrêmement forts ; ils s'insèrent perpendiculairement au levier qu'ils

doivent mouvoir (le calcanéum), et ils agissent Du saut.
par un bras de levier qui a une longueur considérable.

Il faut remarquer que le saut vertical ne résulte
d'aucune impulsion directe, mais qu'il en a une
moyenne entre les impulsions opposées qu'éprouvent le corps et les membres inférieurs dans l'instant du saut. En effet, le redressement de la tête,
de la colonne vertébrale et du bassin, porte autant
le tronc en arrière qu'en haut; le mouvement de
rotation des fémurs sur les tibias porte au contraire
le tronc autant en avant qu'en haut. C'est l'opposé
pour le mouvement de la jambe, qui tend à diriger
le tronc en haut et en arrière : quand le saut doit
être vertical, les efforts qui portent le tronc en avant
ou en arrière se détruisent les uns les autres; l'effort en haut est le seul qui ait son effet.

Le saut doit-il avoir lieu en avant, le mouve- Saut en a-
vant et saut
en arrière.
ment de rotation de la cuisse prédomine sur les
impulsions en arrière, et le corps est transporté
dans ce sens; le saut se fait-il en arrière, c'est le
mouvement d'extension de la colonne vertébrale
et du tibia sur le pied, qui l'emporte, etc.

La longueur des os des membres inférieurs est
avantageuse pour l'étendue du saut. Le saut en
avant, par lequel on franchit des espaces plus considérables qu'avec aucune des autres manières de
sauter, doit cet avantage à la longueur du fémur.

De l'élan.

Quelquefois on fait précéder le saut d'une course plus ou moins longue, on *prend son élan*, comme on dit; l'impulsion qu'acquiert le corps par cette course préliminaire s'ajoute à celle qu'il reçoit à l'instant du saut, d'où il résulte que celui-ci a plus d'étendue.

Usages des membres supérieurs dans le saut.

Les bras ne sont point inutiles à la production du saut; ils sont rapprochés du corps dans le moment où les articulations sont fléchies; ils s'en écartent, au contraire, dans le moment où le corps abandonne le sol. La résistance qu'ils présentent aux muscles qui les élèvent, donne occasion à ces muscles d'exercer sur le tronc une traction en haut, qui concourt au développement du saut. Les bras rempliront d'autant mieux cet usage, qu'ils présenteront une certaine résistance à la contraction des muscles qui les élèvent. Les anciens avaient fait cette remarque; ils portaient dans chaque main des poids nommés *haltères*, quand ils voulaient s'exercer au saut. Par le balancement préliminaire des bras, on peut aussi favoriser la production du saut horizontal, en imprimant une impulsion en avant ou en arrière de la partie supérieure du tronc.

Saut sur un seul membre inférieur.

Un seul membre inférieur suffit pour produire le saut, comme il arrive quand on saute à *cloche-pied;* mais on conçoit que le saut doit nécessairement être moins étendu que lorsqu'il est exercé simultanément par les deux membres inférieurs. Tantôt on saute les deux pieds rapprochés et parallèles, ou à *pieds joints;* tantôt l'un des pieds se porte en avant pendant la projection du corps : c'est alors ce pied qui reçoit le poids du corps à l'instant où il vient toucher le sol.

Aucune espèce d'impulsion ne peut être communiquée au corps par le plan qui le soutient au moment du saut, à moins que ce plan étant très-élastique, ne joigne sa réaction à l'effort des muscles qui déterminent le mouvement de projection du corps. Dans les cas les plus fréquents, le sol ne sert au saut qu'en résistant à la pression qu'exerce sur lui le pied. Personne n'ignore qu'il est à peu près impossible de sauter quand le sol est mou et qu'il cède à la pression des pieds.

De la course.

La course résulte de la combinaison du pas et du saut, ou plutôt elle consiste dans une suite de sauts exécutés alternativement par un membre, tandis que l'autre se porte en avant ou en arrière pour aller s'appliquer sur le sol et bientôt produire le saut, aussitôt que le premier aura eu le temps de se porter en arrière ou en avant, selon que la course a lieu dans l'une ou l'autre direction. On peut courir avec plus ou moins de rapidité; mais il y a toujours dans la course un moment où le corps est suspendu en l'air, à raison de l'impulsion

De la course.

qui lui est communiquée par le membre resté en arrière, si l'on court en avant. Ce caractère distingue la course de la marche rapide, dans laquelle le pied porté en avant touche le sol avant que celui qui est derrière l'ait quitté.

Pour les mêmes raisons que nous avons indiquées à l'article *de la marche*, la course la moins fatigante est celle qui se fait sur un plan horizontal; celle qui a lieu sur un plan incliné ascendant ou descendant est toujours plus ou moins pénible, et ne peut être continuée long-temps.

Nous ne décrirons pas, même d'une manière abrégée, les nombreuses modifications des mouvements progressifs de l'homme, tels que le *grimper*, l'action de *gravir*, la marche avec des béquilles, des échasses, des membres artificiels. Il en sera de même pour les divers mouvements que comprend l'art de la danse, soit ordinaire, soit sur la corde tendue ou flexible; ceux qu'exécutent les sauteurs, ceux qui appartiennent à l'escrime, à l'équitation, aux différentes professions ou métiers, etc. : des considérations de ce genre seraient très-importantes, mais elles ne peuvent faire partie que d'un traité complet de mécanique animale, ouvrage qui est encore à faire, malgré ceux de Borelli et de Barthez : nous dirons seulement quelques mots de la *natation*.

De la natation.

Le corps de l'homme est en général spécifiquement De la nata-
plus pesant que l'eau ; par conséquent, abandonné tion.
au milieu d'une masse considérable de ce liquide, il
tendra à aller se placer à sa partie inférieure : ce
transport se fera d'autant plus facilement, que la
surface par laquelle il choquera l'eau sera moins
étendue. Si, par exemple, le corps est placé verticalement les pieds en bas et la tête en haut, il arrivera beaucoup plus vite au fond que si le corps
était placé horizontalement à la surface du liquide.
Quelques individus parviennent cependant à se
rendre plus légers que l'eau, et par conséquent
à rester sans aucun effort à sa superficie. Leur
procédé consiste à faire pénétrer dans la poitrine
une grande quantité d'air, dont la légèreté contre-
balance la tendance qu'a le corps à plonger dans
le liquide.

Ce n'est pas en suivant cette pratique que les
nageurs se maintiennent ou se meuvent à la surface de l'eau, mais par les mouvements qu'ils font
exécuter à leurs membres. Les mouvements du nageur ont pour but de soutenir le corps à la surface, ou de déterminer sa progression. Quelle que
soit son intention, le nageur doit agir sur l'eau de
telle manière, qu'elle présente une résistance suffisante pour soutenir le corps ou pour permettre

son déplacement : dans cette vue, il ne s'agit que de la frapper plus vite qu'elle ne peut fuir, et de faire porter rapidement l'action des mains ou des pieds sur un grand nombre de points différents, parce que la résistance est d'autant plus grande, que la masse d'eau que l'on déplace est plus considérable. Les mouvements des membres inférieurs dans la manière la plus ordinaire de nager, la *brassée,* ont beaucoup d'analogie avec ceux qu'ils exécutent dans le saut.

Il y a une multitude de façons de nager, mais dans toutes il est nécessaire de frapper ou de presser l'eau plus vite qu'elle ne peut se déplacer.

Du vol.

Il est impossible à l'homme de voler; sa pesanteur, comparée à celle de l'air, est trop considérable, et la force qu'il développe par la contraction de ses muscles est infiniment trop faible. Toutes les tentatives faites avec l'intention de se soutenir dans l'air à l'aide de machines plus ou moins analogues aux ailes des oiseaux, ont été à peu près également infructueuses.

Influence du cerveau sur les mouvements.

Des recherches récentes ont donné des renseignements très-curieux touchant l'influence du cerveau sur les mouvements. La science s'est enrichie de faits entièrement neufs, et qui permettent d'envisager les mouvements d'une manière très-différente de celle dont on se contentait jusqu'ici.

Je regrette que la nature de cet ouvrage ne me laisse pas la possibilité de présenter tous les détails des expériences ; mais je tâcherai, dans le résumé que je vais en faire, de n'omettre rien d'important. Je renvoie d'ailleurs à mon *Journal de physiologie*, où toutes ces recherches sont consignées.

Influence des hémisphères sur les mouvements.

Les hémisphères cérébraux peuvent être coupés profondément dans les divers points de leur face supérieure sans qu'il en résulte d'altération bien marquée dans les mouvements.

Leur ablation totale même, si elle ne s'étend pas jusqu'aux corps striés, ne produit pas non plus d'effet bien appréciable, et qui ne puisse être facilement rapporté à la souffrance qu'entraîne une pareille expérience.

Les résultats ne sont pas semblables dans toutes les classes de vertébrés ; ceux que je viens de décrire, ont été observés sur les mammifères, et particulièrement sur les chiens, les chats, les lapins, les cochons, les hérissons, les écureuils.

Sur les oiseaux, la soustraction, la destruction des hémisphères, les tubercules optiques restant intacts, donne lieu souvent à un état d'assoupissement et d'immobilité qui a été décrit pour la première fois par M. Rolando ; mais j'ai vu dans nombre de cas des oiseaux courir, sauter, nager, leur hémisphère étant enlevé ; la vue seule paraît éteinte, ainsi que je l'ai déjà dit.

Quant aux reptiles et aux poissons, sur lesquels j'ai agi, la soustraction des hémisphères ne semble avoir que très-peu d'effet sur les mouvements de ces animaux : des carpes nagent avec agilité ; des grenouilles sautent et nagent comme si elles étaient intactes, etc., etc., et la vue ne paraît pas abolie.

La spontanéité des mouvements n'appartient donc pas exclusivement aux hémisphères, comme un jeune physiologiste l'a avancé récemment. Ce fait, vrai dans certains oiseaux, tels que les pigeons, les corneilles adultes, etc., n'est déjà plus exact pour d'autres oiseaux, mais il est tout-à-fait innapplicable aux mammifères, reptiles et poissons, c'est-à-dire aux espèces que j'ai soumises à l'expérience

La section longitudinale du corps calleux, et sa soustraction, ne produisent non plus aucun effet sur les mouvements.

Influence des corps striés sur les mouvements.

Tant que les hémisphères seuls sont lésés, les choses se passent comme je viens de le dire ; mais si la section faite pour extraire les hémisphères est faite immédiatement derrière des corps striés, et si par conséquent ceux-ci se trouvent extraits du crâne, aussitôt l'animal s'élance en avant, et court avec rapidité; s'il s'arrête, il conserve l'attitude de la fuite; ce phénomène est surtout remarquable chez les jeunes lapins : on dirait que l'animal est poussé en avant par une puissance intérieure à laquelle il ne peut résister; dans cette course rapide, il passe quelquefois par-dessus des obstacles qu'il rencontre, mais il ne les voit pas.

Il est fort important de remarquer que ces effets n'arrivent qu'autant que la partie blanche et rayonnée des corps striés est coupée. Si l'on se borne à enlever là matière grise qui forme un segment de cône recourbé, il ne se développe point de modification dans les mouvements.

Ce qui n'a pas lieu par la soustraction de la matière grise commence à se montrer dès que la blanche est intéressée; l'animal s'agite, marque de l'inquiétude, cherche à s'échapper; cependant si un seul des corps striés est enlevé, il reste encore maître de ses mouvements et les dirige en divers sens, s'arrête quand il lui plaît; mais immédiatement après la section du second corps strié l'animal se précipite en avant comme poussé par un pouvoir irrésistible.

Une maladie des chevaux paraît avoir la plus grande analogie avec ce singulier phénomène : on

1.

la nomme *immobilité;* l'animal qui en est atteint, ou le cheval *immobile*, marche facilement en avant, trotte, et galope même avec rapidité; mais il lui est impossible de reculer, et souvent il ne paraît pas maître d'arrêter son mouvement de progression.

J'ai ouvert plusieurs chevaux dans cet état, et j'ai trouvé dans tous une collection aqueuse dans les ventricules latéraux, collection qui devait comprimer les corps striés, et qui même avait altéré leur surface.

Enfin, l'homme lui-même est quelquefois entraîné irrésistiblement à un mouvement en avant. M. Piedagnel a rapporté, dans le tome III de mon *Journal*, un fait de cette nature.

Après la description de divers symptômes cérébraux qu'éprouvait un malade, M. Piedagnel ajoute : « Au moment de la plus grande stupeur, tout-
» à-coup il se levait, marchait d'une manière agitée,
» faisait plusieurs tours dans la chambre, et ne
» s'arrêtait que lorsqu'il était fatigué. Un jour la cham-
» bre ne lui parut plus suffisante, il sortit et marcha
» tant que ses forces le lui permirent; il était resté
» dehors environ deux heures, et fut rapporté sur
» un brancard ; il était tombé dans la rue sans force
» pour rentrer.

» Le lendemain il partit de nouveau; sa femme
» voulut l'en empêcher; il se fâcha, et voulut la bat-

» tre; dès-lors elle le laissa aller, mais le suivit;
» tout ce qu'elle put lui dire pour savoir où il al-
» lait, pour l'engager à rester, fut inutile ; ce ne fut
» qu'au bout d'une heure et demie de marche sans
» but, et comme entraîné par *une force qu'il ne*
» *pouvait surmonter*, que se sentant fatigué, il s'ar-
» réta.» A l'ouverture du corps, on trouva plusieurs
tubercules qui intéressaient particulièrement la partie antérieure des hémisphères.

Force intérieure qui nous pousse à marcher en avant.

Il devient donc extrêmement probable qu'il existe chez les mammifères et chez l'homme une force
ou une impulsion toujours existante, qui tend à
les porter en avant. Dans l'état sain, elle est dirigée
par la volonté, et semble contrebalancée par une
autre force qui agit en sens inverse, et dont nous
allons parler.

Ce phénomène ne se montre point dans les autres classes des vertébrés.

Influence du cervelet sur les mouvements généraux.

Depuis quelques années l'influence du cervelet
sur les mouvements a été étudiée expérimentale-
ment par plusieurs personnes, mais plus spécialement par M. Rolando de Turin, qui regarde cet
organe comme la source de toutes les contractions
musculaires.

Influence du cervelet sur les mouvements.

Cet auteur recommandable a enlevé le cervelet
sur des mammifères et des oiseaux, et il a observé

que les mouvements diminuaient en raison de la quantité de cervelet enlevée; il assure que tous les mouvements cessent quand la totalité de l'organe est extraite.

Opinion de M. Rolando sur le cervelet.

Se fondant sur ce résultat qu'il regarde comme général, M. Rolando a cherché à montrer comment le cervelet peut produire les contractions musculaires, le grand nombre de lames alternativement grises ou blanches qu'offre le cervelet, lui paraissent une pile voltaïque qui développe de l'électricité et excite les mouvements.

Quoique le fait annoncé par M. Rolando se soit souvent présenté à mon observation, je ne puis en admettre l'explication; car j'ai vu, et j'ai fait voir bien des fois, dans mes cours, des animaux privés de cervelet, et qui cependant exécutent des mouvements très-réguliers.

Expériences sur les fonctions du cervelet.

J'ai vu, par exemple, des hérissons et des cochons-d'inde privés, non-seulement du cerveau, mais encore du cervelet, se frotter le nez avec leurs pates de devant quand je leur mettais un flacon de vinaigre sous le nez.

Or, ici un seul fait positif l'emporte en valeur sur tous les faits négatifs; et qu'on ne croie point qu'il y ait eu du doute sur l'exactitude de l'expérience, et sur l'ablation entière du cervelet : l'opération avait été faite de manière qu'il ne pouvait y avoir aucune incertitude.

Ces expériences répondent aussi à une autre idée proposée par un jeune physiologiste français, M. Flourens, qui a donné au cervelet la propriété d'être le *régulateur,* ou le *balancier* des mouvements.

Un fait qui a été observé par toutes les personnes qui ont expérimenté sur le cervelet, c'est que les lésions de cet organe portent les animaux à reculer et même leur font exécuter ce mouvement évidemment contre leur volonté. J'ai vu souvent des animaux blessés au cervelet faire un effort pour avancer, mais immédiatement être forcés de reculer. J'ai conservé pendant huit jours un canard auquel j'avais emporté la plus grande partie du cervelet, et qui n'a pas fait d'autre mouvement progressif durant tous ce temps, encore était-ce seulement quand je le plaçais sur l'eau.

J'ai vu aussi des lésions de la moelle allongée produire le mouvement de reculer, en sorte qu'il ne faut pas, je pense, le rapporter exclusivement aux blessures du cervelet. Des pigeons auxquels j'avais enfoncé une épingle dans cette partie ont constamment reculé en marchant pendant plus d'un mois, et même volé en arrière, mode de mouvement des plus singuliers, et qui s'éloigne entièrement des allures habituelles de cet oiseau.

La conséquence à déduire de ces expériences se montre d'elle-même : il existe, soit dans le cervelet, soit dans la moelle allongée, une force d'im-

pulsion qui tend à faire marcher en avant les animaux.

Force inté-
rieure qui
nous porte à
reculer.

Il est fort probable que cette force existe aussi
chez l'homme. M. le docteur Laurent, de Versail-
les, m'a montré dernièrement, et a fait voir à
l'académie royale de médecine, une jeune fille
qui, dans des attaques d'une maladie nerveuse,
est obligée de reculer assez rapidement sans
pouvoir éviter les corps ou les creux vers lesquels elle se dirige, et sans éviter des chocs et des
chutes. Cette force est en opposition directe avec
celle dont nous avons parlé à l'occasion des corps
striés.

Du reste, cette force de *recul* n'existe que dans
les mammifères et les oiseaux; j'ai souvent enlevé
le cervelet à des poissons, et ce qu'on nomme cervelet chez certains reptiles, et je n'ai rien vu qui
rappelât les phénomènes dont je viens de parler.
Ces animaux continuent leur mouvement à peu
près comme s'ils étaient intacts.

Nous venons, par les résultats rapportés, de
rendre fort probable l'existence de deux forces ou
puissances intérieures qui se feraient équilibre dans
l'animal sain, et qui se montreraient dès qu'au moyen
d'une lésion des corps striés ou du cervelet, on
aurait rendu l'une ou l'autre prépondérante.

Ces deux forces ne paraissent pas les seules qui
prennent leur source dans le système cérébro-

spinal; il en existe très-probablement deux autres, qui président aux mouvements latéraux et de rotation du corps.

Influence des pédoncules du cervelet sur les mouvements.

Si l'un des pédoncules du cervelet est coupé sur un animal vivant, aussitôt l'animal se met à rouler latéralement sur lui-même, comme s'il était poussé par une force assez grande; la rotation se fait du côté où le pédoncule est coupé, et quelquefois avec une telle rapidité, que l'animal fait plus de soixante révolutions dans une minute.

Influence des pédoncules du cervelet sur les mouvements.

Le même genre d'effet se produit par toutes les sections verticales du cervelet qui intéressent d'avant en arrière l'épaisseur entière de l'arcade médullaire qu'il forme au-dessus du quatrième ventricule; avec cette circonstance remarquable, que le mouvement est d'autant plus rapide, que la section est plus près de l'origine des pédoncules, c'est-à-dire de leur communication avec le pont de varole.

Ces effets ne sont pas bornés à quelques heures: je les ai vu continuer jusqu'à huit jours, sans s'arrêter, pour ainsi dire, un seul instant; les animaux ne semblaient pas souffrir. Ils restaient en repos quand un obstacle mécanique s'opposait à leur rotation; souvent alors ils avaient les pates en l'air, et mangeaient dans cette attitude.

Une expérience des plus curieuses est celle où j'ai coupé le cervelet en deux moitiés latérales parfaitement égales ; alors l'animal paraît alternativement poussé à droite et à gauche, sans conserver aucune situation fixe ; s'il roule un tour ou deux d'un côté, bientôt il se relève, et tourne autant de fois du côté opposé.

Influence du pont de varole sur les mouvements.

Chacun sait que les pédoncules du cervelet se continuent avec le pont de varole, et qu'il existe ainsi un cercle complet autour de la moelle allongée, cercle dont la moitié supérieure est formée par l'arcade que représente le cervelet, et dont la moitié inférieure est représentée par le pont, et plus exactement par cette partie que l'on nomme aujourd'hui la *commissure du cervelet*. Je viens de faire connaître ce qui arrive par la section verticale du demi-cercle supérieur, j'ai trouvé, par l'expérience, qu'il en est de même pour le cercle inférieur.

Toutes les sections verticales d'avant en arrière faites sur le pont de varole produisent le mouvement de rotation qui vient d'être décrit, et, d'une manière semblable; les sections faites à gauche de la ligne médiane, déterminent la rotation à gauche *et vice versa*. Je n'ai jamais pu réussir à faire une section exactement sur la ligne médiane, en sorte que j'ignore s'il en est du pont comme du cervelet.

Quoi qu'il en soit, nous pourrons conclure de ces faits, qu'il existe deux forces qui se font équilibre en passant à travers le cercle formé par le pont de varole et le cervelet. Pour le mettre hors de doute, il faut faire l'expérience suivante : Coupez un pédoncule, aussitôt l'animal roulera sur lui-même, comme nous l'avons dit; coupez ensuite celui du côté opposé, et immédiatement le mouvement cessera, et l'animal aura même perdu le pouvoir de se tenir debout et de marcher.

Je ne prétends pas ici exprimer avec la rigueur nécessaire la nature des phénomènes qui viennent d'être décrits; mais comme notre esprit a besoin de s'arrêter à certaines images, je dirai qu'il existe dans le cerveau quatre impulsions spontanées ou quatre forces qui seraient placées aux extrémités de deux lignes qui se couperaient à angle droit; l'une pousserait en avant, la deuxième en arrière, la troisième de droite à gauche, en faisant rouler le corps, la quatrième de gauche à droite en faisant exécuter un mouvement semblable de rotation.

Dans les diverses expériences d'où je tire ces conséquences, les animaux deviennent des espèces d'automates montés pour exécuter tels ou tels mouvements, et incapables d'en produire aucun autre.

Ces quatre mouvements généraux ne sont pas les seuls qui se produisent par des lésions déterminées du système nerveux. Un mouvement en cercle à droite ou à gauche, semblable à celui du manège, se montre par la section de la moelle allongée faite

Quatre impulsions principales dans le cerveau.

Impulsions intérieures pour le mou-vement du cercle ou de manège.

de manière à intéresser la portion de cette moelle qui avoisine en dehors les pyramides antérieures ; pour faire cette expérience je me sers d'un lapin de trois ou quatre mois, je mets à découvert le quatrième ventricule ; puis, soulevant le cervelet, je fais une section perpendiculaire à la surface du ventricule, et à trois ou quatre millimètres en dehors de la ligne médiane. Si je coupe à droite, l'animal tournera à droite, et à gauche si j'ai coupé de ce côté.

Voilà donc deux nouvelles impulsions qui portent à des mouvements différents des quatre principaux que j'ai décrits d'abord.

Influence des pyramides sur les mouvements.

Influence des pyramy-des sur les mouve-ments.

En faisant ces expériences j'ai constaté un fait qui est d'une grande importance pathologique : il est généralement connu, et les médecins cliniques le constatent tous les jours, que la compression d'un hémisphère détermine la paralysie de la moitié du corps, opposée à l'hémisphère comprimé. Cet effet croisé porte le plus souvent sur le mouvement et le sentiment, mais dans certains cas il ne paralyse que l'un ou l'autre de ces deux phénomènes. Les recherches anatomiques de MM. Gall et Spurzheim, en faisant mieux connaître l'entrecroisement des pyramides à la face antérieure de la moelle, et leur continuation apparente avec les fibres rayonnées des corps striés, rendaient très-probable, que la transmission des effets nuisibles de la compression avait lieu par les racines entre-croisées des pyramides.

J'ai voulu savoir par l'expérience si cette idée était fondée; pour cela j'ai coupé directement une pyramide sur des animaux vivants, en l'attaquant par le quatrième ventricule, et je n'ai point remarqué de lésion sensible dans les mouvements, et surtout je n'ai aperçu aucune paralysie, soit du côté lésé, soit du côté opposé; j'ai fait plus, j'ai coupé entièrement et en travers les deux pyramides vers le milieu de leur longueur, et il ne s'en est suivi aucun dérangement bien apparent dans les mouvements; j'ai cru remarquer seulement un peu de difficulté dans la marche en avant.

La section des pyramides postérieures ne produit non plus aucune alternative visible des mouvements généraux, et pour obtenir la paralysie de la moitié du corps il faut couper la moitié de la moelle allongée, et alors le côté correspondant devient non immobile, car il offre des mouvements irréguliers; non insensible, car l'animal meut ses membres quand on les pince, mais cette moitié du corps devient incapable d'exécuter les déterminations de la volonté.

Des attitudes et des mouvements dans les différents âges.

Depuis l'état d'embryon jusqu'à dix-huit ou vingt

ans, les os changent continuellement de forme, de grandeur, de volume, etc.; par conséquent, pendant tout le temps que dure l'ossification, les attitudes et les mouvements doivent présenter des changements en rapport avec ceux qu'éprouve le squelette. Nous avons déjà vu que les muscles et la contraction musculaire sont aussi très-modifiés par l'état de fœtus, d'enfance, de jeunesse, etc.; les mêmes circonstances influent beaucoup sur les mouvements. Ordinairement, à vingt ou vingt-deux ans, l'accroissement des os en longueur est terminé; mais ils continuent de croître en épaisseur jusqu'au-delà de l'âge adulte; alors toute espèce d'accroissement cesse, et les changements qu'éprouvent les os jusqu'à la vieillesse décrépite, ne portent plus que sur la nutrition de ces organes et leur composition chimique.

La position du fœtus dans l'utérus dépend de circonstances encore peu connues; le plus souvent sa tête est tournée en bas, ce qui dépend probablement de sa pesanteur plus considérable; mais pourquoi l'occiput correspond-il presque toujours au-dessus de la fosse cotyloïde gauche? pourquoi arrive-t-il quelquefois que le fœtus est posé d'une tout autre manière, par exemple, les fesses en bas, dirigées soit à droite, soit à gauche? on l'ignore.

Les cuisses du fœtus sont fléchies sur l'abdomen, les jambes sont appliquées sur les cuisses, les bras sont croisés sur la partie antérieure du tronc, et le plus souvent la tête est baissée sur la poitrine, en sorte que le fœtus occupe le moins d'espace possible. Cette position ne dépend point d'une contraction musculaire soutenue, elle est l'effet de la tendance qu'ont tous les muscles à se raccourcir; dans un âge plus avancé, on prend souvent cette même position quand on veut mettre tous les muscles dans un état de repos.

A quatre mois de conception, le fœtus com-mence à exécuter des mouvements partiels, et peut-être quelques légers mouvements qui déplacent le corps en totalité. Ces mouvements sont irréguliers, se montrent à des distances variables, durent jusqu'à la fin de la grossesse, et sont fréquemment exercés par les membres inférieurs, à en juger par les points où ils se font sentir. On ne peut croire qu'ils dépendent de la volonté, car l'intelligence n'existe point encore, et les fœtus acéphales, c'est-à-dire dépourvus de cerveau, les présentent comme des fœtus bien conformés. *Mouvements du fœtus.*

L'enfant naissant ne peut prendre de lui-même de position, il conserve celle qu'on lui donne; cependant on reconnaît que le coucher sur le dos est l'état qu'il préfère, et qui est en effet plus en rapport avec la faiblesse de son système musculaire. Ses membres inférieurs et supérieurs offrent des *Attitudes de l'enfant.*

mouvements assez prononcés ; sa physionomie est sans expression.

Mouvements de l'enfant.   Au bout de deux ou trois mois, l'enfant change de lui-même d'attitude quand on veut bien le laisser libre ; il se couche sur le côté, sur le ventre, il tourne sa tête ; les mouvements de ses membres sont plus multipliés et plus énergiques ; il saisit plus fortement les corps qu'on lui présente, il les porte à sa bouche ; quand il tette, il comprime avec force la mamelle de sa mère, etc. : mais il ne saurait se tenir sur ses deux pieds ni même assis. En voici les raisons principales. La tête est très-volumineuse et très-pesante, proportionnellement ; elle tombe en avant, n'étant pas maintenue par l'effort musculaire convenable ; le poids des viscères pectoraux, et surtout des viscères abdominaux, est énorme ; la colonne vertébrale ne présente qu'une courbure dont la convexité est en arrière. Les muscles postérieurs du tronc sont de beaucoup trop faibles pour résister à la disposition qu'a la colonne vertébrale à se porter en avant ; mais en outre les apophyses épineuses n'existent pas, en sorte que le bras de levier par lequel ils agissent se trouve très-court, circonstance défavorable à leur action. Le bassin très-petit, et très-incliné en avant, ne soutient presque pas le poids des viscères abdominaux. Les membres inférieurs sont peu développés, et leurs muscles sont trop faibles pour balancer un seul instant le mouvement du tronc en avant. Toute espèce de station est donc impossible.

Cependant il arrive bientôt que l'enfant peut, en se servant de ses membres supérieurs et inférieurs, se déplacer et parcourir de petits espaces; et parce que ce mode de progression a de l'analogie avec celui de certains animaux, des sophistes ont soutenu que l'homme était naturellement quadrupède, et que la station sur deux pieds était une acquisition dépendante de la vie sociale. Pour que cette idée ait quelque fondement, il faudrait que les organes du mouvement de l'adulte fussent disposés comme ceux de l'enfant : or on a vu qu'il en est tout autrement.

Raisons pour lesquelles l'enfant ne peut se tenir debout.

Vers la fin de la première année, quelquefois au commencement de la deuxième, plus tôt ou plus tard, par l'effet du développement des os, des muscles, etc., par la diminution du volume et du poids proportionnel de la tête, des viscères abdominaux, etc., l'enfant parvient à se tenir debout, mais il ne peut encore marcher; bientôt il y parvient, en s'attachant aux corps qui l'avoisinent; enfin il marche seul, mais c'est en chancelant, et la moindre cause détermine sa chute. Le pas est d'abord le seul genre de locomotion qu'il puisse exercer; il faut ordinairement assez long-temps avant que l'enfant parvienne à courir,

Mouvements de l'enfant.

et surtout à faire des sauts un peu considérables ; mais une fois qu'il est bien affermi dans les divers mouvements progressifs, il est d'une agitation continuelle ; il acquiert de l'agilité, de l'adresse : c'est alors qu'il contracte le goût des différents jeux, qui, presque tous, surtout chez les garçons, servent à exercer les organes de la locomotion et ceux de l'intelligence.

Jeux des enfants. Sous les rapports physiologiques, les jeux des enfants sont bien dignes de remarque. Qu'on les étudie avec attention, et l'on verra qu'ils sont le simulacre des actions de l'homme adulte ; on peut établir le même rapprochement pour les jeux des jeunes animaux, qui sont aussi en quelque sorte la répétition des actions qu'ils seront appelés à exercer par la suite.

Dans les jeux des enfants, il ne faut pas confondre ceux qui sont purement instinctifs avec ceux qui dépendent de l'imitation.

Attitudes et mouvements dans la jeunesse et dans l'âge adulte. Depuis la jeunesse jusqu'à l'âge adulte, et même au-delà, tous les phénomènes qui se rapportent aux attitudes et aux mouvements sont dans toute leur perfection ; ils gagnent seulement de l'énergie avec l'âge, mais, à la vieillesse, ils subissent une altération notable, qui dépend de l'affaiblissement de la contraction musculaire : comme elle ne se fait plus qu'avec une certaine peine, qu'elle est tremblotante, les attitudes et les mouvements doivent s'en ressentir. Le vieillard, soit qu'il marche ou qu'il se tienne debout, est ordinairement courbé en avant; le bassin fléchit sur les cuisses, celles-ci sur les jambes, et enfin les jambes sont inclinées en avant sur les pieds. Cet état de demi-flexion général tient à l'affaiblissement de la force des muscles, qui n'ont plus assez d'énergie pour maintenir la rectitude du corps.

Le vieillard a aussi un grand avantage à se servir d'un bâton, au moyen duquel il agrandit sa base de sustentation et transmet directement sur le sol le poids des parties supérieures du corps.

Dans la décrépitude, les mouvements sont d'une difficulté extrême, quelquefois même entièrement impossibles.

Rapports des sensations avec les attitudes et les mouvements.

Les sensations influent sur les attitudes et les mouvements, réciproquement ceux-ci ont une influence manifeste sur les sensations.

La vue contribue beaucoup à la fixité de la plupart de nos attitudes; par elle nous jugeons de la position de notre corps, en la comparant à celle des corps environnants. Aussi, quand nous sommes privés de ce moyen de juger de notre équilibre, comme lorsque nous sommes au sommet d'un édifice, ou sur un lieu élevé quelconque, où nous ne sommes entourés que par l'air, notre station sur deux pieds est mal assurée, et même il peut arriver que nous ne puissions pas la maintenir.

Rapports de la vue avec les attitudes et les mouvements. L'utilité de la vue est encore des plus grandes, si la base de sustentation est très-étroite. Un danseur de corde ne pourrait point soutenir la station debout, si sa vue ne l'avertissait continuellement de la position qu'il faut conserver pour que la perpendiculaire abaissée de son centre de gravité passe par sa base de sustentation. Quelle que soit en général l'attitude que nous prenions, elle est peu stable si nous ne pouvons faire usage de la vue. On peut s'assurer de ce fait en examinant la station et les attitudes sur un aveugle.

Si la vue est d'un aussi grand secours pour les attitudes, à plus forte raison doit-elle être utile pour les diverses espèces de mouvements partiels et locomoteurs. En effet, la vue éclaire, favorise nos mouvements ; c'est elle qui leur donne la précision, la rapidité, nécessaires : dans presque tous les cas, elle les dirige. Que l'on bande les yeux à un homme agile et adroit, il perd aussitôt presque tous ses avantages : sa démarche est craintive, surtout si le lieu où il se trouve ne lui est pas parfaitement connu ; tous ses mouvements porteront le même caractère. Les mêmes phénomènes existent chez les aveugles, qu'il est très-facile de reconnaître aux moindres mouvements qu'ils exécutent, à

moins qu'ils ne leur soient très-familiers. L'absence de la vue dispose à l'immobilité; l'usage de ce
sens excite au contraire à se mouvoir : tout le
monde sait qu'on est fortement tenté de saisir et
de toucher les objets qu'on voit pour la première
fois.

La considération des rapports de la vue avec les
mouvements donne lieu de remarquer que ceux
qui sont destinés à exprimer nos actes intellectuels
et instinctifs, et qu'on peut comprendre sous le
nom générique de *gestes*, peuvent être distingués
en ceux qui sont intimement liés à l'organisation
et par conséquent existent toujours chez l'homme,
dans quelque condition qu'il se trouve, et en ceux
qui naissent avec l'état social et se perfectionnent
avec lui.

Les premiers sont destinés à exprimer les besoins les plus simples, les sensations internes vives,
comme la joie, la douleur, la crainte, etc. ; ainsi
que les passions animales, ils sont aux mouvements
ce que le cri est à la voix. On les observera chez
l'idiot, le sauvage, l'aveugle de naissance, aussi bien
que chez l'homme civilisé jouissant de tous ses a-
vantages physiques et moraux.

Les gestes de la seconde espèce ne peuvent exister que dans l'état de société, ils supposent la vue
et l'intelligence; on ne les observera donc point
chez l'aveugle de naissance, l'idiot. l'individu qui

aura toujours vécu isolé. On peut les nommer les *gestes acquis* ou *sociaux*, par analogie avec la voix acquise. Il est extrêmement probable qu'en donnant la vue à un aveugle de naissance, on lui procurerait en même temps l'acquisition des gestes particuliers dont nous parlons.

On peut dire que les gestes de l'aveugle-né sont absolument dans le même cas que la voix du sourd de naissance. Ces deux phénomènes se suppléent mutuellement : le sourd-muet fait un usage continuel des gestes, et les porte à un haut degré de perfection ; c'est la voix au contraire qui seule sert de moyen d'expression à l'aveugle : de là son goût pour le chant, la parole, et l'accent qu'il donne à sa voix.

Rapports de l'ouïe avec les mouve-ments. L'ouïe n'est pas sans influence sur les mouvements ; ce sens concourt quelquefois avec la vue pour les diriger et surtout pour les mesurer, les faire revenir à des intervalles égaux, et les produire un certain nombre de fois dans un temps donné, comme dans la danse ou les marches militaires. On a remarqué depuis long-temps que les mouvements cadencés exécutés au son de la musique ou au bruit du tambour, étaient moins fatigants que d'autres : c'est parce qu'ils sont réguliers, que chaque muscle se contracte et se relâche alternativement, et que le temps du repos est égal à celui de l'action. Il faut ajouter que la musique et même le bruit excitent à se mouvoir.

Les rapports de l'odorat et du goût avec les attitudes et les mouvements sont trop peu importants, pour que nous en fassions mention. Quant au loucher, comme la contraction musculaire y est inhérente, que sans elle la sensation ne peut avoir lieu, il est aisé de voir qu'il est intimement lié avec tous les phénomènes qui dépendent de la contraction des muscles.

Rapports de l'odorat et du goût, avec les attitudes et les mouvements.

Les sensations internes n'influent pas moins sur les diverses attitudes et les mouvements du corps que les externes. Qui ne reconnaît à sa démarche ou à sa pose un homme qui éprouve une douleur vive ou une sensation d'un autre genre? On peut même, jusqu'à un certain point, déterminer le siége particulier de l'affection douloureuse par l'espèce de position ou le genre de mouvement qu'exerce le malade. Chacun sait qu'une forte colique porte à fléchir la poitrine sur le bassin et à porter les mains sur l'abdomen; qu'un violent point de côté excite à se coucher sur le côté douloureux; que la présence d'un calcul dans la vessie force le patient à prendre des attitudes particulières.

Rapports des sensations internes avec les attitudes et les mouvements.

On vient de voir l'influence des sensations sur les attitudes et les mouvements. Ceux-ci réagissent de même sur l'action des sens, les diverses attitudes sont favorables ou défavorables au développement des sensations externes, les mouvements n'y prennent pas une moindre part. Il y a des mouvements partiels propres à chaque sens et qui favorisent son action ; en outre, presque tous les sens ont des muscles particuliers qui font partie essentielle de l'appareil sensitif, comme on le remarque pour l'œil, l'oreille, la main, etc.

Rapports des attitudes et des mouvements avec la volonté.

Rapports de la volonté avec les attitudes et les mouvements.

Les attitudes et les mouvements que nous venons de décrire sont en général nommés *volontaires*, parce que, dit-on, ils sont sous l'influence immédiate de la volonté. Cette assertion est vraie sous un point de vue ; elle ne l'est pas sous d'autres : il est donc nécessaire de s'entendre à cet égard.

La volonté est l'occasion des mouvements, mais ne les produit pas directement.

A la suite d'une détermination de la volonté, un mouvement est produit ; nul doute qu'elle n'ait été l'occasion du développement de celui-ci : mais tous les phénomènes qui se passent pour la production même du mouvement ne sont plus sous la puissance de la volonté. Je puis faire mouvoir mon bras ou ma main, mais il m'est impossible de faire contracter isolément ou en totalité les muscles de ces parties, si je n'ai pas l'idée d'un mouvement à produire. Il en est de même pour la contraction de tous les muscles, que l'on regarde comme entièrement soumis à la volonté. Comment s'y prendrait-on pour faire contracter isolément l'obturateur externe ou tout autre muscle qui ne produit pas à lui seul un mouvement déterminé? La chose serait impossible.

On peut donc affirmer que la cause déterminante du mouvement est la volonté; mais la production même de la contraction musculaire nécessaire pour qu'il se fasse, n'est pas sous la dépendance de cette action cérébrale : elle est purement instinctive.

D'après ces considérations, on serait en droit de conclure que la volonté et l'action du cerveau, qui produisent directement la contraction des muscles, sont deux phénomènes distincts; mais les expériences directes des physiologistes modernes, et celles que nous avons rapportées à l'article de l'influence du cerveau et du cervelet sur les mouvements, ont mis cette vérité dans tout son jour. Ces expériences ont démontré que chez l'homme et les animaux mammifères la volonté a plus particulièrement son siége dans les hémisphères cérébraux. La cause directe des mouvements paraît, au contraire, siéger dans la moelle épinière. Si l'on sépare la moelle du reste du cerveau par une section faite derrière l'occipital, on empêche bien la volonté de déterminer et de diriger les mouvements; mais ceux-ci n'en sont pas moins produits : il est vrai qu'aussitôt que la séparation est faite ils deviennent très-irréguliers pour l'étendue, la rapidité, la durée, la direction, etc. J'ai eu dernièrement sous les yeux une maladie qui offrait le singulier spectacle de la séparation complète de la volonté et des forces qui président directement aux mouvements; je vais en rapporter un exposé rapide :

M***, âgé de trente-six ans, d'un physique agréable, d'un esprit cultivé, d'un commerce doux et facile, mais d'une grande susceptibilité nerveuse, a mené la vie des gens du monde jusqu'à son mariage, qui eut lieu il y a six ans. A dater de cette époque, il fut obligé de s'adonner aux affaires; il éprouva de vives contrariétés, puis il fut atteint d'un violent chagrin causé par une maladie mentale qui survint à sa femme, au moment de son premier accouchement. Il ne la quitta pas un instant durant toute cette maladie; il l'accompagna dans un voyage, et fut ainsi témoin, pendant près d'une année, des divagations et des mouvements convulsifs d'un être pour lequel il avait l'attachement le plus tendre. La guérison complète de madame *** mit un terme aux tortures morales qu'éprouvait son mari; mais au lieu de se livrer à la joie que devait naturellement lui causer un aussi heureux événement, il resta triste et taciturne, et peu à peu il offrit tous les signes d'une véritable mélancolie, croyant sa fortune inévitablement perdue, se persuadant qu'il était l'objet de l'animadversion de l'autorité, des recherches de la police et des railleries du public. Son esprit conservait sa justesse sur tout autre sujet. On le fit voyager, prendre les eaux, on le soumit à divers traitements, sans aucun succès.

Les choses étaient dans cet état, lorsqu'au mois de septembre dernier il fut pris d'une certaine roideur dans la jambe et la cuisse droites, roideur qui le faisait boiter en marchant. Peu de jours après une roideur semblable s'empara de la cuisse et de la jambe opposées; puis il perdit toute influence de sa volonté sur ses mouvements. Ceux-ci étaient loin cependant d'être paralysés; mais ils étaient livrés en quelque sorte à eux-mêmes pendant des heures entières ; ce malheureux jeune homme était alors obligé d'exécuter les mouvements les plus déréglés, de prendre les attitudes les plus bizarres, de faire les contorsions les plus extraordinaires. Il est impossible de peindre par le langage la multiplicité, l'*étrangeté* de ses mouvements et de ses poses. S'il eût vécu dans des temps d'ignorance, il aurait sans doute passé pour possédé, car ses contorsions étaient tellement éloignées des mouvements propres à l'homme, qu'elles auraient pu aisément être regardées comme diaboliques. Il fut digne de remarque qu'au milieu de ces contorsions, dans lesquelles son corps grêle et souple était tantôt porté en avant, tantôt renversé sur le côté ou en arrière, à l'instar de certains bateleurs, il ne perdait point l'équilibre, et que dans la multiplicité d'attitudes et de mouvements singuliers qu'il a exécutés pendant plusieurs mois, il ne lui est jamais arrivé de tomber.

Dans certains cas, ses mouvements rentraient dans la classe des mouvements ordinaires; ainsi, sans que sa volonté y participât le moins du monde, on le voyait se lever et marcher rapidement, jusqu'à ce qu'il rencontrât un corps solide qui s'opposât à son passage; quelquefois il reculait avec la même promptitude, et ne s'arrêtait que par la même cause.

On l'a vu souvent reprendre l'usage de certains mouvements, sans pouvoir en aucune manière diriger les autres. C'est ainsi que ses bras et ses mains obéissaient fréquemment à sa volonté, plus fréquemment encore les muscles de son visage et de la parole. Il lui était quelquefois possible de reculer dans l'instant où la marche en avant lui était interdite, et il se servait alors de ce mouvement rétrograde pour se diriger vers les objets qu'il voulait atteindre.

Du reste, ces mouvements, qu'on pourrait appeler automatiques, ne duraient jamais un jour entier : il avait d'assez longs intervalles paisibles entre ses accès : ses nuits étaient toujours tranquilles.

Bien que ses contractions fussent extrêmement violentes, jusqu'au point de suer abondamment, quand elles avaient cessé, il n'éprouvait pas de sentiment de fatigue, en rapport avec l'intensité des efforts qu'il avait faits ; comme si l'action intellectuelle que nous faisons pour exciter nos mouvements était ce qui se fatigue davantage en nous.

Si l'action du cerveau qui produit la contraction musculaire est un phénomène distinct de la volonté, on peut aisément concevoir pourquoi, dans certains cas, les mouvements ne sont pas produits, quoique la volonté les commande, et pourquoi, dans quelques circonstances opposées, des mouvements très-étendus et très-énergiques se développent sans aucune participation de la volonté, comme on le voit fréquemment dans plusieurs maladies. Par la même raison, on conçoit pourquoi il nous est très-difficile, quelquefois même impossible, de prendre une attitude nouvelle pour nous, ou d'exécuter un mouvement pour la première fois ; pourquoi tous les arts, tels que la danse, l'escrime, etc., qui sont fondés sur la rapidité et la précision de nos mouvements, ne s'acquièrent que par un long exercice ; pourquoi enfin il arrive fréquemment que nous exécutons un mouvement d'une manière plus parfaite en en détournant notre attention, que si nous voulons la concentrer sur lui (1).

Rapports des attitudes et des mouvements avec l'instinct et les passions.

On vient de voir qu'une grande partie de ce que l'on appelle *mouvements* et *attitudes volontaires* est du domaine de l'instinct; il existe un très-grand nombre d'attitudes et de mouvements partiels ou généraux qui en dépendent essentiellement.

Tous les sentiments instinctifs essentiellement attachés à l'organisation, tels que la tristesse, la crainte, la joie, la faim, la soif, portées à un certain degré, ont des attitudes et des modes de mouvements qui leur sont propres et qui font reconnaître leur existence : il en est de même pour les passions naturelles et pour tous les phénomènes instinctifs qui se développent dans l'état social.

Plusieurs passions excitent à se mouvoir, augmentent beaucoup l'intensité de la force musculaire, comme on en a des exemples dans la joie excessive, la colère, dans certains cas la peur, etc. D'autres passions stupéfient et rendent toute espèce

---

(1) Cette doctrine vient d'être de nouveau confirmée par les expériences d'un médecin anglais, M. Wilson Philip.— *Voyez* les *Transactions philosophiques*, année 1815.

de mouvement impossible, telles que le chagrin
violent, certain genre de terreur; souvent la joie
extrême produit le même effet : aussi voyons-nous
l'art de la pantomime s'exercer avec succès dans la
peinture des passions violentes.

Rapports des mouvements avec la voix.

Les relations des mouvements avec la voix sont
intimes, et cela devait être, puisque ces deux
genres de phénomènes sont l'effet immédiat de la
contraction musculaire, avec cette différence que
pour la voix on entend l'effet, et qu'on le voit dans
les mouvements.

Il y a des mouvements essentiellement attachés
à l'organisation; le cri est dans le même cas. Il y
a une voix qui s'acquiert par la vie sociale; un
grand nombre de mouvements s'acquièrent de la
même manière. La voix et les mouvements se réunissent pour la production de la parole. Ces deux
phénomènes sont nos principaux et presque nos
seuls moyens d'expression; ils s'aident et quelquefois se suppléent mutuellement : un homme qui
s'exprime avec difficulté gesticule beaucoup ; c'est
le contraire pour une personne dont l'élocution est
facile. Dans les grandes passions, les deux moyens
d'expression se réunissent : il est rare qu'en expri-
mant un sentiment vif on ne joigne pas le geste à
la parole.

Rapports
des mouve-
ments avec
la voix.

On a dû remarquer que les modifications qu'éprouvent les mouvements et la voix par l'âge ont la plus grande analogie; on aurait un résultat semblable si l'on étudiait les changements qu'ils subissent par le sexe, le tempérament, l'habitude, etc.

Nous terminons par ces considérations la description des fonctions de relations. Ces fonctions ont pour caractère commun d'être périodiquement suspendues, ou, en d'autres termes, d'être plongées par intervalles dans l'état de sommeil. Il pourrait donc paraître convenable que l'histoire du sommeil suivît immédiatement celle des fonctions de relations; mais comme les fonctions nutritives et génératrices sont aussi très-influencées par le sommeil, nous préférons renvoyer l'étude de celui-ci à l'époque où nous aurons terminé la description de ces fonctions : c'est ce qui sera fait dans le volume suivant.

FIN DU TOME PREMIER.

TABLE
DES MATIÈRES

DU PREMIER VOLUME.

FIN DE LA TABLE.

VERTÉBRÉS.	RADIAIRES OU ZOOPHYTES.
Système céré-bro - spinal ren-fermé dans un étui osseux, don l'extremité anté rieure présent les organes de sens, et l'orific du tube intesti nal.	1°. *Echinodermes* à peau fibreuse , souvent endur-cie , avec une cavité inté-rieure où flottent des viscè-res. Quelquefois des épines mobiles.
Sexes sépare sur des individu différents.	2°. *Intestinaux* dont quel-ques-uns ont des sexes séparés, quoique manquant de tout organe respiratoire ou circu-latoire et de nerfs.
Tête distinc du corps, jama plus de quat membres ou ap pendices latér les.	3°. *Acalephes* à masse char-nue dans le parenchyme de laquelle les intestins sont creu-sés, et contractile en tous sens. Sans nerfs.
	4°. *Polypes*; corps entière-ment gélatineux , n'ayant qu'une seule cavité à orifice unique. Susceptibles de se mul-tiplier par division.
	5°. *Infusoires* à corps géla-tineux et transparent comme les méduses; sans aucun orifi-ce apparent.

1er TABLEAU.

ANIMAUX

VERTÉBRÉS.	MOLLUSQUES.	ARTICULÉS.	RADIAIRES OU ZOOPHYTES.
Système cérébro-spinal renfermé dans un étui osseux, dont l'extrémité antérieure présente les organes de sens, et l'orifice du tube intestinal. Sexes séparés sur des individus différents. Tête distincte du corps, jamais plus de quatre membres ou appendices latérales.	Point de système cérébro-spinal, point d'axe osseux partageant symétriquement l'animal; masses nerveuses non symétriques, dispersées dans divers points du corps, d'où partent les nerfs des sens, des muscles et des viscères. Peau nue et muqueuse, ou incrustée de sels formant les valves simples, doubles ou multiples des conchyfères. Sexes séparés sur des individus différents, d'autres hermaphrodites avec nécessité de fécondation réciproque, d'autres sans sexes apparents reproduisant d'eux-mêmes. Les uns respirent l'air, d'autres respirent l'eau. Sang blanc, organes digestifs constamment pourvus de foie. Tête non distincte; point d'appendices divergentes ou de membres pour se mouvoir.	Résultant d'anneaux articulés symétriquement sur un seul axe. Corps vermiforme. D'autres ayant des séries d'anneaux divergentes dont chaque couple forme une paire de pieds dont le nombre peut aller jusqu'au-delà de 75, et n'est jamais moindre de six. Deux cordons longitudinaux formant un anneau au commencement de l'intestin, subissent d'espace en espace de doubles nœuds ou renflements d'où naissent des nerfs distribués à tous les organes. Mâchoires toujours latérales, Respiration aquatique, ou aérienne, celle-ci par des trachées. Tête distincte dans tous les insectes.	1°. *Echinodermes* à peau fibreuse, souvent endurcie, avec une cavité intérieure où flottent des viscères. Quelquefois des épines mobiles. 2°. *Intestinaux* dont quelques-uns ont des sexes séparés, quoique manquant de tout organe respiratoire ou circulatoire et de nerfs. 3°. *Acalephes* à masse charnue dans le parenchyme de laquelle les intestins sont creusés, et contractile en tous sens. Sans nerfs. 4°. *Polypes*; corps entièrement gélatineux, n'ayant qu'une seule cavité à orifice unique. Susceptibles de se multiplier par division. 5°. *Infusoires* à corps gélatineux et transparent comme les méduses; sans aucun orifice apparent.

MAMMIFÈR	POISSONS.
Les *hémisps* *cérébraux* et l[o]bes du *cervele* [u]nis par une co[mmis]sure ; *lobes op[tiques]* toujours solide	Encéphale susceptible de rec[e]voir des *lobes surnuméraires* d[er]rière *le cervelet. Moelle épiniere* sans aucun renflement sur sa lo[n]gueur, bornée quelquefois au [3/]5[e] de la longueur du canal vertébral.
Une ou pl[us] paires de mam[melle]s	*Lobes cérébraux* solides, et réduits à la couche optique ; ou même nuls ; d'ailleurs moins développés que les lobes *optiques*, *olfactifs*, et souvent même que le *cervelet* ; quelquefois aussi les *lobes surnuméraires* sont les plus gros de l'encéphale.
Sept vertèbr[es ce]rvicales, except[é une] espèce de bra[dype]	Organe de l'ouïe ayant des canaux demi-circulaires me[mb]raneux non adhérents au crâne, et baignant dans un liquide.
Dents seul[ement] aux maxillai[res supé]rieures, inter[maxil]laires et ma[xillaire] inférieur.	*L'inter-maxillaire* constamment plus développé que le maxillaire, et mobiles l'un sur l'autre.
Un *diaph[ragme]* musculaire et[ten]le séparant la [poitri]ne du ventre.	Respiration par *branchies libres* ou *adhérentes* sur le pourtour extérieur de leur circonférence.
Embryon d[évelop]pé et devenan[t] [fœtu]s dans une mat[rice], [pl]bien passant [im]parfait sans fo[rme in]termédiaire, [ma]télline de la m[ère] [seu]le.	Ceux dont les *branchies libres* les ont recouvertes de grands battants ou valves osseuses formées au plus de 5 pièces.
	Les seuls cyprins, les scares et quelques autres ont une mastication.
	Deux ovaires ; œufs éclosant sans incubation après la ponte, ou bien éclosant dans l'oviducte.

Nota. Ou den ovipares, comprenant les trois autres classes. Le c[er]au cerveau ni au cervelet ; point de diaphragme ; leu

IIᵐᵉ TABLEAU.

VERTÉBRÉS

MAMMIFÈRES.	OISEAUX.	REPTILES.	POISSONS.
Les *hémisphères cérébraux* et les *lobes du cervelet* réunis par une commissure ; *lobes optiques* toujours solides. Une ou plusieurs paires de mamelles. *Sept vertèbres cervicales*, excepté une espèce de bradype. *Dents* seulement aux maxillaires supérieures, inter-maxillaires et maxillaire inférieur. Un *diaphragme* musculaire et mobile séparant la poitrine du ventre. *Embryon* développé et devenant fœtus dans une matrice, ou bien passant à l'état parfait sans forme intermédiaire, sur la tétine de la mamelle.	Un *ventricule* à la partie lombaire de la moelle. *Lobes optiques* creux. *Lobes olfactifs* rudimentaire. *Lobes cérébraux* creux. *Moelle épinière* étendue dans un canal aussi long que la colonne vertébrale. Un seul *ovaire*; les œufs fécondés doivent subir une incubation extérieure. *Poumons* communiquant avec le squelette. Couverts de *plumes*; les deux membres antérieurs ne servent jamais à la marche. Point *de dents*. Mâchoires enveloppées de cornes ou becs. Point de glandes parotides, linguales, maxillaires, etc. Jamais plus de 4 doigts aux pieds.	*Lobes cérébraux* creuses d'un ventricule. *Cervelet* rudimentaire. *Lobes optiques* ordinairement creux. Suivant les ordres, *dents* au vomer, aux *pt. rigoïdiens*, et aux *palatins*, outre celles qui sont situées comme chez les mammifères. Jamais de *poils* ni de *plumes*; peau nue ou écailleuse. *Poumon double* ou unique, mais toujours vésiculeux. *Œufs* ordinairement pondus, mais éclosant sans incubation, d'autres éclosant dans l'oviducte. *Dents* aiguës et allongées incapables de broyer la proie; point de glandes parotides, maxillaires. Un ordre de cette classe subit une métamorphose avant l'état parfait, la respiration est alors aquatique.	Encéphale susceptible de recevoir des *lobes surnuméraires* derrière le cervelet. Moelle épinière sans aucun renflement sur sa longueur, bornée quelquefois au 3ᵉ de la longueur du canal vertébral. *Lobes cérébraux* solides, et réduits à la couche optique, ou même nuls ; d'ailleurs moins développés que les lobes *optiques*, *olfactifs*, et souvent même que le *cervelet* ; quelquefois aussi les *lobes surnuméraires* sont les plus gros de l'encéphale. Organe de l'ouïe ayant des canaux demi-circulaires membraneux non adhérents au crâne, et baignant dans un liquide. L'*inter-maxillaire* constamment plus développé que le maxillaire, et mobile; l'un sur l'autre. Respiration par *branchies libres* ou *adhérentes* sur le pourtour extérieur de leur circonférence. Ceux dont les *branchies libres* les ont recouvertes de grands battants ou valves osseuses formées au plus de 5 pièces. Les seuls cyprins, les scares et quelques autres ont une mastication. Deux ovaires; œufs éclosant sans incubation après la ponte, ou bien éclosant dans l'oviducte.

Nota. On divise aussi les vertébrés en vivipares, comprenant les mammifères, et en ovipares, comprenant les trois autres classes. Le caractère général des ovipares est de n'avoir jamais de commissures au cerveau ni au cervelet ; point de diaphragme ; leurs vertèbres cervicales sont en nombre variable.

IIᵉ T

lièrcs
ail ,

olaircs

'aux t
plets.

x, Ch
rf, B

nelles
iles, a
âchoire

ais de
rines
des m
ur exp
âchoire

MAMMIFÈRES FOETIPARES, (*quelquefois* DE FOETUS.)

1°. BIMANES.

Trois sortes de dents, clavicules, mains aux membres antérieurs seulement, régime omnivore; lobes du cerveau et du cervelet très-développés et profondément plissés; peau nue généralement.

— HOMMES. — Voyez le Tableau IIᵉ.

2°. QUADRUMANES.

Trois sortes de dents, régime frugivore, mains aux quatre membres, clavicules, mâchoire articulée comme dans l'homme.

SINGES ou PITHÈQUES.

1°. *Singes* proprement dits, les trois sortes de dents en même nombre qu'à l'homme, cerveau plissé.
 1°. *Orangs* et *Gibbons*. Antropomorphes, sans queue, sans callosités aux fesses, sans abajoues.
 2°. *Cynocéphales*, *Macaques*, *Guenons*, avec queue, callosités, abajoues.

2°. *Sapajous*, incisives et canines comme aux singes, mais six molaires partout, cerveau peu ou point plissé.
 1°. *Stantors*, à mâchoire inférieure très-élargie verticalement, pour renfermer l'hyoïde dilaté en forme de tambour; queue prenante.
 2°. *Atèles*, à pouces rudimentaires, et queue prenante.
 3°. *Sais*, à dents incisives verticales comme chez l'homme, queue prenante.
 4°. *Sakis*, incisives inférieures proclives.
 5°. *Ouistitis*, incisives droites, ongles comprimés.

LÉMURIENS.
Plus ou moins de quatre dents incisives autrement dirigées que dans les singes; cinq ou six molaires; index des mains postérieures toujours plus court, et pourvu d'un ongle en alène plus long que les autres et redressé; cerveau lisse.

1°. *Makis*, six incisives inférieures proclives, queue plus longue que le corps.
2°. *Indris*, quatre incisives proclives, pas de queue.
3°. *Loris*, ongles et dents des makis, sans queue.
4°. *Galagos*, mêmes dents, mêmes ongles qu'aux Loris; grandeur disproportionnée des yeux, des oreilles et des tarses.
5°. *Tarsiers*, comme les Galagos, mais deux incisives seulement en bas.
6°. *Chéirogales*, ongles en alène à tous les doigts, moins les pouces?

3°. CARNASSIERS.

Trois sortes de dents, articulation maxillaire en charnière transversale, pas de clavicules.

CHIROPTÈRES. Cerveau lisse, verge pendante et mamelles pectorales; repli de la peau étendu entre les quatre pieds et les doigts; clavicule plus forte que dans les Singes, sternum pourvu de carène et de quille comme aux oiseaux.

1°. *Chauvesouris*. Les doigts des mains la plupart sans ongles et allongés en baguettes aussi longues ou plus longues que le bras tout entier, les doigts des pieds tous onguiculés et restants proportionnés au corps, membres postérieurs ayant subi une rétroversion complète.
2°. *Galéopithèques*. Doigts des mains pas plus grands que ceux des pieds, et semblablement onguiculés.

2°. INSECTIVORES. Cerveau lisse; plus ou moins fortement claviculés selon les habitudes de fouir ou de nager; cinquième paire de nerfs énorme; œil plus ou moins rudimentaire.

1°. Deux longues incisives, mitoyennes ou uniques en haut, et canines plus petites que les incisives. *Hérissons*, *Musaraignes*, *Desmans*, *Scalopes*, *Chrysochlores*.
2°. Grandes canines écartées, entre lesquelles sont de petites incisives. *Tenrec*, *Taupe*.

3°. CARNIVORES. Grandes canines séparées par six petites incisives, molaires tranchantes, pourvues chez quelques-unes de tubercules mousses, dont la proportion croissante détermine un régime plus mêlé de végétaux; d'autant plus carnassiers que le maxillaire inférieur est plus court, les ongles plus acérés et plus tranchants, plus aigus, les dents moins nombreuses, qu'enfin ils marchent davantage sur la pointe des doigts.

1°. *Plantigrades*. Ours, Ratons, Coatis, Kinkajous, Blaireaux, Gloutons.

2°. *Digitigrades*.
 1°. *Martes*. Une seule tuberculeuse et deux ou trois fausses molaires en haut; trois ou quatre fausses molaires en bas. Putois, Martes, Mouffettes, Loutres.
 2°. Deux dents tuberculeuses en arrière des mâchelières tranchantes, au nombre de quatre en haut et cinq au bas, quatre doigts derrière. Chiens à langue lisse, Civettes à langue hérissée.
 3°. Pas de tuberculeuse derrière la carnassière inférieure. Hyènes et Chats.

4°. AMPHIBIES. Membres postérieurs très-raccourcis et élargis, à plantes et phalanges développées en nageoires et palmées; à corps pisciforme.

1°. *Phoques*. Quatre à six incisives supérieures, quatre inférieures, vingt, vingt-deux ou vingt-quatre mâchelières tranchantes ou coniques, sans tubercules.
2°. *Morses*. A corps de Phoques, à énormes canines supérieures saillant verticalement de la mâchoire, et entre lesquelles se meut une mâchoire inférieure comprimée, dépourvue de canines et d'incisives; quatre incisives entre les canines supérieures.

4°. RONGEURS.

A chaque mâchoire deux grandes incisives croissant toute la vie, et qu'un intervalle vide sépare des molaires, dont le nombre varie de trois à cinq; le condyle maxillaire et la fosse glénoïde dirigés longitudinalement et parallèlement à l'axe de la tête; les doigts libres et flexibles pour saisir; le cerveau lisse, cinquième paire et cervelet médian constamment très-développés.

1°. RONGEURS A CLAVICULES.
 1°. A molaires formées de rubans ou lames d'émail, enroulés ou plissés sur eux-mêmes. *Castors*, *Campagnols*, *Echymys*, *Loirs*, *Hydromys*, *Hélamys*.
 2°. Omnivores. Molaires à tubercules mousses, à structure semblable à celle des carnassiers. *Rats*, *Hamsters*, *Gerboises*, *Rats-Taupes*, *Rats-Taupes du Cap*, *Marmottes*, *Ecureuils*, *Aye-Aye*.

2°. RONGEURS SANS CLAVICULES.
 Ayant les dents formées de lames enroulées ou plissées, ou de plusieurs lobes d'émail aplatis. *Porc-épics*, *Lièvres*, *Cabiais*, *Cobayes*, *Agoutis*, *Pacas*.

5°. ÉDENTÉS.

Sans incisives aux deux mâchoires; quelquefois sans dents; des clavicules ou moins rudimentaires, et de gros ongles enveloppant le bout des doigts; cerveau lisse, cervelet et cinquième paire peu développés, lobes olfactifs prédominants.

1°. Des canines aiguës. Museau court, mamelles pectorales. Nombre des côtes, des vertèbres cervicales, des doigts, et forme du condyle maxillaire variant d'une espèce à l'autre. *Paresseux*, ou *Bradypes*.
2°. Sans canines, n'ayant que des mâchelières cylindriques. *Tatous* couverts d'écussons, *Oryctéropes* couverts de poils.
3°. Sans aucunes dents, à langue filiforme, protractile, mais sans axe osseux. *Fourmiliers* couverts de poils, *Pangolins* couverts d'écailles.

6°. GRAVIGRADES. Br.

Cinq doigts à tous les pieds, pas de canines, incisives supérieures coniques, recourbées en haut et croissant toute la vie, pas d'incisives ni de canines inférieures, narines allongées en trompe, cerveau plissé, tarses et carpes complets.

1°. ÉLÉPHANTS. A dents mâchelières formées de dix à vingt-cinq lames d'os et d'émail, séparées par du cément.
2°. MASTODONTES. A dents molaires de même structure que celles de l'homme.

7°. ONGULOGRADES. Br.

Doigts dont au moins deux phalanges sont emboîtées par l'ongle, et ne peuvent se fléchir pour saisir; radius toujours immobile sur le cubitus, cerveau plissé, lobes olfactifs très-développés, ainsi que le cervelet et la cinquième paire.

Dents de même structure qu'aux trois premiers ordres, avant-bras et jambes complets.
1°. Pas de canines. *Rhinocéros*, *Damans*.
2°. Trois ordres de dents. *Hippopotames*, *Cochons*, *Tapirs*, *Anoplotherium*, *Palæotherium*.

8°. SOLIPÈDES.

A dents formées de plusieurs lames d'émail, séparées par du cément, et à un seul doigt porté sur un seul os ou canon, derrière lequel sont deux stylets correspondant aux métatarsiens et métacarpiens, les trois phalanges emboîtées par l'ongle. Cerveau plissé.

CHEVAUX.

9°. RUMINANTS.

Huit incisives en bas, aucune en haut, molaires formées de lames verticales d'émail à double croissant; le pied divisé en deux doigts ou sabots, derrière les sabots sont deux doigts rudimentaires portés sur des stylets métacarpiens et tarsiens; quatre estomacs; cerveau plissé, lobes olfactifs très-développés.

1°. Sans cornes. *Chameaux*, *Chevrotains*.
2°. A cornes. *Giraf*, *Cerf*, *Bœuf*, *Antilope*, *Chèvre*, *Mouton*.

10°. CÉTACÉS.

Pas de membres postérieurs, vestige du bassin sans articulation à la colonne vertébrale; les six vertèbres postérieures à l'atlas raccourcies, aplaties, et même quelquefois soudées en une seule pièce; doigts enveloppés dans un fourreau en forme de rame, et sans ongles.

1°. CÉTACÉS HERBIVORES. Mamelles pectorales, à vertèbres cervicales toujours mobiles, avant-bras mobile par ginglyme sur le bras, mâchoires courtes, intermaxillaire armé de dents.
 1°. *Lamantins*. Dents molaires semblables à celles de l'homme.
 2°. *Dugongs* à défenses incisives, et à molaires formées de deux cylindres.
 3°. *Stellers*, ayant un lieu de dents des plaques cornées aux bords du palais.

2°. CÉTACÉS ORDINAIRES. Jamais de dents incisives ni de canines supérieures, 2 narines pourvues d'évents ou cavités compressibles par des muscles capsulaires situées à l'orifice des narines pour expulser l'eau avalée, mamelles près de l'anus, à mâchoires allongées.
 1°. Cétacés à dents implantées sur les maxillaires, ou seulement sur la mâchoire inférieure. *Dauphins*, *Narvals*, *Hyperoodons*, *Cachalots*.
 2°. *Baleines*. Mâchoires supérieures garnies de fanons, mâchoires inférieures dépourvues de dents.

arigues ou **Didelphes.** Cinquante dents en tout,
les pieds de derrière opposables et à ongle plat,
érissée sur les bords, queue nue et prenante.

asyures. Huit incisives supérieures, six infé-
en tout quarante-deux dents, queue partout
on prenante, pouce postérieur rudimentaire,
opposable.

eramèles. Dix incisives supérieures, six infé-
en tout quarante-huit dents; trois doigts seu-
ux pieds de derrière, dont les deux extérieurs
M ar la peau; cinq doigts aux pieds de devant,
intermédiaires sont armés de grands ongles.

E M B *halangers* à queue toujours prenante, quel-
en partie écailleuse.

halangers volants, à peau des flancs éten-
e les jambes, queue non prenante et velue.

oala. Deux incisives inférieures sans canines,
D'haut, dont les moyennes plus longues, et deux
anines. Doigts des quatre pieds divisés en deux
, pour saisir, comme dans les Perroquets; le
anque aux pieds de derrière.

Ayant tous
bourse ou san
méraires art
une extrémit*anguroos-Rats*, ayant de plus deux canines en
tre; ces os, la première molaire longue et dentelée.
la bourse, o*anguroos*, sans canines, et à molaires unifor-
piaux, ainsi pareilles.
sont pourvu
oviductes en
cissement ou
l'oviducte au
embryons n'c
rine, mais p*otomes.*
melles, où
développeme

hidnés à langue extensible comme aux **Four-**
point de dents.

rnithorinques, à mâchoires cornées et denti-
mme celles des canards, une dent de chaque
fond de la bouche.

MAMMIFÈRES EMBRYOPARES,

ou

ACCOUCHANT

D'EMBRYONS.

Marsupiaux.

Ayant tous, mâles ou femelles, à bourse ou sans bourse, deux os surnuméraires articulés sur le pubis par une extrémité, et flottants par l'autre ; ces os, quoiqu'indépendants de la bourse, ont été nommés Marsupiaux, ainsi que les animaux qui en sont pourvus. Sans dilatation des oviductes en matrice, et sans rétrécissement ou col à la terminaison de l'oviducte au vagin, d'où suit que les embryons n'ont pas d'existence utérine, mais passent de suite aux mamelles, où se termine leur dernier développement.

1°. Marsupiaux carnivores.

Longues canines, et six à dix petites incisives aux deux mâchoires, toujours plus nombreuses à celle d'en haut, les arrière-molaires seulement hérissées de pointes, mâchelières tranchantes, cerveau lisse.

2°. Marsupiaux frugivores.

Deux longues incisives plates et proclives en bas, six en haut, canines supérieures longues, inférieures rudimentaires et caduques, pouce presque dirigé comme aux oiseaux et sans ongle, les deux doigts suivants réunis par la peau.

3°. Marsupiaux herbivores.

Jambes postérieures trois ou quatre fois plus longues que les antérieures ; manquent de pouces, et ont les deux premiers doigts réunis jusqu'à l'ongle ; la queue énorme, formant un troisième levier pour la marche à laquelle les deux membres antérieurs sont étrangers ; cinq machelières partout couronnées de tubercules ou de collines transverses ; deux incisives supérieures proclives, et six en haut.

4°. Marsupiaux rongeurs.

Deux grandes incisives croissantes à chaque mâchoire, molaires à deux collines transverses : cinq ongles aux pieds de devant, quatre à ceux de derrière où un tubercule remplace le pouce.

5°. Marsupiaux édentés.

Ayant, outre la clavicule ordinaire, une clavicule impaire commune aux deux épaules, comme les lézards ; outre les cinq doigts des quatre pieds, les mâles ont à ceux de derrière un ergot fixé sur l'astragale.

Ces caractères, s'il est bien constaté que ces animaux n'ont pas de mamelles et qu'ils pondent des œufs éclosant par ou sans incubation, devront faire de cet ordre une cinquième classe de vertébrés.

1°. *Sarigues* ou *Didelphes*. Cinquante dents en tout, pouces des pieds de derrière opposables et à ongle plat, langue hérissée sur les bords, queue nue et prenante.

2°. *Dasyures*. Huit incisives supérieures, six inférieures, en tout quarante-deux dents, queue partout velue, non prenante, pouce postérieur rudimentaire, et non opposable.

3°. *Peramèles*. Dix incisives supérieures, six inférieures, en tout quarante-huit dents ; trois doigts seulement aux pieds de derrière, dont les deux extérieurs réunis par la peau ; cinq doigts aux pieds de devant, dont les intermédiaires sont armés de grands ongles.

1°. *Phalangers* à queue toujours prenante, quelquefois en partie écailleuse.

2°. *Phalangers volants*, à peau des flancs étendue entre les jambes, queue non prenante et velue.

3°. *Koala*. Deux incisives inférieures sans canines, six en haut, dont les moyennes plus longues, et deux petites canines. Doigts des quatre pieds divisés en deux groupes, pour saisir, comme dans les Perroquets ; le pouce manque aux pieds de derrière.

1°. *Kanguroos-Rats*, ayant de plus deux canines en haut, et la première molaire longue et dentelée.

2°. *Kanguroos*, sans canines, et à molaires uniformément pareilles.

Phascolomes.

1°. *Échidnés* à langue extensible comme aux Fourmiliers, point de dents.

2°. *Ornithorinques*, à mâchoires cornées et denticulées comme celles des canards, une dent de chaque côté au fond de la bouche.

1°. *Celtes*, cheveux noirs. Habitants primitifs de l'Europe à l'ouest du Rhin et des Alpes jusqu'à l'océan; et ses îles.

2°. *Scythes*, cheveux blonds. L'Europe centrale, et l'Asie jusqu'aux sources de l'Irtisch, les monts de Belur et l'Himalaya.

3°. *Arabes*, cheveux toujours noirs. L'Afrique Atlantique, et l'Asie au sud du Caucase jusqu'au Gange.

4°. *Atlantiques.* Fosse olécrane de l'humérus percée comme dans les Austro-Africains; cheveux noirs, châtains et blonds. Guanches, ancien peuple des Canaries.

Le Groenland, les côtes polaires de l'Europe et de l'Amérique, sous les noms de Lapons, Samoïèdes, Esquimaux, etc.; toute

Tchutkis, de la pointe nord-est de l'Asie; les *Colombiens* occupent toute l'Amérique septentrionale, tous les plateaux et pentes des Cordilières depuis le Chili jusqu'à Cumana et l'archipel caraïbe inclusivement.

1°. *Omaguas, Guaranis, Coroados, Puris, Aturés, Otomaques*, etc., ventre gros, poitrine vélue et barbe fournie; taille au-dessous de la moyenne des Espagnols; peau d'un bistre terne fort obscur; moral indolent, imprévoyant; tête d'un volume disproportionné au corps, aplatie au sommet, enfoncée entre les épaules; toute l'Amérique méridionale au sud de l'Amazone et de l'Orénoque, à l'est des Andes et de la Plata. Les *Guaranis* et les *Coroados* sont sans barbe et sans poil sur la poitrine.

2°. *Botocudes*, peau brun clair, quelquefois presque blanche; *Guaïcas*, à taille très-petite, à peau très-blanche, habitant près les sources de l'Orénoque sous l'équateur.

3°. *Mbayas, Charruas*, etc., peau d'un brun presque noir, sans nuance de rouge; front et physionomie ouverts; nez étroit déprimé à la racine; yeux petits et bridés; dents verticales, cheveux longs, noirs et roides; pieds et mains plus petits à proportion et mieux faits qu'aux Espagnols; taille supérieure à l'Espagnole. Habitent le Paraguay.

4°. Les *Puelches* et les *Tehuelches* ou *Patagons* au sud de la Plata jusqu'au détroit de Magellan; taille au-dessus de 5 pieds 6 pouces; cheveux longs, constitution sans analogie avec celles d'aucune des espèces précédentes.

langues dont les formes grammaticales sont semblables à celles des Américains

...ance des peuples, ne peuvent caractériser les espèces.

IVme TABLEAU.

HOMMES.

Race	Caractères	Distribution / subdivisions
1°. CELTO-SCYTH-ARABES	Cheveux lisses, soyeux, bien fournis; angle facial ouvert; dents incisives verticales; pommettes peu saillantes et peu larges; peau et cheveux variant du noir au blanc suivant le climat. Habitent toute l'Europe, moins ses contrées polaires, l'Asie, jusqu'au Gange; et jusqu'aux sources de l'Irtisch, la région Atlantique de l'Afrique, l'Egypte et l'Abyssinie.	1°. *Celtes*, cheveux noirs. Habitants primitifs de l'Europe à l'ouest du Rhin et des Alpes jusqu'à l'océan; et ses îles. 2°. *Scythes*, cheveux blonds. L'Europe centrale, et l'Asie jusqu'aux sources de l'Irtisch, les monts de Belur et l'Himalaya. 3°. *Arabes*, cheveux toujours noirs. L'Afrique Atlantique, et l'Asie au sud du Caucase jusqu'au Gange. 4°. *Atlantiques*. Fosse olécrane de l'humérus percée comme dans les Austro-Africains; cheveux noirs, châtains et blonds. Guanches, ancien peuple des Canaries.
2°. MONGOLES	Cheveux lisses, mais roides et rares; barbe grêle; yeux étroits, relevés obliquement en dehors; pommettes saillantes, incisives verticales; peau jaune et cheveux noirs, couleur invariable sous tous les climats; nubilité précoce.	Le Groenland, les côtes polaires de l'Europe et de l'Amérique, sous les noms de Lapons, Samoïèdes, Esquimaux, etc.; toute l'Asie à l'est du Gange, des monts de Belur et de l'Irtisch.
3°. ETHIOPIENS	Cheveux laineux; crâne comprimé et front déprimé; nez écrasé; partie faciale de l'inter-maxillaire et menton obliquement inclinés l'un sur l'autre, ainsi que les incisives; peau et cheveux noirs, sous tous les climats.	L'Afrique, depuis le Sénégal, le Niger et le Bahr-el-Azrek, jusqu'un peu au-delà du tropique austral. Séparés des Euro-Africains par une chaîne de hautes montagnes courant parallèlement au rivage de la mer des Indes.
4°. EURO-AFRICAINS	Cheveux laineux, peau noire, crâne moins comprimé qu'aux Ethiopiens, et front presque aussi saillant qu'aux Européens; incisives verticales, nez peu déprimé. Vulgairement, Nègres de Mozambique.	La côte orientale d'Afrique sur l'océan indien.
5°. AUSTRO-AFRICAINS	Cheveux laineux, et os du nez soudés ordinairement en une seule lame écailleuse comme aux macaques, et beaucoup plus épaté et large que dans les autres Africains; cavité olécranienne de l'humérus percée d'un trou; incisives et menton beaucoup plus obliques qu'aux Ethiopiens. Peau d'un jaune bistre.	L'Afrique au-delà du tropique austral, moins la partie correspondante de la côte orientale. 1°. *Hottentots, Boschismans, Houzouanas*, etc. 2°. *Malgaches* de la côte orientale de Madagascar; cheveux courts et laineux; peau de couleur cuivre foncée; orbites écartées plus qu'a aucuns Nègres.
6°. MALAIS OU OCÉANIQUES	Crânes conformés comme ceux des Européens; pommettes un peu plus larges, dents tout-à-fait semblables, cheveux lisses et noirs; peau olivâtre ou brune, dans le même climat, où l'Arabe indien est noir comme le nègre. Le littoral de l'Indochine, tout l'archipel asiatique et l'Océanie jusques à Madagascar.	1°. *Caroliniens*, formes régulièrement belles, taille plus svelte et plus élevée que la moyenne d'Europe; caractère doux, conception facile. 2°. *Dayaks* et *Readjus* de Bornéo, et plusieurs des *Haraforas* des Moluques: les plus blancs des Malais. 3°. *Javans, Sumatriens, Timoriens* et *Malais* du reste de l'archipel indien: lèvres généralement grosses; nez épaté; pommettes saillantes; taille plus petite que la moyenne d'Europe; caractère perfide et féroce. 4°. *Polynésiens* proprement dits: taille généralement grande comme celle des Caroliniens, mais forme du visage comme aux Javans, Sumatriens, etc. 5°. *Ovas* de Madagascar, habitant la zone intermédiaire au rivage oriental et aux montagnes: taille ordinaire de 5 pieds 6 à 7 pouces; couleur olivâtre claire; orbites grandes et carrées; menton d'un ovale très-long transversalement; nez presque européen.
7°. PAPOUS	A peau de nègre; cheveux noirs, demi-laineux, très-touffus, frisant naturellement; barbe noire et rare; physionomie tenant du nègre et du malais, mais à dents déjà un peu proclives; ouverture nasale plus évasée encore qu'aux Guinéens.	Habitent les petites îles autour de la nouvelle Guinée, Waigiou, et la nouvelle Guinée. Ont peuplé ou peuplent encore le nord de l'Océanie occidentale, quelques petits archipels de la Polynésie, une grande partie de l'archipel indien, et quelques contrées de l'Indochine et les îles adjacentes.
8°. NÈGRES OCÉANIENS	Couleur tout-à-fait noire; crâne comprimé et déprimé; cheveux courts très-laineux, et recoquillés; nez écrasé à la racine et très-épaté; lèvres grosses; angle facial très-aigu; en tout très-rapprochés des nègres de Guinée. La nouvelle Guinée, l'archipel du Saint-Esprit, îles Andaman, Formose.	1°. *Moys* ou *Moyes* des montagnes de la Cochinchine; *Samang, Dayak*, etc., des montagnes de Malaca; peuplant aussi l'intérieur de Formose, l'archipel d'Andaman et anciennement le midi de l'île de Niphon, d'après l'Histoire japonaise. 2°. L'intérieur de Bornéo et de quelques unes des îles Philippines, l'intérieur de Célèbes, et quelques-unes des Moluques (anciennement l'intérieur de l'île de Java, *Hist. japonaise*). 3°. Ils peuplent exclusivement dans l'Australasie, la Nouvelle-Calédonie, l'archipel du Saint-Esprit, et la terre de Diemen, où ils ont une longueur et une maigreur des membres disproportionnées au corps, comme chez les *semno pithèques* dans le genre des guenons. 4°. Les *Vinzimbars* des montagnes de Madagascar, île que ses populations d'animaux rattachent également au système d'organisation de l'Océanie.
9°. AUSTRALASIENS	Cheveux lisses noirs; barbe et poils rares; peau noire; membres grêles et de longueur disproportionnée au corps; dents verticales; nez très-élargi; front déprimé et comprimé.	Nouvelle Hollande.
10°. COLOMBIENS (*)	Tête allongée; nez long, saillant et fortement aquilin; front comprimé et aplati; hauteur des mâchoires; teint rouge de cuivre, sous tous les climats; cheveux noirs ne grisonnant jamais et barbe rare; front plus déprimé qu'aux Mongols; nubilité précoce; imagination vive et forte; caractère moral énergique. Ces caractères appartiennent surtout aux peuples de l'Amérique du nord, et des plateaux des Cordilières, jusqu'à Cumana.	*Tchutkis*, de la pointe nord-est de l'Asie; les *Colombiens* occupent toute l'Amérique septentrionale, tous les plateaux et pentes des Cordilières depuis le Club jusqu'à Cumana et l'archipel caraïbe inclusivement.
11°. AMÉRICAINS	Tête généralement sphérique, front large mais déprimé comme aux Mongols; arcades sourcilières relevées en dehors; pommettes saillantes; nez épaté et déprimé à la racine; cheveux longs, gros, roides et droits; peau ni noire, ni jaune, ni cuivrée; lèvres très-grosses; intelligence généralement obtuse et caractère moral extrêmement brut.	1°. *Omaguas, Guaranis, Coroados, Puris, Aturès, Otomaques*, etc., ventre gros, poitrine velue et barbe fournie; taille au-dessous de la moyenne des Espagnols; peau d'un bistre terne fort obscur; moral indolent, imprévoyant; tête d'un volume disproportionné au corps, aplatie au sommet, enfoncée entre les épaules; toute l'Amérique méridionale au sud de l'Amazone et de l'Orénoque, à l'est des Andes et de la Plata. Les *Guaranis* et les *Coroados* sont sans barbe et sans poil sur la poitrine. 2°. *Botocudes*, peau brun clair, quelquefois presque blanche; *Guaïcus*, à taille très-petite, à peau très-blanche, habitant près les sources de l'Orénoque sous l'équateur. 3°. *Abipons, Charruas*, etc., peau d'un brun presque noir, sans nuance de rouge; front et physionomie ouverts; nez étroit déprimé à la racine; yeux petits et bridés; dents verticales, cheveux longs, noirs et roides; pieds et mains plus petits à proportion et mieux faits qu'aux Espagnols; taille supérieure à l'Espagnole. Habitent le Paraguay. 4°. Les *Puelches* et les *Tehuelhets* ou *Patagons* au sud de la Plata jusqu'au détroit de Magellan; taille au-dessous de 6 pieds 6 pouces; cheveux longs, constitution sous analogie avec celles d'aucune des espèces précédentes.

(*) Colomb ayant découvert les Lucayes, et Améric la côte de Cumana, nous croyons pouvoir sur ces motifs établir ces deux noms, qui d'ailleurs ne sont que provisoires, comme l'a été celui d'Africains pour les Nègres. Il n'est pas douteux que les Colombiens, et surtout les Américains, ne soient divisibles comme en plusieurs espèces aussi différentes entre elles que celles d'Afrique.

N.B. Les peuples Mongols du Nord de l'Amérique et du Groenland, c'est-à-dire les Eskimaux, les Tchougatches, les Koniaguas, etc., parlent des langues dont les formes grammaticales sont semblables à celles des Péruviens, des Araucans, etc., ces mêmes formes se retrouvent dans la Langue en Europe, et dans la Langue en Afrique.
De ces faits, et d'autres analogues, il résulte que les ressemblances et les différences des langues qui décrivent toujours de l'identité et de la diversité des peuples, ne peuvent [illegible].
Voyez l'Atlas Ethnographique du globe, par M. Adrien Balbi.